目で見る恒久グラウト注入工法（提供：地盤注入開発機構）

1. 長結型有機系水ガラスの開発
グリオキザール系シリカグラウト（GSG）（1969年より）

（a）湧き水状況

（b）GSGによる切羽の固結状況

口絵1（p.19 写真2.3.4）トンネル掘削工事における高水圧下の浸透注入（1976年）

2. 長結型非アルカリ系シリカグラウトの開発
シリカゾルグラウトと活性シリカコロイド（1974年より）

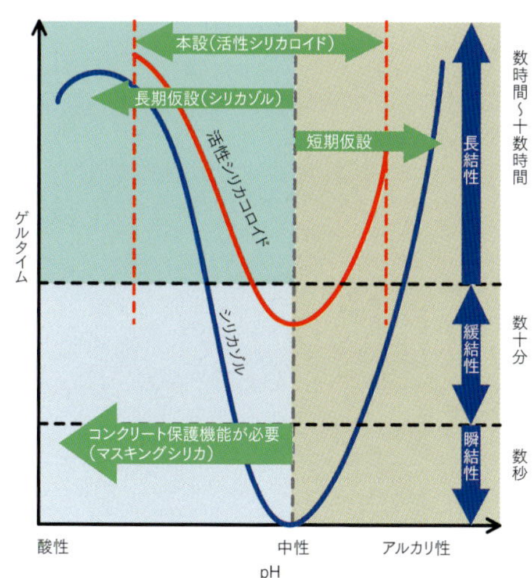

浸透注入には脱アルカリによる長時間ゲル化が必要
脱アルカリには酸を用いる

シリカゾル ― 脱アルカリ＋ゾル化
活性シリカコロイド
活性複合シリカコロイド ］脱アルカリ＋コロイド化

マスキングシリカ：酸性中和剤として金属イオン封鎖材を含むマスキング中和剤を用いた酸性シリカ溶液でコンクリートの保護機能をもつ

活性複合シリカコロイド

- ●同一 pH に対しゲルタイムが長い
- ●同一ゲルタイムに対し酸の使用量が少ない

口絵2（p.81 図4.2.3、p.106 図6.1.1）pHとゲルタイムと耐久性の関係

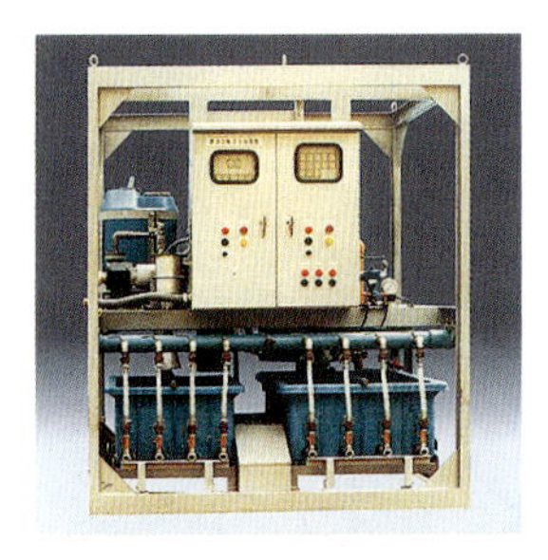

口絵3(p.15 写真2.3.1)
シリカゾル全自動製造装置

口絵4(p.19 写真2.3.5)
トンネル掘削工事におけるシリカゾルグラウトの
土粒子間浸透(1976年)

底盤注入深度:GL.−93.00~98.00m
底面掘削深度:GL.−60.1m

口絵5(p.21 写真2.3.6) シリカゾルグラウトによる大深度立坑底盤掘削工事(1995年)

3. 二重管瞬結・緩結複合注入工法の開発(1978年より)

マルチライザー工法・ユニパック工法(瞬結一次注入による拘束効果と緩結二次注入による浸透注入)

口絵6　マルチライザー工法

口絵7(p.72 写真3.7.7(b)) ユニパック工法

4. 薬液注入の長期耐久性の研究（1982年より）

口絵8（p.62 写真3.5.1）固結砂の長期耐久性試験（東洋大学米倉研究室）

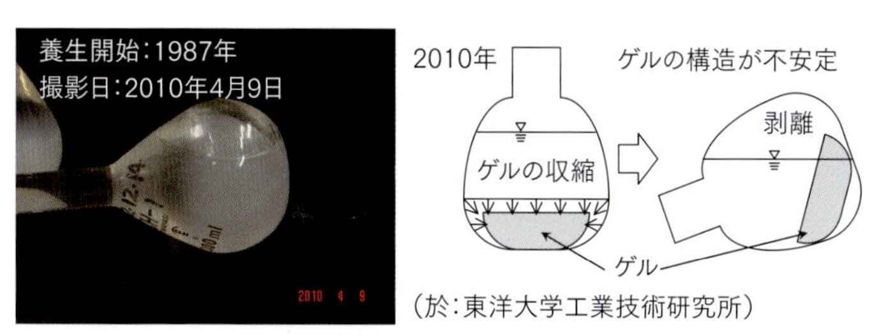

口絵9（p.54 図3.5.9）養生23年経過のシリカゾルのゲルの状況[177]

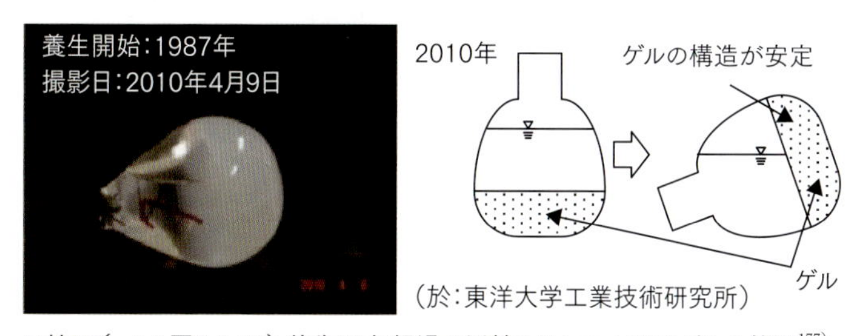

口絵10（p.54 図3.5.10）養生23年経過の活性シリカコロイドのゲルの状況[177]

5. 恒久グラウトの開発（1985年より）

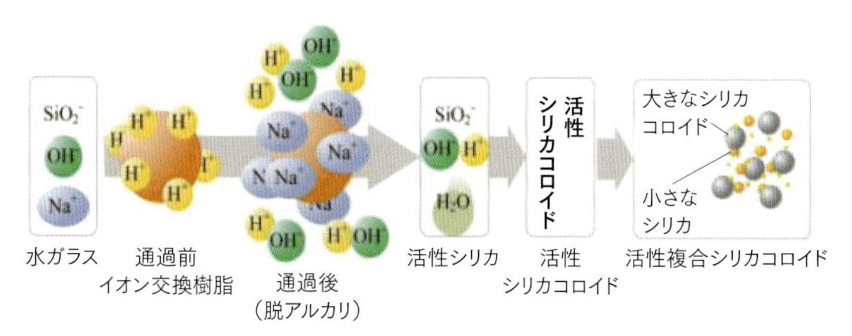

口絵11（p.39 図3.3.6）
活性シリカコロイド「パーマロック」と活性複合シリカ「パーマロック・ASFシリーズ」の開発[16)18)]

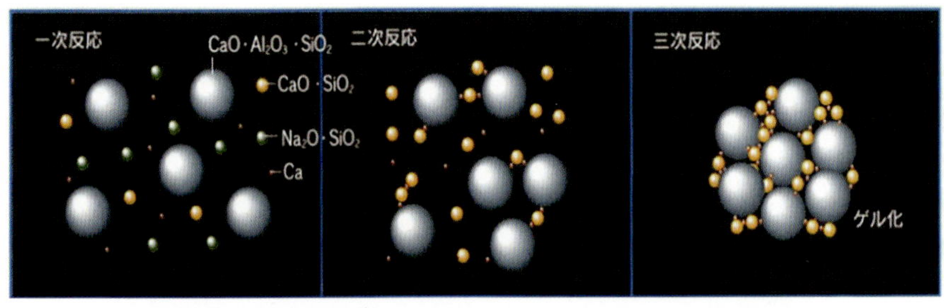

口絵12(p.95 図5.2.1(b)) 超微粒子複合シリカ「ハイブリッドシリカ」の開発

口絵13(p.95 図5.2.1(d)) ハイブリッドシリカの水和反応による結晶構造

※2m注入後経時的に青色の領域が注入孔から上方に広がっていく

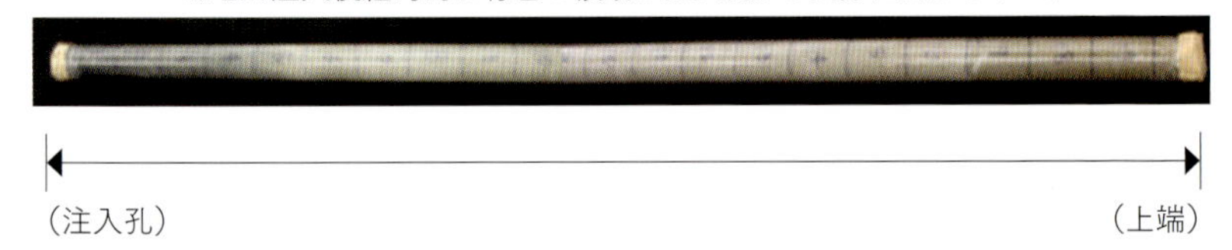

(注入孔) (上端)

口絵14(p.99 写真5.2.2) ハイブリッドシリカの浸透固結体における水和反応の進行による変色状況[95)]

ゲル強度の経時変化

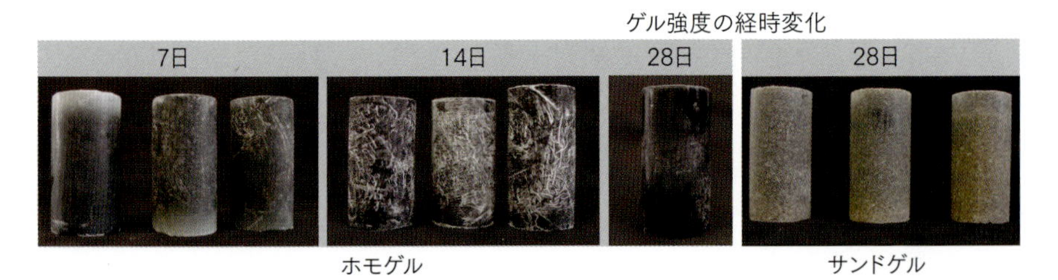

口絵15(p.100 写真5.2.3) ハイブリッドシリカのホモゲル、サンドゲルの水和反応の進行による変色状況[95)]

口絵16(p.250 施工例1-1) 阪神淡路大震災におけるハイブリッドシリカによる
被災基礎の高強度補強(1995年)

口絵17(p.252 施工例4-2) 阪神淡路大震災以前にハイブリッドシリカにより補強した
護岸堤防(1994年)。地震による護岸の損傷は見られなかった。

6. 急速浸透注入工法の開発（1997年より）
三次元同時注入工法と柱状浸透注入工法

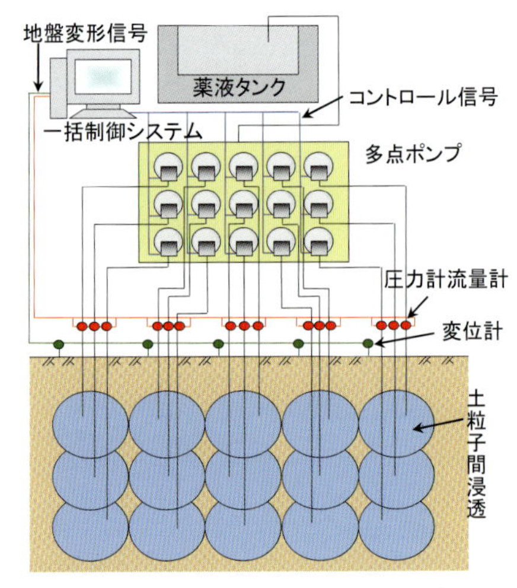

(a)超多点注入工法・多点同時注入工法

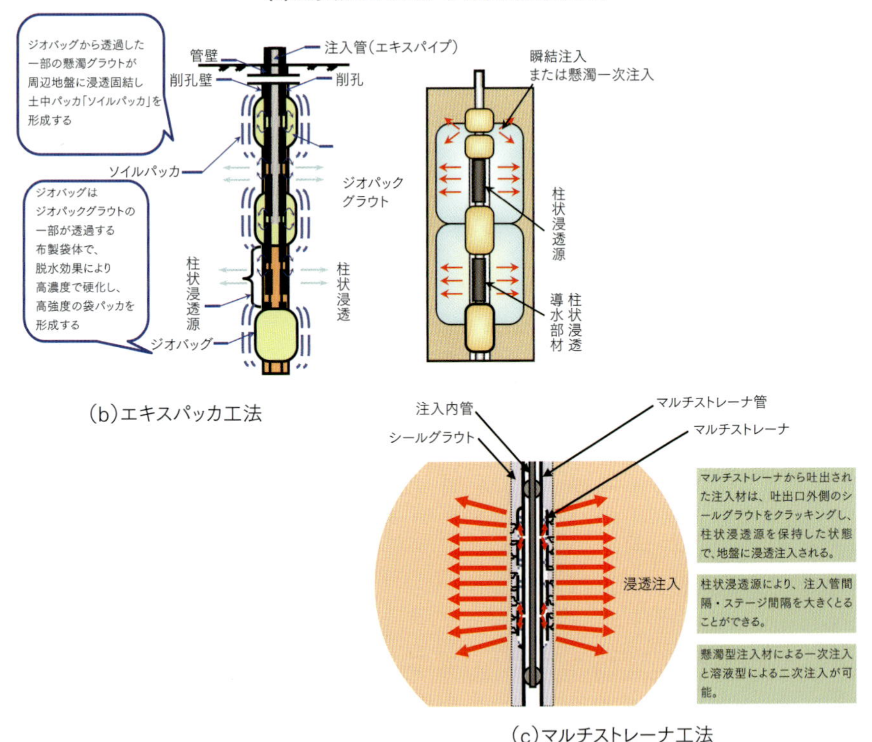

(c)マルチストレーナ工法

口絵18(p.82 図4.2.6) 急速浸透注入工法

7. 恒久グラウトを用いた急速浸透注入工法の大規模野外注入試験における広範囲浸透固結性と経年固結性の実証（1997年より）

口絵19（p.72 写真3.7.7（a））1997年12月、第一次野外注入試験における掘削調査。ハイブリッドシリカの浸透固結性の確認[61]

口絵20（p.69 写真3.7.1）1999年7月、第二次野外注入試験における掘削調査状況（急速浸透注入工法によるパーマロック・ASF-IIとハイブリッドシリカの注入）[70]

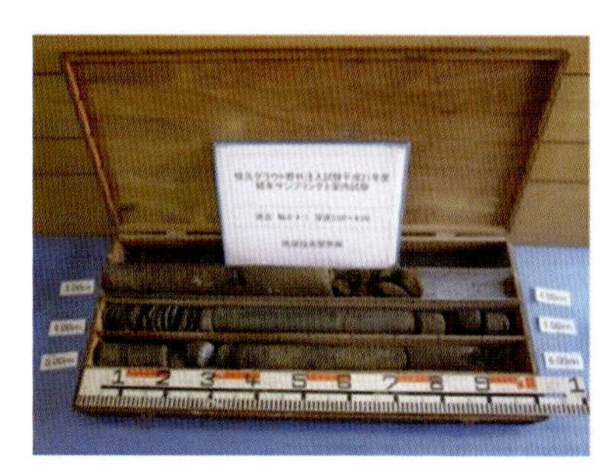

（a）（p.74 写真3.7.11（b））ハイブリッドシリカ（経年10年）

（b）（p.71 写真3.7.6（b））パーマロック・ASF-II（経年10年）

口絵21　注入（1999年7月）から10年後のコアサンプリング調査（2009年）[170]

8. 恒久グラウト・本設注入工法のコンセプトの確立（2007年より）

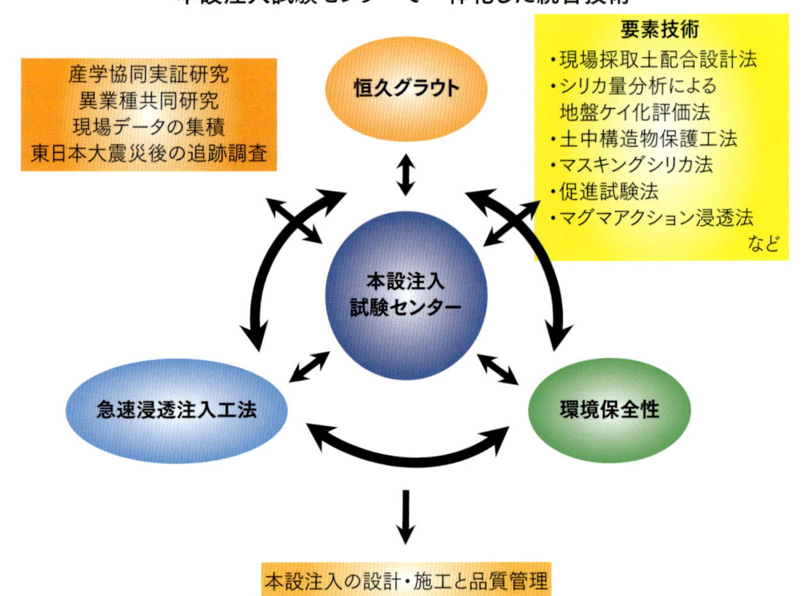

口絵22（p.80 図4.2.1）恒久グラウト・本設注入工法のコンセプト[117)]

9. 本設注入試験センターの設置（2008年）

強化土エンジニヤリング（株）：強化土研究所内

口絵23（p.196 写真9.6.1（a））現場採取土注入液配合設計法の開発

現場採取土を用いた土中ゲル化時間の測定、浸透試験、強度試験等からのゲル化時間の設定、目標強度に対するシリカ濃度等の配合設定

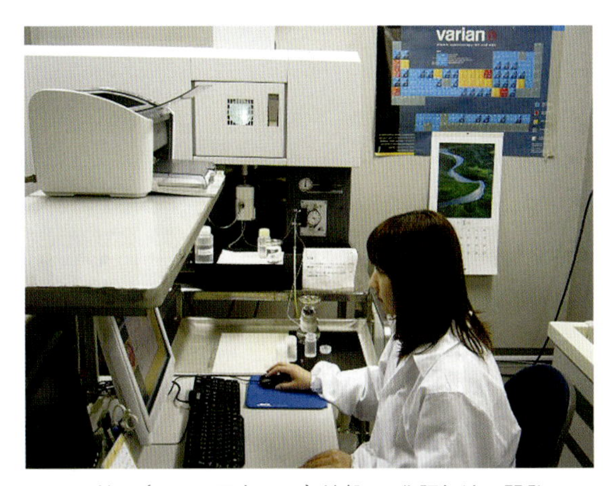

口絵24(p.207 写真9.6.5) 地盤ケイ化評価法の開発

注入前地盤のシリカの分析、現場採取土注入液配合供試体のシリカ量分析、および注入地盤採取土のシリカ分析による注入効果の評価法

10. マスキングシリカによるコンクリートの保護機能(1991年より)

マスキングシリカ法の開発

口絵25(p.82 写真4.2.2) パーマロック・ASF中に養生したモルタルの供試体

表面にマスキングシリカの不溶性被膜が形成され、16年以上経過後もマスキング効果が確認されている。

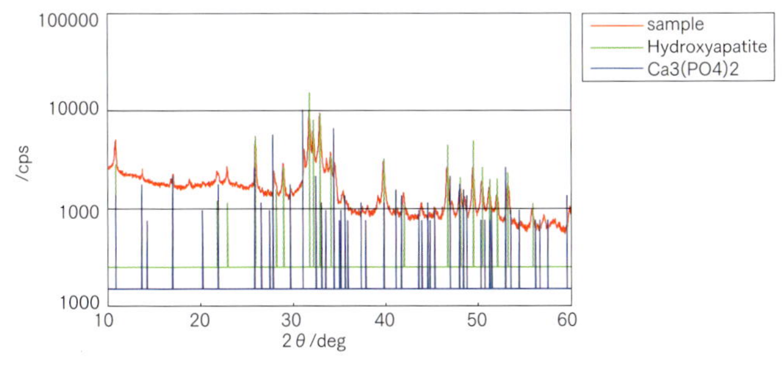

口絵26(p.83 図4.2.4、p.113 図6.3.2) 口絵25のモルタル供試体表面に形成された
マスキングシリカによる不溶性被膜のX線回折[149) 173) 255)]

11. パーマロック・ASFシリーズを用いた急速浸透注入工法による注入施工現場の東日本大震災（2011年3月11日）後の追跡調査

8現場において液状化が生じていなかったことを確認した。

（a）改良地盤

使用注入材：パーマロック・ASF-II
注入工法：超多点注入工法

（b）未改良地盤

地盤改良が未実施であり、地震後液状化による陥没が確認された。

口絵27（p.231 写真10.1.1、写真10.1.2）（a）仙台塩釜港改良地盤と（b）未改良地盤の地震後の状況（施工：2007年、撮影：2011年4月）

口絵28（p.232 写真10.1.4）千葉港 改良地盤
使用注入材：パーマロック・ASF-Ⅱ
注入工法：超多点注入工法
地震後被害なし
（施工：2004〜2005年、撮影：2011年4月）

口絵29（p.233 写真10.1.6）千葉県 千葉市 改良地盤
使用注入材：パーマロック・ASF-Ⅱ
注入工法：エキスパッカ工法
地震後被害なし
（施工：2004〜2005年、撮影：2011年4月）

口絵30（p.234 写真10.1.8）某水門 改良地盤
使用注入材：パーマロック・ASF-Ⅱ α
注入工法：超多点注入工法
地震後被害なし（施工：2010年、撮影：2011年4月）

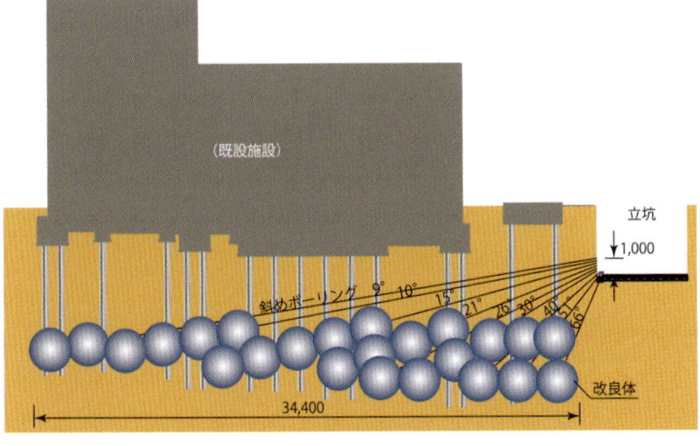

口絵31（p.236 写真10.1.2、図10.1.8）茨城県東海村：既設施設下部地盤の液状化対策工（施工：2009年）
使用注入材：パーマロック・ASF-Ⅱ α
注入工法：エキスパッカ工法
液状化対策を施工した周辺施設は被害なし。

12. 大規模液状化対策工事例（2011年）
大阪北港夢洲地区コンテナターミナルC-11

(a)施工状況

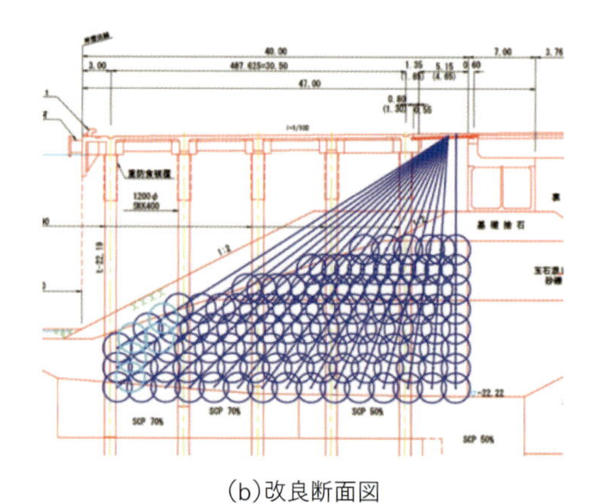

(b)改良断面図

口絵32（p.151 図8.4.3、p.243 施工例2-6）
供用中の岸壁の大規模液状化対策工事（超多点注入工法）

13. 薬液注入の長期耐久性の経時変化（1982年より）

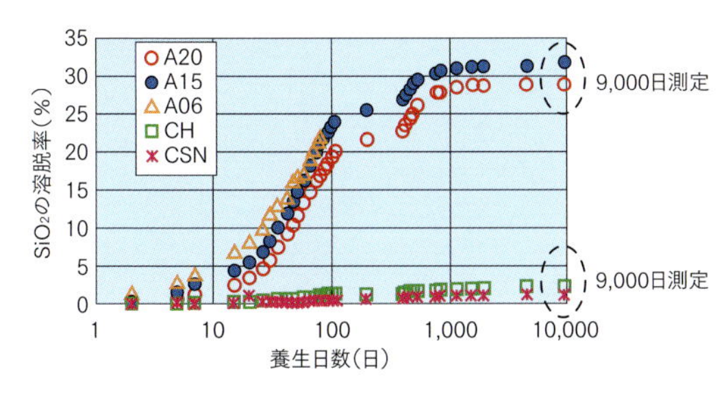

口絵33（p.50 図3.5.2）
長期養生におけるホモゲルからのシリカの溶脱率の経時変化（9,000日測定結果）[66) 222)]

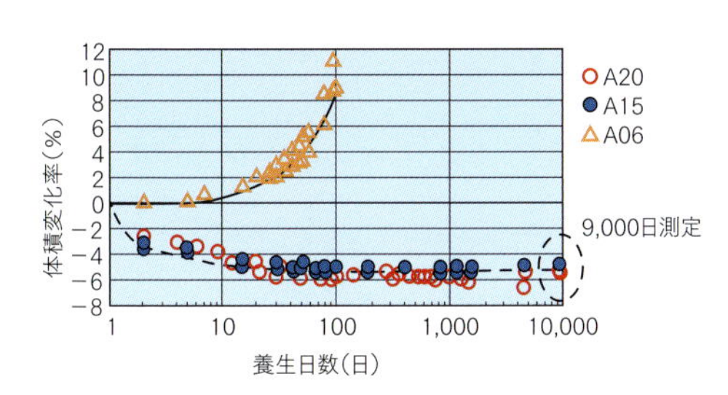

口絵34（p.53 図3.5.6）
グリオキザールシリカグラウト（A20、A15、A06注入材）のホモゲルの
体積変化（9,000日養生）[40) 66) 222) 230)]

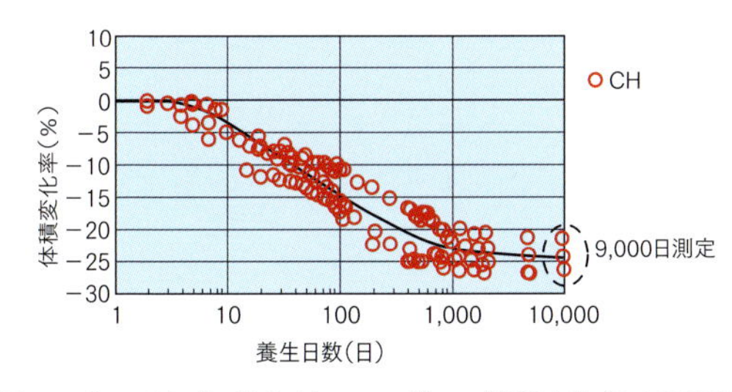

口絵35（p.53 図3.5.7）シリカゾル注入材のホモゲルの体積変化（9,000日養生）[40) 66) 230)]

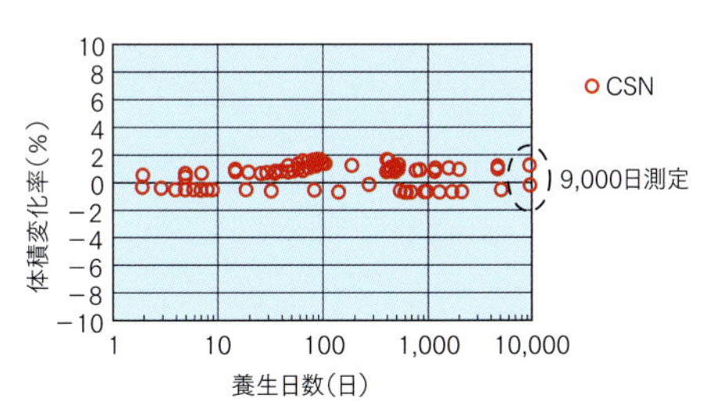

口絵36（p.53 図3.5.8）
活性シリカコロイド（CSN注入材）のホモゲルの体積変化（9,000日養生）[40) 66) 222) 230)]

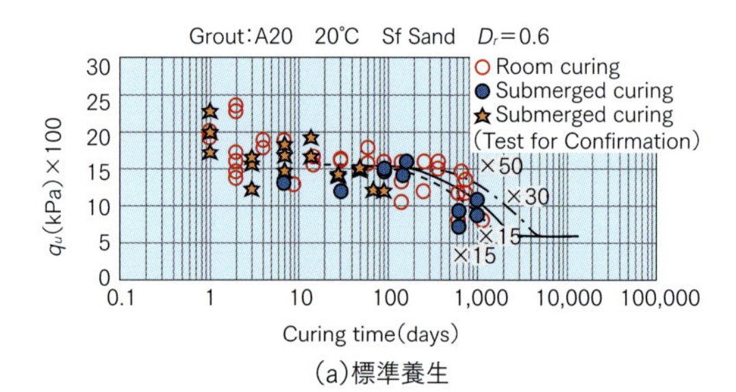

(a)標準養生

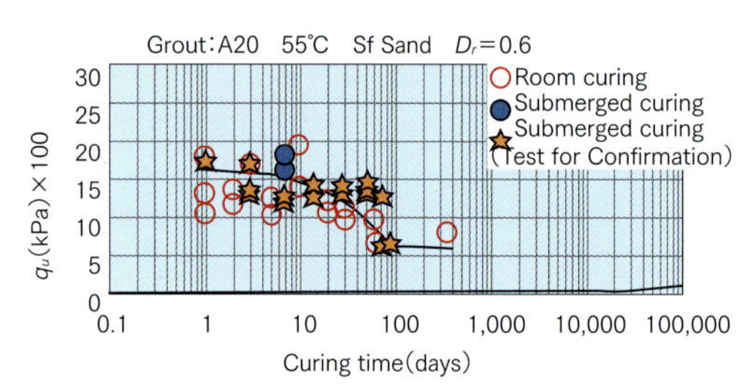

(b)促進養生

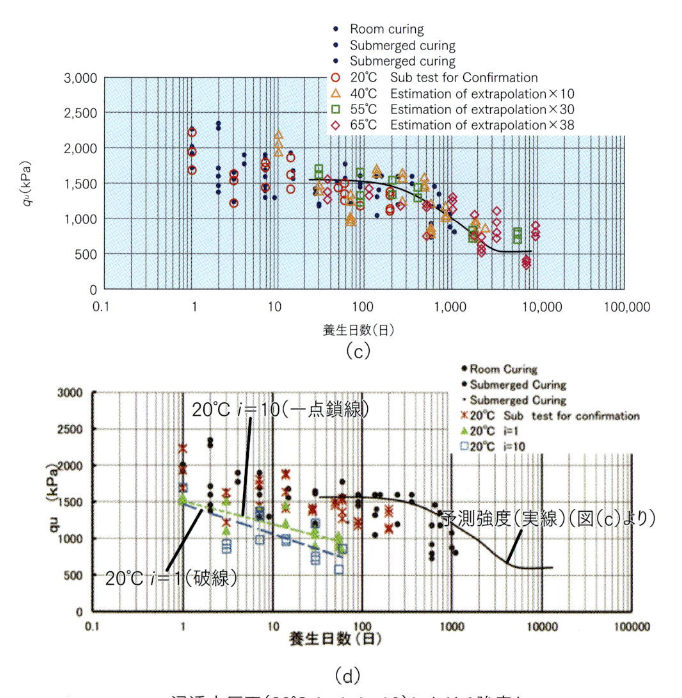

(c)

(d)

浸透水圧下(20℃ i＝1、i＝10)における強度と
静水圧下における常温養生の有機系注入材A20の強度の経時変化(図(d))

口絵37(p.57 図3.5.12) 有機系注入材A20の常温養生ならびに促進養生を
20℃養生に換算した固結砂強度の経時変化(図(a)(b)(c))[66)222)]

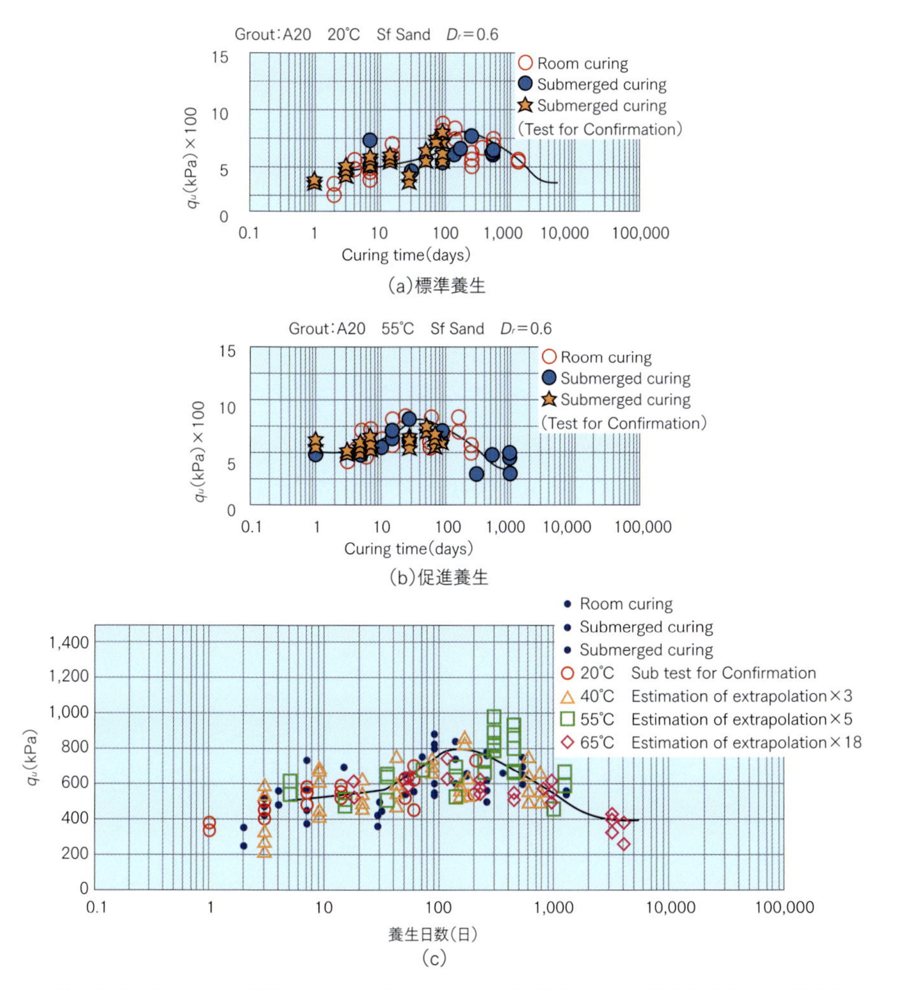

口絵38(p.58 図3.5.13) 酸性シリカゾル系注入材CHの常温養生ならびに促進養生を20℃養生に換算した固結砂強度の経時変化[66) 222) 230)]

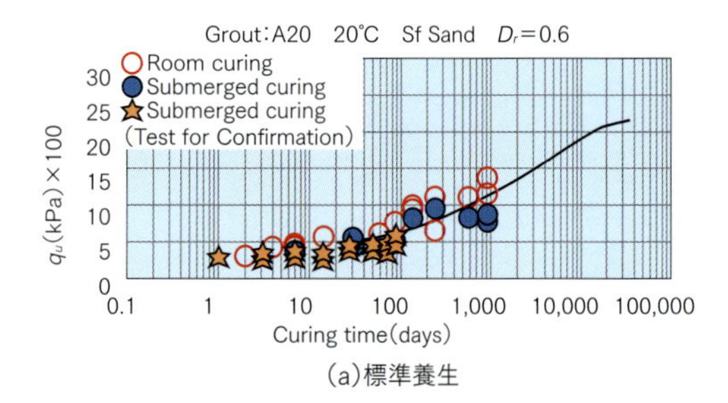

(a)標準養生

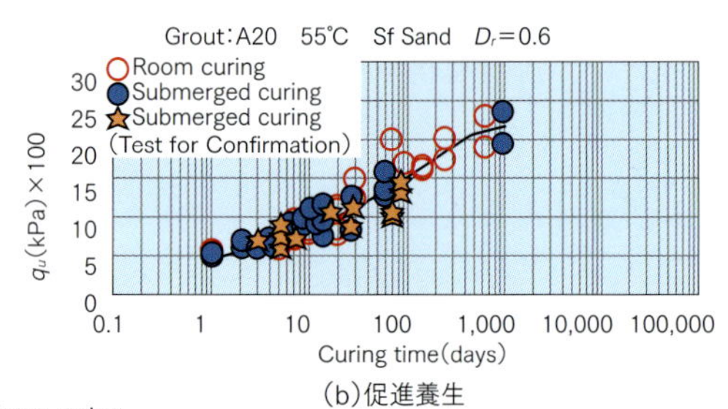

(b)促進養生

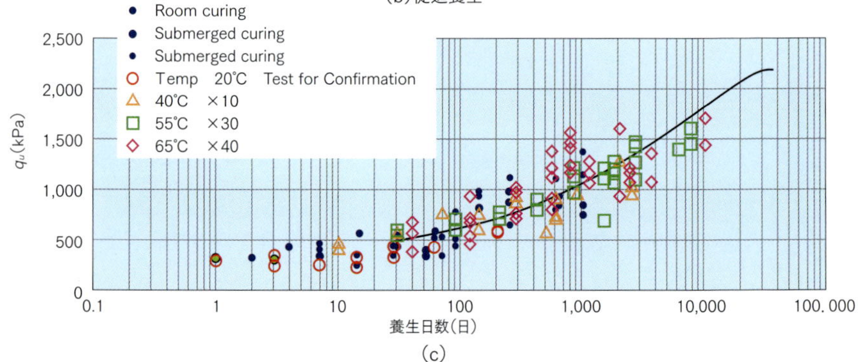

(c)

口絵39(p.58 図3.5.14) 活性シリカコロイド系注入材CSNの常温養生ならびに促進養生を20℃養生に換算した固結砂強度の経時変化[66)222)230)]

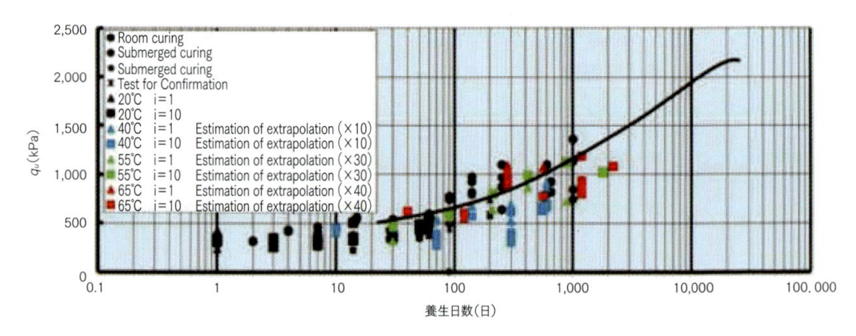

口絵40(p.59 図3.5.15) 浸透水圧下における活性シリカコロイド系注入材CSNの常温養生ならびに促進養生を20℃に換算した固結砂強度の経時変化[66)222)]

薬液注入の長期耐久性と

恒久グラウト本設注入工法の設計施工 ――環境保全型液状化対策工と品質管理――

米倉亮三・島田俊介 著

近代科学社

◆読者の皆さまへ◆

平素より、小社の出版物をご愛読くださいまして、まことに有り難うございます。
㈱近代科学社は1959年の創立以来、微力ながら出版の立場から科学・工学の発展に寄与すべく尽力してきております。それも、ひとえに皆さまの温かいご支援があってのものと存じ、ここに衷心より御礼申し上げます。
なお、小社では、全出版物に対してHCD（人間中心設計）のコンセプトに基づき、そのユーザビリティを追求しております。本書を通じまして何かお気づきの事柄がございましたら、ぜひ以下の「お問合せ先」までご一報くださいますよう、お願いいたします。

お問合せ先：reader@kindaikagaku.co.jp

なお，本書の制作には，以下が各プロセスに関与いたしました：

・編集：石井沙知
・組版、カバー・表紙デザイン：菊池周二
・印刷、製本、資材管理：藤原印刷
・広報宣伝・営業：山口幸治、冨髙琢磨、西村知也

推薦の辞

今から五十年も昔、テレビにはアメリカ製の漫画が溢れておりました。よくあるパターンはネズミや鳥の主人公が逃げ回り、これを追いかけるネコやコヨーテが手玉に取られるというものでした。ワンパターンと言えばその通りでしたが、主人公がさまざまなテクニックで相手をやっつけるのが面白かったものです。

テクニックの中で頻出していたのが早強セメントで、固化に要する時間が数秒のみ、液体状態の中へ足を突っ込んだネコやコヨーテがあっという間に硬化したグラウトの中につかまってしまう、という抱腹絶倒劇でした。

そんな技術が実際の建設実務に使えれば、その価値は高いと言えます。液体を軟弱地盤に混入して、土を固化したい。こんな願望を抱いたエンジニアは大勢いたはずですが、長期耐久性、地下水環境への安全性（無毒）、コストという三つの関門が厳しく、挫折してしまった例も多かったようです。

それに対して社会の方では、近年、安全に対する希求がますます強まっております。自然災害に対して人命を守る、構造物の破壊を防ぐ、そんな伝統的な（教条的な）パラダイムは昔からありますが、最近は、「産業や交通施設を地震災害から守らないと、企業や地域社会の存続すら危なくなる。緊急支援のルートはしっかり確保しなくてはならない」、そのような「理由」がはっきり提示され、想定地震も強まる一方です。そこで我々が直面するのが、既存不適格の施設をどう補強するのかという大問題です。サステイナビリティの時代ですから、施設を取り壊して基礎から全部やり直すのは避けたい。基礎も上部構造も補強して末永く使い続けたい。それが今の時勢で必要とされていることでしょう。

本書は、著者らの三十年間の努力の集大成です。液体を軟弱地盤の中へ均等に浸透させ、固化後は性能が劣化することもなく環境も汚染しない。コストはお安くないようですが（笑）、既設の重要施設を取り壊さずに基礎だけを補強することができ、ズバリ時代の要求している技術と申せましょう。たまたま発生した2011年の東日本大震災でも性能が実証されており、自然災害大国の我が国は防災技術実証の実大試験場でもあるということの証にもなっております。

化学や生物の話が出てくると、筆者などは閉口してしまうのですが、力学に片寄りすぎた在来型地盤工学への激励ともとれましょう。皆様には是非御一読頂くと共に、著者の方々にはさらに次の段階、たとえば地面に液体を撒布するだけで、浸み込んだ液体が地表から3mを固化してくれる、そんな目標へ進んでくださることを祈念して、私の推薦の言葉と致します。

平成28年8月
東畑　郁生

序

ゲルタイムを持っている注入材を薬液注入材というが、この注入材が建設分野で一躍脚光を浴びるようになったのが1950年代である。ちょうどそのとき、工業化学分野では、数多くの高分子系材料が開発されて、市場に華々しく登場してきた。そこでそれらの材料のなかで、比較的手頃な価格で大量に供給することのできるものが、注入材としても使用されるようになった。

それがアクリルアマイドやリグニンあるいは尿素などである。ところが、このような高分子系材料は、ポリマーになれば化学的に安定して問題はないが、モノマーの段階では、毒性を持っているものが多いのである。昭和49（1974）年には、アクリルアマイド系注入材が原因とされる、地下水汚染による人的事故が発生した。そこで建設省（現 国交省）は、直ちにこれら高分子系注入材の使用を禁止し、水ガラス系の材料のみに使用を限定することとした。それが今日に至るまで続いているのである。

そのときを契機として、水ガラスを使用する薬液注入材の開発に拍車がかかるのである。そもそも水ガラスを注入材として用いるという考えは、1886年にドイツのJeziorskyが発表し、1925年にオランダのH.J. Joostenが実用化するというように、かなり早くからあったものであるが、固化した注入材のゲルの耐久性が非常に低いという欠点があった。

したがって、注入材としての水ガラスの研究は、いかに効率よく反応を起こして実用的な範囲でゲル化をさせるのかという研究と同時に、いかにして固化したゲルに耐久性を付与するか、というのが中心の課題になったのである。そして研究が進むに従って、徐々に信頼性の高いシリカゲルをつくることができるようになり、さらに今日では、恒久性を持つゲルをつくることができるようになった。

一方、薬液注入工法は、地盤を破壊しないで、現存している土の間隙に注入材を充填して地盤改良をするというのが特徴であるので、特殊ケースを除いて一般的には、浸透注入をするのが原則である。そこで注入材の開発と同時に、経済的で確実に浸透注入する工法開発をすることが重要となる。そのような目的で、注入工法についても各種の開発研究が行われ、実用に供されるようになってきた。

このようにして、恒久性のある注入材を確実に浸透注入することで、地盤に恒久性のある構造物を構築する方法が可能になった。この50年余にわたる研究開発の成果を網羅して記したのが本書である。そのことをご理解のうえ、本書の意図するところを読みとって、実務面での問題解決に利用していただければ望外の幸せである。

東洋大学名誉教授　工学博士
米倉　亮三

〔恒久グラウト、耐久グラウトならびに施工に関する主な登録商標〕

商標		
恒久グラウト・本設注入協会	耐久グラウト研究会	複合注入工法研究会
本設	耐久グラウト仮設注入	複合注入
恒久グラウト	耐久グラウト本格仮設注入	ユニパック
活性シリカ	シリカゾル	マルチライザー
活性複合シリカ	シリカゾルグラウト	多点
コロイダル	ハードライザー	急速浸透注入協会
パーマロック	シリカライザー	超多点注入工法
エコシリカ	ジオシリカ	結束注入細管
エコグラウト	クリーンロック	エキスパッカー
マスキングシリカ	GSG	マルチパッカー
マスキングセパレート	マグマアクション	トリプルパッカー
複合シリカ	バイオパイプ	マルチストレーナ
超微粒子複合シリカ	バイオチューブ	液状化防止注入協会
ハイブリッドシリカ	バイオグラウト	地盤ケイ化
ジオセル	地盤注入開発機構	

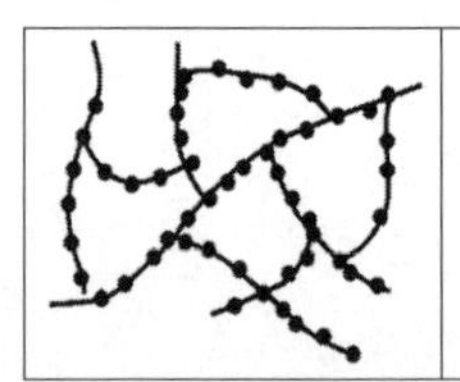
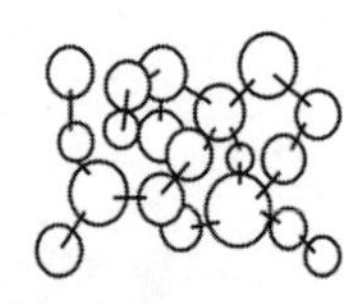
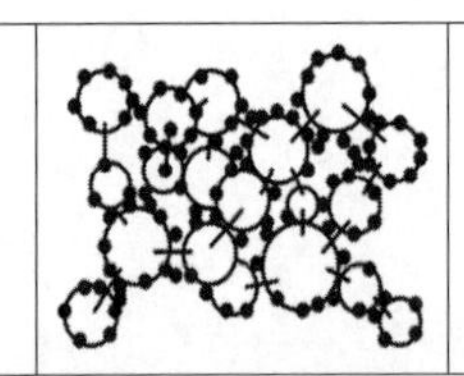
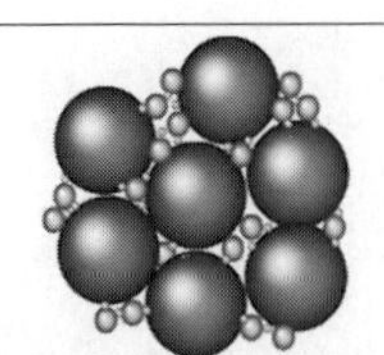

はじめに

近年の薬液注入の技術革新は、昭和49 (1974) 年の高分子系の公害問題により、暫定指針で水ガラスグラウトのみが使用許可になったことに端を発する[25]。当時、水ガラスのみによる薬液注入は、耐久性の欠如と逸脱防止の観点からゲル化時間の短い水ガラスグラウトの注入が主となり、その信頼性の点から、掘削工事の補助工法の域を出なかった[2]。薬液注入は、薬液を一本の注入管から地盤に注入して、シリカの化学的反応によるゲル化によって地盤を固化する工法である。他の物理的地盤改良と異なり、既に存在している土粒子を動かさないでそのまま地盤改良を行う事ができるという、極めて優れた特徴をもつ。しかし、そのような利点はともすれば安易な施工を生じやすい。仮設注入目的に使用される場合は掘削完了までに固結していればすむし、施工が悪ければ掘削時のトラブルで判明する。しかし液状化対策工や恒久地盤強化のように本設注入目的に使用される場合は、広範囲の固結径で、所定の目的を達する効果を永続的に維持することが要求される。このため、本設注入は仮設注入の延長線上にあるものではなく、異なる地盤改良技術として捉えられるべきである。このような点から、本設注入技術を確立するには、シリカの化学ならびに地盤中におけるシリカグラウトの耐久性の化学を明らかにして、現場の実際でその実証を行い、その設計法ならびに効果の確認法を確立することが必要となる。このため著者らはこの50年余り前から、現在の地盤注入開発機構の研究開発グループと共に、地核の60%を占めるシリカを素材として、「環境・耐久・浸透」をテーマとした「注入材」と「工法」と「環境保全」を一体化した本設注入の技術開発を目指した。

昭和49 (1974) 年の公害問題後、浸透性有機系水ガラスグラウト（グリオキザール系 (GSG)）[1) 2)]が、まず世に出た（口絵1）。また続いての石油ショックは、無機系シリカゾルが世に出るきっかけになった[25]。シリカゾルグラウトは、水ガラスグラウトが川に流入したという情報からヒントを得て、酸性液中に水ガラスを加えるという逆転の発想によって開発したグラウトであって、水ガラスの劣化要因であるアルカリを酸で中和する、今日の中酸性系グラウトの原型となった[7) 9) 25)]。このグラウトは自動製造装置中で水ガラスを中和、ゾル化し、長結型シリカゾルを形成して地盤に注入する（間接法という）浸透性耐久グラウト「シリカゾルグラウト」へと発展した（口絵2）[4) 9)]。このシリカゾルグラウトの知見は、のちの活性シリカコロイド系グラウトや超微粒子複合シリカ等の恒久グラウトの開発をもたらした（口絵11 ～ 15）。

有機系水ガラスグラウト[1)]ならびにシリカゾルグラウトは、それぞれ昭和51（1976）年の上越新幹線中山トンネル[159)]ならびに同高山工区の火山堆積層の高水圧下の掘削工事において大々的に使用され[4) 7)]、長時間ゲル化時間を用いた、現在の土粒子間浸透を基本とする本格仮設注入としての地盤注入工法の基礎を築いた（口絵1、3 ～ 5）[25)]。これによって、この工事は近年の薬液注入の歴史において、土砂地盤の掘削工事に対する薬液注入の技術評価が得られたエポックメーキングの工事となったものと思われる（口絵4）。

昭和53（1978）年に開発に成功した二重管瞬結・緩結複合注入工法[5) 6)]（マルチライザー工法、ユニパック工法）（口絵6、7）は、ダブルパッカ工法と共に一次注入による拘束効果と土粒子間浸透注入による二次注入を用いた複合注入工法であって[10)]、上記浸透性耐久グラウトと組み合わせて本格仮設注入の飛躍的発展をもたらし、都市の大型掘削工事[48) 49)]やトンネル掘削工事に数多く使用されるようになった[32) 50)]（口絵4、5）。

シリカゾルグラウトを用いた土粒子間浸透による本格仮設注入工法[4) 25)]は、その後、恒久グラウトを用いた三次元同時注入工法[78)]や柱状浸透注入工法[78)]として、「超多点注入工法」や「エキスパッカ工法」、「マルチストレーナ工法」等の急速浸透注入工法の開発[69)]につながり（口絵18）、恒久グラウト・本設注入工法の発展をもたらした[173)]（口絵27 ～ 32）。

昭和57（1982）年、東洋大学米倉研究室で「薬液注入の長期耐久性の研究」がスタートし（口絵8 ～ 10）、耐久性の試験方法が米倉により提示された。その試験方法に基づき、注入材として無機系と、1960年代から1980年代にかけて島田らによって開発された有機系（グリオキザールシリカ系）、シリカゾル系、活性シリカコロイド系グラウト（口絵11）と超微粒子複合シリカ系グラウト（口絵12 ～ 15）等浸透性グラウトの耐久性のメカニズムの解明[49)]等、長期耐久性の研究が進められた。その最初の成果が平成4（1992）年12月『土と基礎』に、米倉、島田により「薬液注入の長期耐久性の研究」[37)]として発表された。

その後、30年以上の長期耐久性の実証研究が継続し、その間100件以上の研究の成果が発表されて実用化が進み、平成27（2015）年「各種薬液注入材の長期養生結果と浸透水圧を作用させた薬液改良固結砂の耐久性」[222)]が、米倉、加賀、島田により『地盤工学会誌』（2月号）に発表された（口絵33 ～ 40）。

長年の長期耐久性の研究の結果（口絵33～40)、無機系水ガラスグラウトならびに有機系水ガラス等の、アルカリ領域の水ガラスグラウトの劣化要因は、ゲル中の未反応水ガラスと部分中和における残存アルカリによるものであり、有機系では部分中和の率が大きくなれば耐久性が向上するが、部分中和の率が少なくなれば無機も有機も短期耐久性になる事がわかった（口絵37)。またシリカゾルグラウトは、シリカゾル自動製造装置中で水ガラスの中和とゾル化を行って耐久性を付与し、かつ安全施工を目指したものであり、シリカの溶脱が少ないため耐久性には優れているが（口絵33)、過大な収縮は強度低下をもたらすことがわかった（口絵38)。このため掘削工事における耐久性グラウトとして本格仮設注入工事に多く用いられ、4万件以上にのぼる施工実績を有している[9]。

このシリカゾルグラウトによる知見と上記土粒子間浸透注入の知見は、その後「脱アルカリ」に「コロイド化」を付与した活性シリカコロイド「パーマロック」[16) 81)]（口絵39、40）と、「水和結合」と「ゲル化機能」を付与した超微粒子複合シリカ「ハイブリッドシリカ」[60] 等、「恒久グラウト」[189]（口絵11～15）[117) 143) 173)] の開発に進み、恒久グラウトと急速浸透注入工法（口絵18）を組み合わせた恒久グラウト注入工法を生み出した（口絵22)。これらの恒久グラウト注入工法は、産学協同研究による長期にわたる室内ならびに野外実証試験（口絵8～10、19～21)、施工実績を背景に、大規模液状化対策工（口絵32）[195] や高強度地盤強化（口絵16、17）に使用されるようになった。

また、酸性領域における長結型のシリカグラウトの知見は、水質保全[89]、魚介類に対する安全性[163) 169)]、マスキングシリカ（口絵25、26）による土中コンクリート埋設物に対する安全性[149) 179)] といった環境保全技術の研究開発を促すと共に、三次元同時注入工法や、柱状浸透注入工法における低吐出量によるマグマアクション法[173] による広範囲浸透ゲル化法を生み出した（口絵18)。

近年、活性シリカコロイド[201] の無収縮性ゲルの化学的安定性、耐水圧性、環境保全性が内外から着目され[37) 98)]、微細空隙の止水[162) 177)] や岩盤止水[148) 177)]、岩盤貯留槽建設工事[203) 204) 213)] や有害物の封じ込めといった新しい分野が開けつつある。また薬液改良土の強度発現のメカニズムの解明や液状化強度の研究が、東京都市大学末政研究室によって進められている[108) 185) 236)]。

平成9（1997）年、地盤注入の分野で初めて「本設」という言葉と「恒久グラウト」の定義が米倉によって提案された[54]。前記機構では上記定義に基づき、恒久グラウトによる本設注入の実績を積み重ねながら、当面した課題を産学協同研究で解決に努めてきた。本設注入は化学反応に依存する化学的地盤改良であるから、地盤条件・施工条件・環境条件によって異なる結果が出ることになる。そこで著者らは、恒久グラウト・本設注入工法を「互いに関連する三大要件—恒久グラウト、急速浸透注入工法、環境保全性—と、それを構成する要素技術を、現場採取土を用いた本設注入試験センター（口絵23）で一体化した統合技術である」というコンセプト（口絵22）のもとに技術開発を進めてきた[173) 229)]。また昭和58（1983）年以来の薬液注入の耐久性の実証に関連した液状化強度の研究[106) 126) 127)]や、現場施工における多様な地盤条件下における経験で当面したいくつもの課題の解決を産学協同研究で進めてきた。その結果、昭和62（1987）年以来の加温養生による促進試験による強度予測法（口絵33～40）[37) 222)]の開発、平成5（1993）年来の環境保全に関するマスキングシリカの開発（口絵25、26）、ゲル化の安定性、広範囲浸透固結性のためのマグマアクション法の開発、平成17（2005）年には原地盤と注入地盤のシリカ量の分析による地盤ケイ化評価法（口絵24）[126) 127) 195)]の開発、平成20（2008）年には現場採取土注入液配合設計法（口絵23）[173)]の開発や微細亀裂止水用活性シリカコロイド[177)]の開発等、本設要件を満たすための要素技術（口絵22）[173)]が開発され、このような経緯を経て、薬液注入は仮設注入から本設注入への質的転換を迎えるに至った。それらが平成14（2002）年度の地盤工学会技術開発賞（米倉亮三、島田俊介）として評価され、さらに東日本大震災後、8現場の確認調査（口絵27～31）より、室内長期試験における耐久性室内試験や、野外注入試験のみでは把握しきれない地震発生時ならびに発生後における液状化防止効果が確認されたことから[186) 199)]、恒久グラウト注入工法は広く使用されるようになった。

本書は、本設注入の設計・施工と共に近年課題となっている注入設計時から施工後の品質管理も含めて、この50年余りの研究開発の持続的流れと最近の施工の実際を集大成として本設注入の技術の体系化を目指したものである。

東洋大学名誉教授　工学博士
米倉　亮三
地盤工学会名誉会員　農学博士　技術士（建設部門）
島田　俊介

目次

第3章 シリカ系グラウトの長期耐久性 27

第8章
薬液注入による固結土の耐震的性質と活性複合シリカを用いた改良土の液状化強度と改良効果の確認 143

第9章
恒久グラウト注入工法による液状化対策工の設計施工と品質管理 159

第12章 新規技術への応用 255

第1章

総論

1.1 薬液注入の長期耐久性の研究から恒久グラウト本設注入技術への進展

昭和57（1982）年、東洋大学米倉研究室で「薬液注入の長期耐久性の研究」がスタートし、米倉教授による耐久性の試験方法が提示され、その試験方法に基づき注入材として無機系と、昭和40（1965）年当初からの著者らによる産学協同研究により開発に成功していた有機系（グリオキザールシリカ系）、シリカゾル系、活性シリカコロイド系の耐久性のメカニズムの解明と長期耐久性の研究が進められた。その最初の成果が平成4（1992）年『土と基礎』に「薬液注入の長期耐久性の研究」として米倉、島田により発表された。その後、30年以上の長期耐久性の実証研究が継続し、その間、100件余りの研究の成果が発表されて実用化が進み、平成27（2015）年「各種薬液注入材の長期養生結果と浸透水圧を作用させた薬液改良固結砂の耐久性」が、地盤工学会誌に米倉、加賀、島田により発表された。

平成9（1997）年に、地盤注入の分野ではじめて「本設」という言葉と「恒久グラウト」の定義が米倉によって提案された。地盤注入開発機構はその定義に基づき、恒久グラウトによる本設注入の実績を積み重ねながら、当面した課題を産学協同研究で解決に努めてきた。本設注入は化学反応に依存する化学的地盤改良であるから、地盤条件、施工条件、環境条件によって異なる結果が出ることになる。したがって、著者らは恒久グラウト・本設注入工法を「互いに関連する三大要件―恒久グラウト・急速浸透注入工法・環境保全性―と、それを構成する要素技術を本設注入試験センターで一体化した統合技術である」というコンセプトのもとに技術開発を進めてきた（表4.2.1、図4.2.1）。このような経緯を経て、薬液注入は仮設注入から本設注入への質的転換を迎えるに至った。

薬液注入はわずか数cmの注入孔から地盤そのものを動かすことなく地盤改良を行うことができるという、他の地盤改良工法では得られない優れた特性をもつ。一方、ともすれば安易な施工を生じやすい。薬液注入が従来の仮設注入から重要仮設工事（ここでは本格仮設注入と分類）や本設注入へとその適用分野が拡大しつつある今、薬液注入の設計施工と共に品質管理が重要なテーマになっている。本書はそのような最近の課題に対して実証とデータを積み重ねて本設注入の技術を体系的にまとめたものである。

1970年　有機系(グリオキザール系)水ガラスグラウトの開発

1974年　高分子系公害問題発生
シリカゾルグラウト開発

1976年　上越新幹線中山トンネル掘削工事でグリオキザール系水ガラスグラウトが、同高山トンネル掘削工事にシリカゾルグラウトが採用される
→本格仮設注入へシリカゾルグラウトの浸透注入が拡大

1978年　二重管瞬結・緩結複合注入工法の開発→仮設注入への浸透注入の適用性が拡大

1982年　恒久グラウト(活性シリカグラウト「パーマロック」、超微粒子複合シリカ「ハイブリッドシリカ」)の開発
東洋大学米倉研究室　薬液注入の長期耐久性の研究を開始
薬液注入の耐久性のメカニズムの解明
永久グラウト研究会発足　→　現在「恒久グラウト・本設注入協会」

1995年　阪神・淡路大震災の基礎地盤復旧工事に恒久グラウト「ハイブリッドシリカ」が採用される

1997年　急速浸透注入工法「三次元浸透注入工法(超多点注入工法)」「柱状浸透注入工法(エキスパッカ工法)」の開発
恒久グラウトと急速浸透注入工法の、大規模野外注入試験による広範囲浸透固結性と、経年固結性の実証研究を開始

1998年　液状化防止工事に恒久グラウト「パーマロック」が採用される

2003年　平成14年度(社)地盤工学会「技術開発賞」受賞　「恒久グラウトと注入技術」(米倉亮三、島田俊介)

2007年　国土交通省による石狩新港における実物大の空港施設を用いた液状化実験

本設注入試験センターの設置
・現場採取土を用いた配合設計とデータの集積による現場採取土配合設計法の開発
・配合設計時のシリカ量分析と現場採取土のシリカ量分析による地盤珪化評価法の開発

恒久グラウト・本設注入工法のコンセプトの確立
恒久グラウト・本設注入の三大要件と要素技術を本設注入試験センターで一体化した統合技術
恒久グラウト注入工法の要素技術の開発

本設注入の設計施工と品質管理

2009年　液状化防止注入協会 発足

2011年　東日本大震災　→　液状化防止効果の確認

2012年　急速浸透注入協会 発足
(エキスパッカ工法、超多点注入工法、マルチストレーナ工法、スリーPシステム、3Dシステム、多連注入システム)
耐久グラウト研究会 発足

現在　恒久グラウト本設注入施工実績　1,200件以上　急速浸透注入工法注入実績　6億L以上
耐久グラウト／シリカゾルグラウト本格仮設工事施工実績　50,000件以上

図1.1.1　薬液注入の長期耐久性の研究と恒久グラウト本設注入工法の研究開発の歴史

1.2 用語の定義

本書に使用する用語を次のように定義する。

表1.2.1 恒久グラウト・本設注入工法に関する用語の定義

用　　語	記号 (単位)	定　　義
薬液	—	ゲル化を伴うグラウトをいう。
恒久グラウト	—	注入して固化した地盤の強度と止水性が永続してその効果を期待できる、本設注入に用いるグラウトである。 化学的・物理的に安定し、表4.1.1の恒久グラウト要件を満たすグラウトである。 懸濁型はゲル化機能と水和反応からなる超微粒子複合シリカグラウト。
耐久グラウト	—	数年以上の改良効果が期待できる、本格仮設注入に用いるグラウトである。表4.1.1の恒久グラウト要件の一部を満たさない。
仮設グラウト	—	1～2年程度の改良効果が期待できる、一時的な仮設注入に用いるグラウトである。
本設注入	—	所定の品質を満足する恒久土構造物を構築する地盤改良である。したがって、施工後の品質評価がなされ、周辺構造物に対する安全性も含む環境保全性が要求される。改良効果が恒久的に期待できる薬液注入工。表4.1.2の条件を満たす注入工法である。
本格仮設注入	—	建設工事の補助工法として用いられる薬液注入であって、数年以上の改良効果が期待できる地盤改良である。耐久グラウトまたは恒久グラウトが用いられる。
仮設注入	—	建設工事の補助工法として用いられる、掘削工事が終了するまでの短期間、改良効果が得られれば目的が達せられる薬液注入。

恒久グラウト注入工法	—	恒久グラウトを浸透注入させることにより地盤を改良する工法。表4.1.2の恒久グラウト・本設注入工法の定義を満たす。 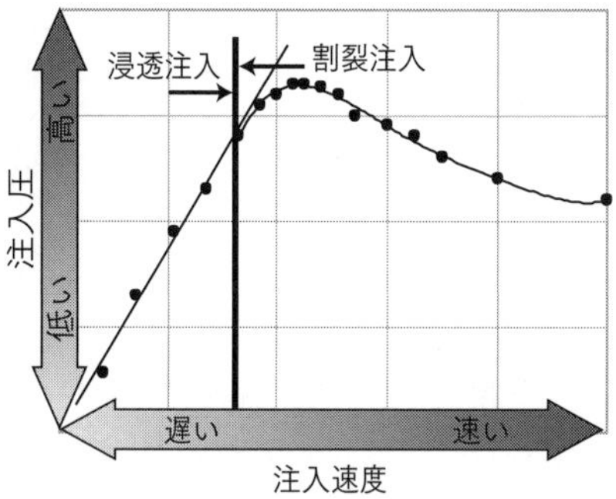 恒久グラウト注入工法における注入速度と注入圧による限界注入速度の求め方（米倉による）
急速浸透注入工法	—	大容量土を急速かつ地盤に変状を与えずに浸透注入することが可能な注入工法。
活性シリカコロイド	—	水ガラスの劣化要因となるアルカリを除去して、増粒したシリカコロイドからなる、恒久性を有する溶液型グラウト。
活性複合シリカグラウト	—	活性シリカコロイドをベースとした大きなシリカと小さなシリカからなる、恒久性を有する溶液型グラウト。
超微粒子複合シリカコロイド	—	溶液型シリカと懸濁型超微粒子シリカからなる、水和反応とゲル化機能をもつ懸濁型複合グラウト。
シリカゾルグラウト		水ガラスのアルカリを酸で除去してなるシリカグラウト。
浸透注入	—	注入速度と注入圧力が比例関係を維持したまま、薬液が土粒子間隙に浸透・充填される注入形態。
割裂注入	—	注入速度と注入圧力が比例関係を維持できず、地盤に薬液で割裂を生じさせながら脈状に薬液が充填される注入形態。
注水試験	—	現地にて浸透注入となる限界注入速度を求める試験。
限界注入速度	q_{cr} （L/分）	浸透注入の状態が保持できる最大注入速度（表4.1.2参照）。
気中ゲルタイム	（分）	薬液そのもののゲルタイム（ホモゲルタイム）。
土中ゲルタイム	（分）	地盤中における薬液のゲルタイム。
注入速度	Q （L/分）	1分当たりの注入ポンプの吐出量。

注入量	Q (L)	改良土量に注入率を乗じて得られる薬液の量。
注入率	λ (%)	設計注入範囲内の地盤体積に対するグラウトの体積の割合。 $\lambda = n \times \alpha / 100$
間隙率	n (%)	間隙は地盤中で土粒子に占められない部分で、水と空気等によって満たされている空間をいい、間隙率は（土粒子の）間隙の体積と全体積の比を百分率で表したもの。
充填率	α (%)	注入対象土の土粒子間隙を薬液で充填する割合。
注入ピッチ	L (m)	注入改良するための注入孔の間隔。
注入ステップ	h (m)	各注入孔の深度方向の注入位置（注入ポイント）および注入位置。
注入ステップ長	h (m)	各注入孔の1注入ステップの長さ。
設計基準強度	q_{uD} (kN/m^2)	設計時に改良土に求める一軸圧縮強さ。
室内配合強度	q_{uL} (kN/m^2)	現地砂を用いた事前配合試験で確認する改良砂の一軸圧縮強さであり、設計強度に安全率を乗じた強度。
原位置改良強度	q_{uF} (kN/m^2)	設計に基づいて改良した地盤の一軸圧縮強さ。
安全率	F_s	設計時に付加できない地盤条件や施工条件の不測事項を補足する割合。
細粒分含有率	F_c (%)	地盤に含まれる細粒分（75μm未満）の割合。
暫定指針	—	薬液注入工法による建設工事の施工に関する暫定指針（昭和49（1974）年7月10日建設省）。
水質基準	—	暫定指針別表-1に定める基準。

第2章

薬液注入工法

2.1 仮設注入と本設注入

建設工事の進歩あるいは変化に伴い、従来とは異なった性能がグラウト材に要求されるようになってきた。例えば仮設工事では、推進工法の変化および大型化・大深度化につれて、強度や耐久性に対する要求内容および水準が変わってきた。また、本設注入としては液状化対策工や高強度補強工事などである。

仮設注入と本設注入の適用分野を表2.1.2、表2.1.3に示す。仮設注入と本設注入の注入目的と要求される効果は表2.1.1に示すように全く異なる。一方、薬液注入の耐久性に及ぼす要因は、表2.1.4のように多様である。したがって本設注入は仮設注入の延長にあるものではなく、仮設注入とは本質的に異なるコンセプトを基に、その定義を明確にし、体系化を行う必要がある（第4章参照）。

表2.1.1　仮設注入と本設注入の注入目的と要求される注入効果[53) 173)]

仮設注入	掘削に先立って地盤に薬液を注入し、湧水や崩壊等のトラブルがなく無事に掘削が終れば、目的は達する地盤改良である。
本設注入	地盤に恒久グラウトを注入し、所定の品質を満たす永続性のある土構造物を構築する地盤改良であって、施工後に所定の品質が得られているかどうかの評価がなされ、水生生物や既設構造物に対する安全性などの環境保全性が要求される。

表2.1.2 仮設注入の適用分野

区分	適用箇所
シールドトンネル（推進工を含む）	発進部、到達部、無圧気施工区間、圧気工法で不十分な箇所、建物構造物近接、埋設管近接箇所、鉄道道路横断箇所、河川横断箇所、特殊部分（曲線部、接合部）、立坑周辺部、立坑底部、セグメント背面部、周辺に対する止水壁
山岳トンネル（岩盤を除く）	地盤条件の悪い箇所、建物構造物近接箇所、立坑、覆工背面
開削工（オープンカット）	親杭横矢板工の背面、柱列工の背面、連続地中壁工の継手部、土留め工の欠損部、離間部、隣接建物構造物、掘削底面、杭の抜き跡、埋戻し

表2.1.3 本設注入の適用分野[25) 173)]

改良目的		適用例	設計区分
本設	構造物の基礎地盤の改良（地盤強化）	• 直接基礎地盤の強化 • 杭基礎地盤の強化 • 構造物の沈下防止 • 砂防ダム基礎地盤の強化 • ダムグラウト （コンソリデーショングラウト） • 産業廃棄物の遮水壁	本設設計
	恒久遮水	• 高規格堤防 • 河川堤防の漏水対策 • 護岸の遮水工 • ダムグラウト （アースダム本体、カーテングラウト）	
	砂質土地地盤の液状化防止	• 液状化防止対策	
	岩盤止水	• 廃棄物貯溜	

表2.1.4 薬液注入の耐久性に及ぼす要因[25) 173)]

注入材そのものに関わる要因	固結物の耐久性	ホモゲルの耐久性	ゲルの化学的、物理的安定性、シリカの溶脱と体積変化
		固結砂の耐久性	固結砂からのシリカの溶脱とゲルの収縮、強度変化、浸透水の影響、地盤の化学的性質、他の注入材との併用性
	注入材の浸透固結性	浸透性 (ゲルタイムの適用可能範囲、粘性や粒径) 注入可能限界 (土の粒径分布と広範囲浸透固結性、土の透水係数)	
施工に関わる要因	注入工法	土粒子間浸透による広範囲浸透固結性	
	地盤条件	地下水条件と浸透固結性	
		土の粒径、土性、地盤構成	
	施工条件	適用工法－浸透性と固結性、施工管理システム 注入深度、構造物	
	注入設計	注入孔ピッチ、充填率、吐出速度、注入量、ゲルタイム、注入ステージ、一次注入、二次注入	
環境に関わる条件	恒久グラウトは本設注入に用いられ、インフラ等我々の実生活に永続的に関与することから、耐久性のみならず、既設構造物や海水、淡水生物等に対する安全性を含めた環境保全性が要求される。		

2.2 耐久性を考慮した注入材の種類と特徴と注入工法との組合わせ

現在使用されている4種類の注入材の耐久性に関して、この30年余り、産学協同研究を行なってきた。その試験結果に基づき（3.5節参照）、耐久性を考慮した注入材の特徴を表2.2.2に、耐久性の総合評価を表2.2.3に示し、耐久性を考慮した注入材の分類（図2.2.1）と耐久性を考慮した注入工法の区分と組み合わせを図2.2.2に、耐久性を考慮した注入工に対応した注入材の分類を表2.2.1に示す。また薬液注入による注入地盤の耐久性は単に注入材のみによって決まるものではなく、工法と一体となって所定の効果を発現するものである。耐久性を考慮した注入材と後述する浸透注入工法の組合わせを表2.2.4に示す。

なお、図2.2.1において、必要に応じて、一時仮設注入工事（1年以内の効果を期待できるもの）に耐久グラウトや恒久グラウトを用いることにより、掘削時の安定を確保して、さらに長期の止水効果を目的として用いることもできる。また、同様の理由で本格仮設注入工事に恒久グラウトを兼用することもできる（図2.2.2）。

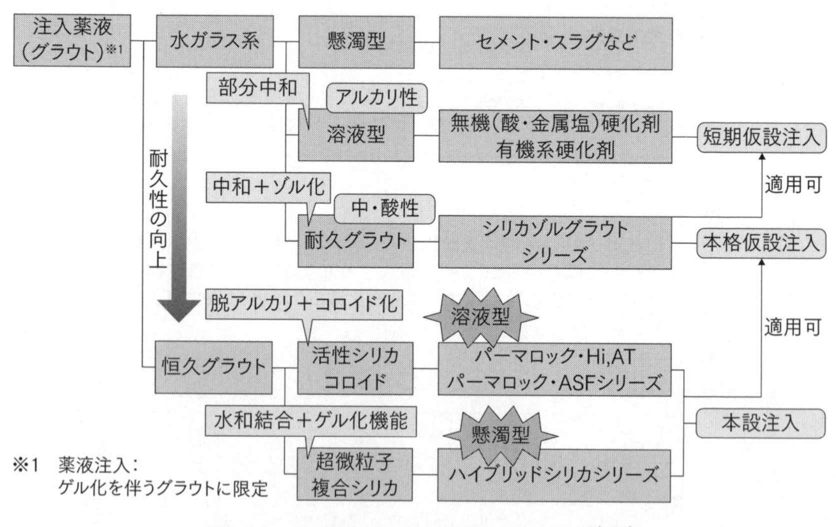

図2.2.1 シリカ系グラウトの分類と位置づけ[173) 229)]

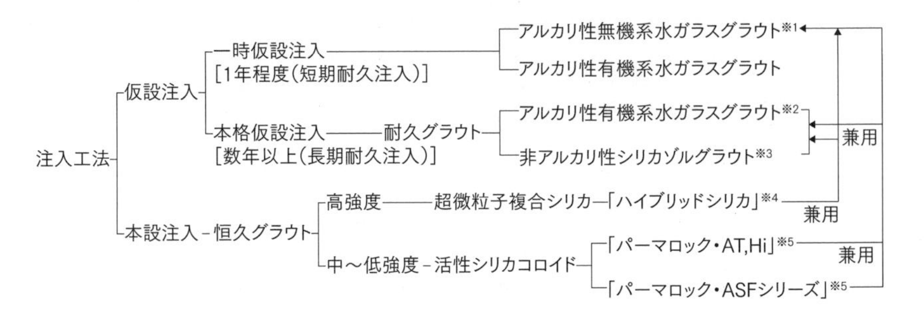

※1：アルカリ性無機系水ガラスグラウトは低強度で短いゲル化時間に適用される。

※2：有機反応材と水ガラスのアルカリに対する比率が高いと耐久性が良く、低いと無機に近くなり、耐久グラウトとはいえない。

※3：「シリカゾルグラウト」として「ハードライザー」、「ハードライザー・セブン」、「シリカライザー」、「クリーンロック」、「ジオシリカ」がある。瞬結～長結で、中～高強度（0.3～0.8MN/m^2）。16年10ヶ月の長期耐久性が現場実証されている。長結でも地下水面での固結が確実なこと、地下水のpHを中性に保つことから一時仮設注入、本格仮設注入にも多く用いられている。

※4：「ハイブリッドシリカ」の超微粒子の平均粒径は約数3～4μm、比表面積8000～15000cm^2/g。瞬結～長結で、高強度（4～7MN/m^2）。本設注入のみならず仮設注入でも高強度を要求される場合に用いられる。超微粒子複合シリカはゲル化を伴うためこの分類に入れる。

※5：「パーマロックASFシリーズ」は溶液型で液状化防止、恒久地盤改良に最適であるが、仮設注入でも掘削地盤の恒久止水、恒久固化、水質保全に適用が増えている。また、産業廃棄物の封じ込めのためにも使用されている。高濃度「パーマロック・Hi」は高水圧下の岩盤注入にも適用可能である。

図2.2.2 耐久性を考慮した注入工法の区分と注入材の組合わせ[69) 117)]

表2.2.1 耐久性を考慮した注入工に対応した注入材の分類[173)]

仮設目的	一時仮設注入工事	1～2年程度の止水あるいは強度改良が有効であるような注入工事	仮設グラウト	無機水ガラス 有機水ガラス
	本格仮設注入工事	数年以上にわたって止水あるいは強度改良が有効であるような注入工事	耐久グラウト	非アルカリ シリカゾルグラウト
本設目的	本設注入工事 (恒久注入工事)	恒久構造物としての地盤改良工事	恒久グラウト	活性シリカコロイド 活性複合シリカコロイド

(注) 非アルカリ性シリカゾルの詳細に関しては、シリカゾルグラウト会の別途資料を参照されたい。
有機水ガラスは有機反応材濃度が高い場合は本格仮設注入工事に用いられる。

表2.2.2 耐久性を考慮した注入材と使用目的、特徴および実施状況[25) 27) 173) 229)]

使用注入材（品名）	使用目的	耐久性	内容
アルカリ性無機・有機硬化剤[1)]（グリオキザールシリカグラウト（GSG））	一時仮設注入（仮設グラウト）	1～2年程度	有機系：水ガラス＋有機反応剤（グリオキザールやエステル）＋無機反応剤 無機系：水ガラス＋酸または無機塩[1)]
シリカゾルグラウト[1) 252)]（ハードライザー、ハードライザー・セブン、シリカライザー、ジオシリカ、クリーンロック（Ⅳ）、ハードライザー SS）	本格仮設注入（耐久グラウト）	数年以上	シリカゾルグラウト：水ガラスの劣化要因であるアルカリを酸性中和剤により中和・除去した非アルカリ性注入材の総称。主剤はJIS規格～アルカリ分の少ない特殊水ガラス（高モル比水ガラス）で、添加剤に無機塩や多価金属化合物を用いる。シリカゾル製造装置で水ガラス（粒径：0.1nm）のアルカリを中和し、ゾル化（1nm）して注入する（間接法）。タイプによって特殊水ガラス、多価金属化合物（Al、Ca、Mg、PO_4等）、マスキング系中和剤を使用しているが耐久性の特性は右の中和・ゾル化に起因しているので同様である。非硫酸系中和剤を用いる事もできる[252)]。
活性シリカコロイド[173) 249)]（パーマロックAT、Hi） 活性複合シリカコロイド[173)]（パーマロック・ASF-Ⅱシリーズ）	本設注入（恒久グラウト）	恒久	活性シリカコロイド：水ガラス中のアルカリをイオン交換法で脱アルカリして増粒してコロイド化したグラウト[249)]。 粒径：5～20nm 活性複合シリカコロイド：活性シリカコロイドと小さなシリカからなる非アルカリ性複合シリカコロイド[249)]。 粒径：1～20nm
超微粒子複合シリカ[173) 249)]（ハイブリッドシリカ）	本設注入（恒久グラウト）	恒久	超微粒子複合シリカ：超微粒子シリカと溶液シリカの複合体からなり、水和結合による高強度を発現[249)]。

特徴	実施状況 （2016年現在）
部分中和 主材平均粒径：0.1nm シリカが溶脱する、体積収縮が大きい。 シリカの溶脱による体積収縮に伴い改良効果が低下する。 有機系反応剤の比率が大きい場合は耐久性が向上する。	仮設注入：1973年以来2,100件 （GSG） （強化土グループ）
中和・ゾル化 平均粒径：1nm シリカの溶脱がほとんどないため耐久性が良い。 ゲル化後のシロキサン結合に伴う過大な体積収縮は強度低下をもたらすので、本格仮設注入に用いられる。 マスキング系酸性中和剤を用いることができる。 （シリカゾルの安全施工については『シリカゾルグラウト注入工事における材料管理について』（シリカゾルグラウト会）[254)]を参照）	本格仮設注入：1976年以来、国内5万件以上、海外100件以上 （シリカゾルグラウト会／耐久グラウト研究会）
脱アルカリ・コロイド化 シリカの溶脱がほとんどない。 ゲルの体積変化が小さいため化学的にも構造的にも安定しており強度低下がない。 マスキング機能をもち周辺環境や既設構造物等に対する保全性に優れている。 多様な地盤条件下で広範囲安定固結性をもつ。 恒久グラウト・本設注入工法の要件（表4.1.1）を満たす。 東日本大震災で液状化防止効果が確認されている。	本設注入：1995年以来1,200件以上、注入実績6億L以上、液状化対策工の主要技術として実績大 （恒久グラウト・本設注入協会、液状化防止注入協会）
水和結合・ゲル化機能 平均粒径：4μm ゲル化機能をもつ高強度恒久地盤改良剤。	（同上）

表2.2.3　溶液型シリカ系グラウトの耐久性の総合評価[40) 229)]

注入材	ゲル化原理	シリカの溶脱	体積変化	強度	止水性	環境性	耐久性	総合
アルカリ系	部分中和	大	大	低下あり	低下あり	△	×	×
シリカゾル系	中和・ゾル化	ほとんどない	大	低下あり	低下あり	△	△	○
活性シリカコロイド系・活性複合シリカコロイド系	脱アルカリ・コロイド化	ほとんどない	小	低下なし	低下なし	◎	◎	◎

表2.2.4　薬液注入工法の分類と急速浸透注入工法と注入材の組合わせ[25) 173)]

		分類	パッカー方式	注入形態	工法名	適用注入材 耐久グラウト 本格仮設注入工法	適用注入材 恒久グラウト 本設注入工法
薬液注入工法		（単管ロッド）※3	—	—	—		
	浸透注入工法	二重管複合注入工法[5)] ※1（二重管ストレーナー工法）	瞬結パッカ	球状浸透	ユニパック工法 マルチライザー工法	有機系水ガラス	活性シリカコロイドグラウト
		ダブルパッカ工法[4) 25)]	シールグラウト	球状浸透	ソレタンシュ注入工法 スリーブ注入工法 ダブルストレーナ注入工法	シリカゾルグラウト	超微粒子複合シリカ
	急速浸透注入工法[173)] ※2	柱状浸透注入工法	袋パッカ（ソイルパッカー）	柱状浸透	エキスパッカ工法 3D・EX工法	同上	同上
			シールグラウト	柱状浸透	マルチストレーナ工法		
		三次元同時注入工法	シールグラウト	球状浸透	超多点注入工法 多点同時注入工法		
		急速浸透注入システム			多連注入システム 3D注入システム スリーPシステム		

※1　複合注入工法研究会
※2　恒久グラウト・本設注入協会/急速浸透注入協会/液状化防止注入協会
※3　注入－短期仮設注入－水ガラスグラウト
　　　　　　　　　　　水ガラス－セメント系

2.3 耐久グラウトを用いた本格仮設注入の適用例

以下にシリカゾルグラウト（図2.3.1、図2.3.2、写真2.3.1）ならびに有機系水ガラス（GSG）（図2.3.4、図2.3.5）を用いた本格仮設注入の適用例を述べる。

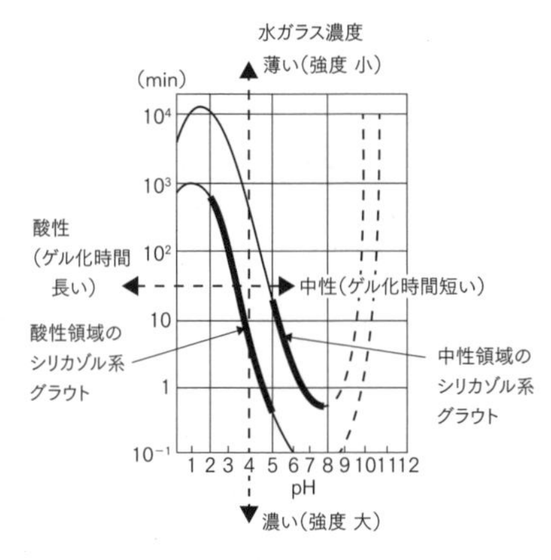

図2.3.1
非アルカリ性シリカゾル系グラウトの
pH領域と水ガラス濃度、ゲル化時間、
強度の一般的な傾向[4)]

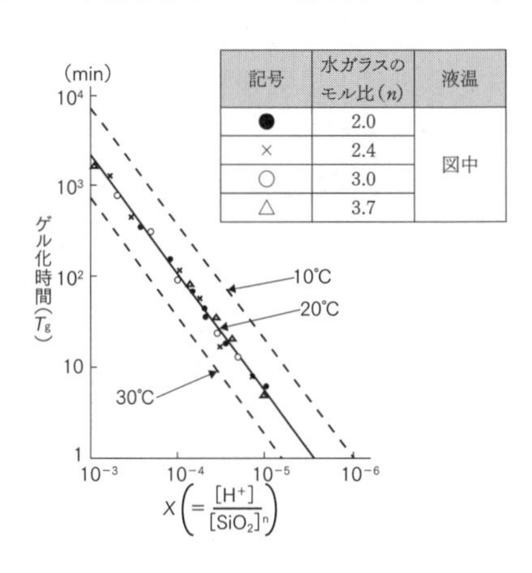

図2.3.2
非アルカリ性シリカゾルのゲル化時間[4)]

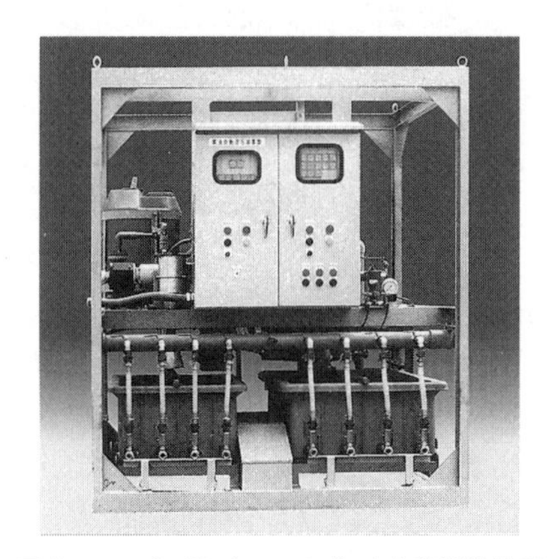

写真2.3.1（口絵3）シリカゾル全自動製造装置

2.3.1 シリカゾルグラウトを用いた掘削工事現場における長期耐久性の実証

シリカゾルグラウト会では、平成9（1997）年11月に、16年10か月前（昭和56（1981）年）に施工したシリカゾルグラウトの注入地盤でコアボーリングを行い、試料を採取した（図2.3.3、写真2.3.2、写真2.3.3）。採取した供試体は細砂層のもので、それを実験室に持ち帰り、一軸圧縮試験、変水位透水試験、室内弾性波試験を実施した。そして、グラウト直後の初期値としては、現場の未改良地区から細砂を採取してきて、1981年の注入時と同じ配合のシリカゾルグラウトを用いて、実験室で浸透注入してつくった供試体を7日間養生したものに対する実験値を当てることにした。その結果が、表2.3.1である。

この調査実験結果によって、本格仮設現場で注入したシリカゾルグラウトは、約17年後も十分にその改良効果を発揮していることがわかった。

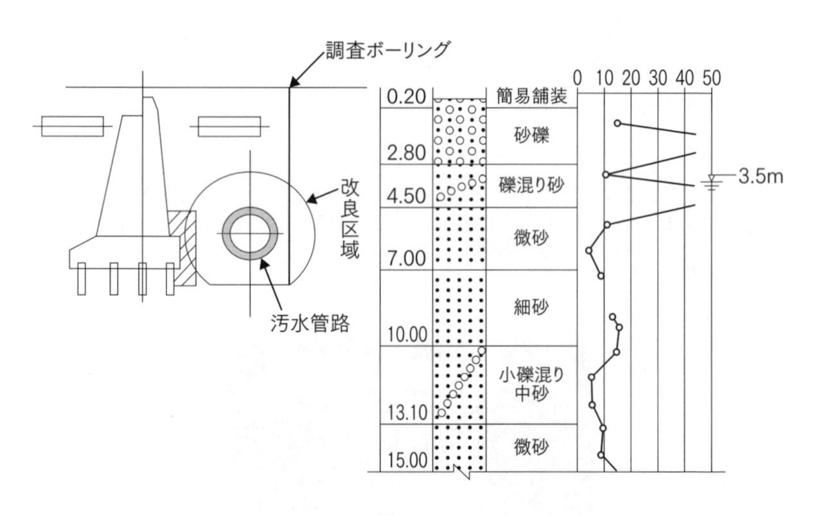

図2.3.3
16年10か月前に行ったシリカゾルグラウトの施工現場における改良区域と地層の状況と調査地点

写真2.3.2
施工当時の写真

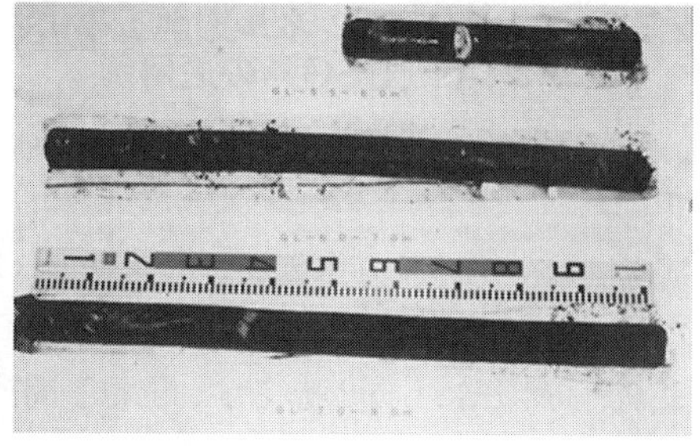

写真2.3.3
16年10か月前に施工した
シリカゾルグラウトの注入地盤において
コアサンプリングで得られた固結試料

表2.3.1
16年10か月前に施工したシリカゾルグラウトの注入地盤において
コアサンプリングで得られた固結試料の試験結果一覧

供試体 No.		一軸圧縮強度 (kgf/cm^2)	透水係数 (cm/s)	弾性波速度(m/s)	
				P波	S波
初期値	1	6.59	-	722	225
	2	3.48	-	672	162
コアサンプリングで得られた固結試料試験結果	1	4.00	-	-	-
	2	3.90	$2.1 * 10^{-5}$	647	169
	3	4.50	$8.7 * 10^{-6}$	754	192
	4	2.90	-	-	-
	5	4.80	-	-	-
	6		-	-	-
	7	4.10	-	-	-
	8	3.60	-	-	-
	9	3.70	-	-	-
	10	4.20	$8.0 * 10^{-6}$	721	186
	11	3.50	-	-	-
	平均値	3.92	$1.2 * 10^{-5}$	707	182

2.3.2 高水圧下のトンネル掘削工事におけるグリオキザール系水ガラスグラウト（GSG）の適用例

被圧水が20kgf/cm²の火山帯積層における山岳トンネルの掘削工事例を示す。

グリオキザール系水ガラスグラウト（以下GSG）は、LWの一次注入を行った後、50kgf/cm²の圧力でロッド注入され、おそらく図2.3.4、図2.3.5の現象により、高水圧にもかかわらず、土粒子間浸透による高強度の固結止水が可能になったものと思われる。写真2.3.4（a）に削孔時の湧水状況を、写真2.3.4（b）にGSGによる切羽の固結断面を示す。

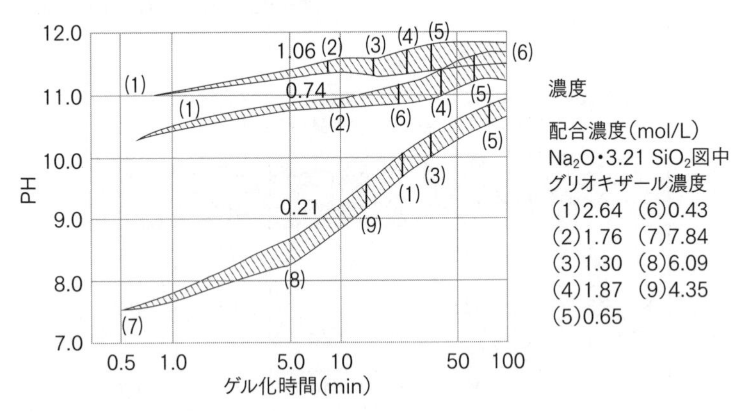

図2.3.4　水ガラス-グリオキザール系におけるゲル化時間とpHの変動領域（液温20℃）[1) 2)]（島田による）

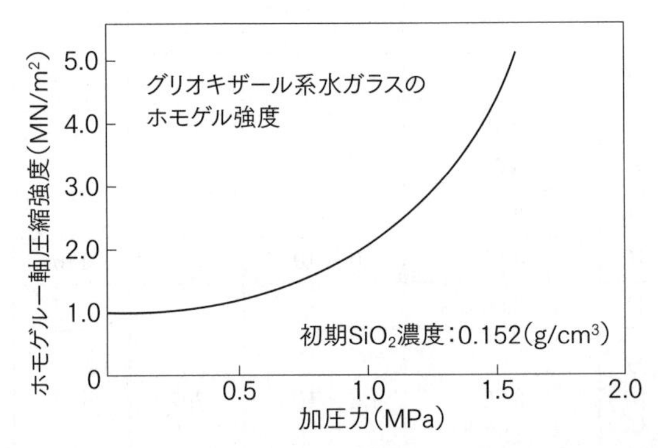

図2.3.5　加圧力とホモゲルの一軸圧縮強度の関係[1) 2)]（島田による）

（a）湧き水状況

（b）GSGによる切羽の固結状況

写真2.3.4（口絵1）山岳トンネルにおけるGSGの適用

2.3.3 高水圧下のトンネル掘削工事におけるシリカゾルグラウトの適用例

この地層は火山堆積物からなり、総体的に未固結であって土砂状を呈し、ところどころに火山灰を薄く狭在し複雑な層を呈している。崩壊によって掘削不能に陥った109k700m付近の地質は、本坑クラウン部から新潟方面に傾斜している古子持層であって、この層は主に赤褐色を帯びた土砂からなる。

対象地盤は被圧水下の未固結性の火山噴出物からなり、緻密なため透水係数が$k=10^{-3}$～10^{-4}cm/sでグラウトが浸透しにくいにもかかわらず、水によって泥土化しやすく、一度水みちが生ずるとたちまち土砂が地下水とともに噴出し崩壊してしまう地盤であるため、注入材の浸透性が地盤の安定上、特に重要となった。二重管ダブルパッカ工法（ソレタンシュ工法）に用いたシリカゾルグラウトの注入結果より、シリカゾルグラウトの地下水面下における浸透固結の確実性が実証され、その後の長結型のシリカゾルグラウトの本格仮設工事への適用が飛躍的に増大した（写真2.3.5）。

写真2.3.5（口絵4）上部の崩壊によってゆるんだ部分はCBが主体となって固化しており、中下部は、シリカゾルグラウトが主体となって土粒子間浸透によって固化している

2.3.4 大深度立坑掘削工事における被圧水下のシリカゾルグラウトの適用例

被圧水下にある地盤に大深度の立坑を掘削するにあたって、連続壁の底面に薬液注入による止水層を作って地下水の湧出を防ぎ、また被圧水の押し上げる力と土の重量をバランスさせてヒービングを防ぎ、かつ周辺の地下水位の低下を防ぐことができる。底面まで掘削し、コンクリートを打設するまでには長い期間を要し、特にその間、薬液注入によって固化した止水層に被圧水が作用し続けるため、長期耐久性に優れた注入剤と浸透性の優れた注入工法の適用が重要である。以下は大深度立坑掘削における底盤注入（東京）の例である。

直径30m、GL.－98mまでの連続壁の立坑の最下部から、上5mにシリカゾルグラウトを注入して止水ゾーンを作り、GL.－61mまで掘削した（図2.3.6）この現場は、まずGL.－34mまで掘削して作業面を作り、GL.－93～98m区間に注入後掘削を開始してからGL.－60mに底盤コンクリートを打設するまで

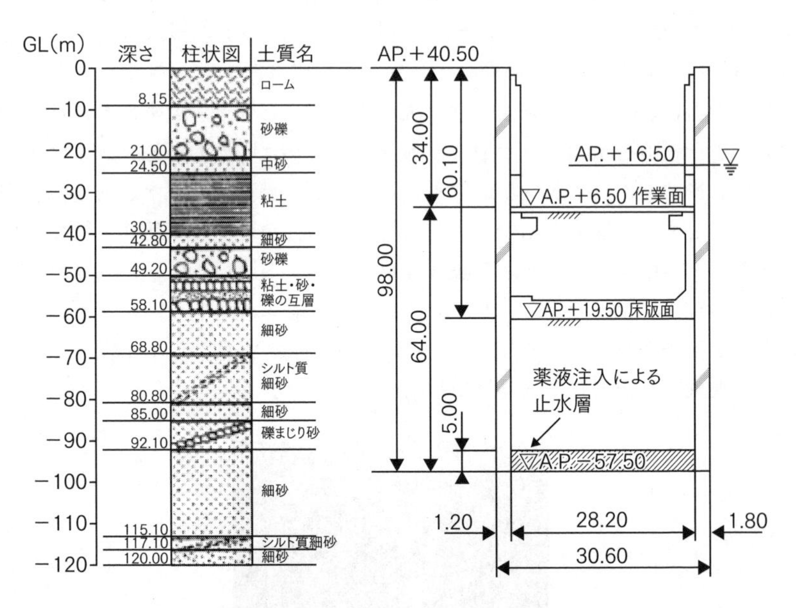

図2.3.6　シリカゾルグラウトによる底盤注入

写真2.3.6（口絵5）
シリカゾルグラウトによる大深度立坑底盤注入現場

に半年間かかり、その間水頭差によって止水ゾーンに大きな動水勾配が作用することになる。

当現場では、水頭差が50mで固結層の厚さが5mであるので、動水勾配は10である。このため、ダブルパッカー工法を用いてCBを一次注入してから、シリカゾルグラウトを二次注入した後掘削し、半年後にコンクリートを打設したが、耐久性に問題がないことが確認できた（写真2.3.6）。

2.3.5　シリカゾルを用いた本格仮設注入への急速浸透注入技術の転用

(1) シリカゾルを用いたエキスパッカ工法による大規模底盤注入（大阪）

1）施工目的

A市の合流式の処理場および管渠の、老朽化・環境変化に伴う雨水流水量の増大による処理能力不足を補うために、新たに雨水ポンプ場を建設する。ポンプ棟を設置するに当たり、幅29m、長さ65.5mを、GL. − 15.1 ～ 18.2mまで掘削する。

土留工としては柱列式地中連続壁を用い、土留掘削の底盤の被圧水対策として柱状浸透注入工法（エキスパッカ工法）を用いる（図2.3.7）。

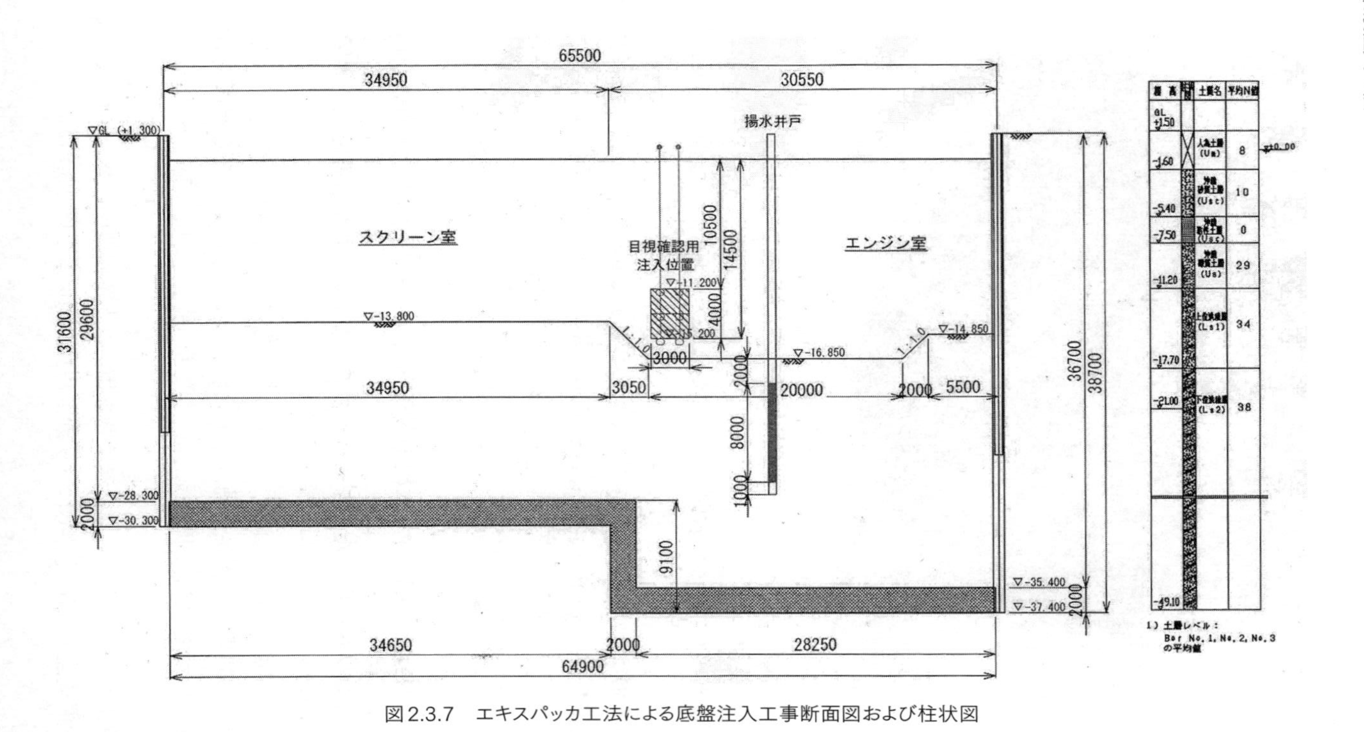

図2.3.7　エキスパッカ工法による底盤注入工事断面図および柱状図

2）施工

対象地盤は粘性土を含む中～粗砂で構成され、透水係数は10^{-3}～10^{-4}cm/s程度である。使用材料としては、長期耐久性グラウト：シリカゾルグラウトを選定した。

改良範囲は柱列式地中連続壁の最下端に厚さ2mとし、注入量は1,472,256Lとした。

3）効果の確認

地盤を掘削する際は、揚水井戸からの揚水量を確認しながら進めた。当初の揚水は152L/minであったが、施工後の揚水量は35L/minとなり十分な効果が得られた（写真2.3.7、写真2.3.8）。

写真2.3.7　施工状況

写真2.3.8　床付状況（GL.－18.2m）

2.3.6 海外におけるシリカゾルグラウトの適用例

ソウル地下鉄工事（写真2.3.9）、台北地下鉄工事（写真2.3.10（a））等、約100件の掘削工事に適用された。

台湾の台北地下鉄工事例では、通気口の立坑掘削工事の底盤改良に薬液注入が用いられた（写真2.3.10（b）（c））。この連続壁による立坑は直径23.6cm、深さ65m、掘削底面35mであった。二重管ダブルパッカ工法を用い、セメントベントナイトとシリカゾルグラウトを注入して、連続壁の底面に厚さ5mの止水ゾーンが作られた。注入層における透水試験では10^{-7}cm/secの透水係数を示し、注入目的を達することができた。注入が完了してから、6ヶ月間をかけて掘削が行われた。その間、5mの止水層に約3.5の動水勾配を持つ被圧水が作用したにもかかわらず、湧水のない状態で掘削することができた（写真2.3.10（e））。

写真2.3.9 ソウル地下鉄3号工事

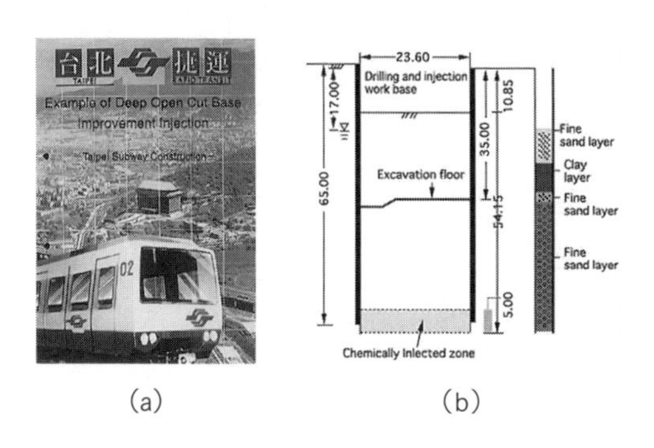

(a)　　(b)

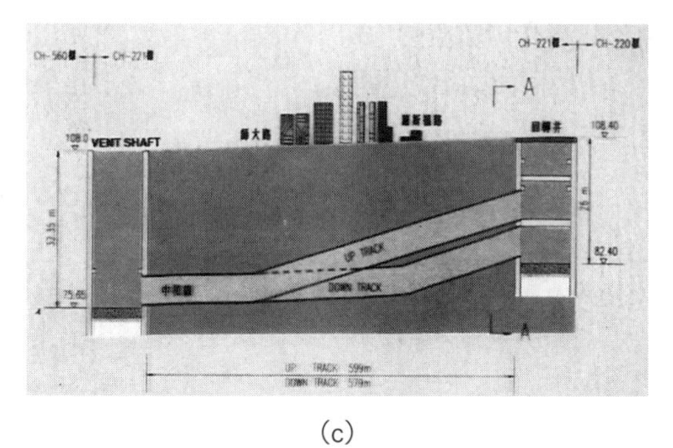

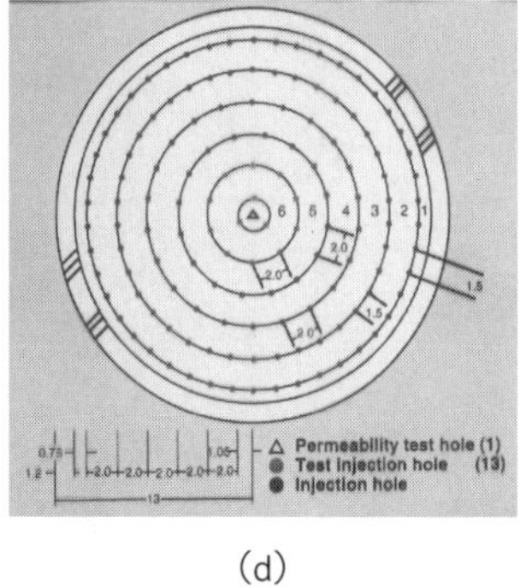

(c)　　(d)

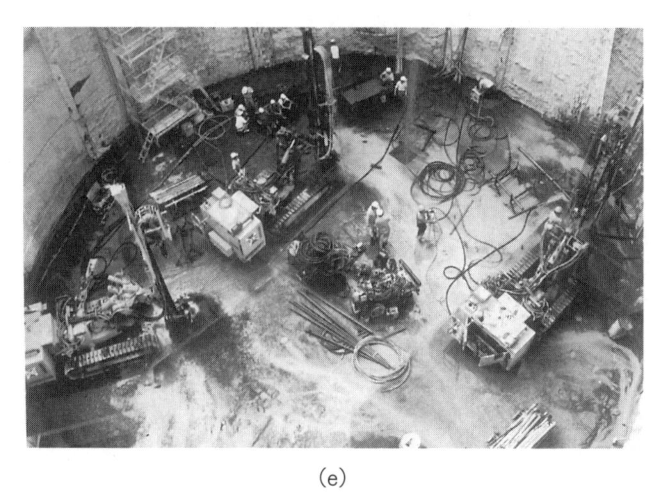

(e)

写真2.3.10　台北地下鉄大深度掘削工事におけるシリカゾルの実施状況

第3章

シリカ系グラウトの長期耐久性

3.1 長期耐久性試験に用いた注入材

昭和40（1965）年～50（1975）年当時、グラウト材の銘柄は300種類以上あり、溶液型については水ガラス－無機（有機）硬化材系から酸性シリカゾル系、さらにはシリカコロイド系のように耐久性のよいものへとある程度の流れはあったものの、グラウト材の特徴が不明であり、何を使用したらよいか選択に困ることが多かった。特に薬液注入工法は、注入したグラウト材の浸透した範囲やその固結状態を正確に把握することが困難であるので、地盤に適したグラウト材と工法の選定は慎重に行う必要がある。そのため合理的なグラウト材の分類を行うことは、グラウト材の選択を容易にするばかりでなく、薬液注入による効果の確実性を高め、薬液工法に対する信頼性を高めることになる。合理的なグラウト材の分類に従って各グラウト材の注入結果を蓄積することは、次の設計施工への利用はもちろんのこと、グラウト材自身の改良にもつながる。

そこで、使用されてきた水ガラス系グラウト材を、ゲル化の原理（化学反応）および硬化材から分類し、代表的な薬液硬化物の基本的性質を研究し、耐久性についても試験を行った。グラウト材は主材、硬化材、少量添加剤によって構成されており、主材、硬化材に着目し、300種類以上あるグラウト材を分類すると、表3.1.1、図3.1.1に示す6種類（基本タイプ6として後述）に整理される。

表3.1.1　主材－硬化材による分類

	溶液型				懸濁型	
主材	水ガラス		酸性シリカゾル	活性シリカコロイド	水ガラス	超微粒子シリカ
硬化材	無機硬化材	有機硬化材	無機硬化材	無機硬化材	セメントカルシウム化合物	シリカ溶液

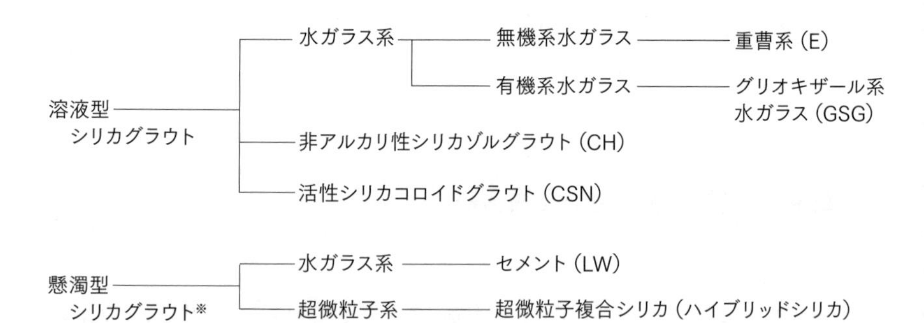

図3.1.1　長期耐久性試験に用いた溶液型シリカグラウトと懸濁型シリカグラウト

(1) 主材

主材である水ガラスのうち通常よく使用される3号水ガラスの構造は、下の構造式[1]で示されるケイ酸ソーダの水溶液となっており（表3.1.2)、分子の間で結合（重縮合で水が取れシロキサン結合ができる）と切断が繰り返されている。

$$\begin{array}{ccccccccccc} & & OH & & & & OH & & & & OH & & \\ & & | & & & & | & & & & | & & \\ NaO & - & Si & - & O & - & Si & - & O & - & Si & - & ONa \\ & & | & & & & | & & & & | & & \\ & & OH & & & & OH & & & & OH & & \end{array} \cdots\cdots\cdots ①$$

酸性シリカゾルは式①で示されるような水ガラスに中和量以上の酸を反応させて製造したものであり、一般的にはpH1～4である。酸性シリカゾルは不安定で、単独でも長時間の間には次第に重縮合反応が進行し、小さな粒子に成長する。

シリカコロイドは式①の3号水ガラスからNaをイオン交換樹脂で除去し、加熱重縮合により安定化された大きな球状シリカが、水中にコロイドとして分散している。シリカコロイドの表面はシラノール基（一部はNaで置換されている）で覆われており、シリカ粒子の内部のシリカは不定形シリカである（図3.2.1)。

表3.1.2　水ガラスの組成

項目＼種類	1号	2号	3号	メタケイ酸ナトリウム 1種	メタケイ酸ナトリウム 2種
外観	水あめ状の無色ないしわずかに着色した液体			白色粉末または粒状	白色結晶
比重（15℃ Be)	－	54以上	40以上	－	－
二酸化ケイ素（SiO_2）（%）	35～38	34～36	28～38	27.5～29	19～22
酸化ナトリウム（Na_2O）（%）	17～19	14～15	9～10	28.5～30	20～22
鉄（Fe）（%）	0.03以下	0.03以下	0.02以下	－	－
水不溶分（%）	0.2以下	0.2以下	0.2以下	－	－

備考：メタケイ酸ナトリウムの1種は5水塩、2種は9水塩である。

1　結合手を記入すると構造式が煩雑になる場合は、例えばO－HをOHのように省略してある。

(2) 硬化材

従来は硬化材全体が化学的に分類されることはほとんどなかった。またグラウト材についても具体的な配合が開示されている場合が少なく、主硬化材や少量添加剤に何が使用されているか不明の部分が多かったため、グラウト材の分類は十分にされていなかった。

無機硬化材を化学構造から分類すると表3.1.3の通りである。その硬化材の中で最近溶液型の主硬化材として使用されているものは、硫酸（塩)、リン酸(塩)、重炭酸カリウム（ナトリウム)、塩化カリウム（ナトリウム)、アルミニウム塩のわずか5種類であり、その他は主硬化材と併用されるか少量添加剤として使用されているにすぎない（なお表中塩酸のみ刺激臭のため使用されていない)。

有機硬化材と懸濁型硬化材を分類すると表3.1.4の通りである。ここで酸前駆体とは、アルカリの存在下で加水分解して酸として働くものであり、グリオキザールはカニツアーロ反応により酸となる[1)]。また酸誘導体とは酸の縮合物であり、加水分解して酸として働くものである。この中で最近溶液型の主硬化材として使用されるものはグリオキザール、エチレンカーボネートの2種類である。懸濁型については、硬化材として水に溶解性の小さい粒子を使用するため、注入する対象に限界があるので、最近は微粒子を使用するようになった。

(3) 少量添加剤

少量添加剤とは、主材、硬化材のように必須成分ではないが、ゲルタイムの調整剤等、少量添加することにより特殊なまたは顕著な効果を示すものをいう。調整剤のうち特に硬化促進剤は、硬化材を多量に使用しなければゲルタイムを速くすることができない場合に併用する。例えば無機硬化材系における塩化マグネシウム、硫酸マグネシウム等、有機硬化材系におけるリン酸、酸性シリカゾル系における重炭酸塩、水ガラス、懸濁型における消石灰（セメントに併用される）がある。さらに、ゲルタイムがpHによって大きく左右される系ではpH調整剤を使用するが、酸性シリカゾル系における水ガラスは硬化促進材兼pH調整剤である。その他pH緩衝剤を併用することもあるが、水ガラス自身が弱い緩衝作用を有しており、他の緩衝剤を添加してもあまり効果は期待できない。

表3.1.3　無機硬化材の分類

陰イオングループ		水素酸	アルカリ金属		アルカリ土類
価数	ベース	酸	酸性塩	中性塩	中性塩
1	Cl	HCl		KCl NaCl	$MgCl_2$ $CaCl_2$
2	CO_2	H_2CO_3	$KHCO_3$ $NaHCO_3$	K_2CO_3 Na_2CO_3	
	SO_4	H_2SO_4	$KHSO_4$ $NaHSO_4$	Na_2SO_4	$MgSO_4$ $CaSO_4$
多価	PO_3	H_3PO_4	NaH_2PO_4 Na_2HPO_4	Na_3PO_4	

その他：アルミン酸ソーダ、塩化アルミ、硫酸アルミニウム、カリミョウバン、硫酸第一鉄、ケイ酸ソーダ（水ガラス）

無水リン酸はP_2O_5で、通常これを水に溶解してリン酸を製造する。

表3.1.4　有機硬化材と懸濁型硬化材の分類

有機硬化材	酸前躯体	アルデヒド類（グリオキザール）
	酸	酢酸　クエン酸
	酸誘導体	炭酸アルキレン（エチレンカーボネート、プロピレンカーボネート）
		エステル類（エチレングリコールジアセテートトリアセチン、ジメチルカルボキシレート、ラクトン）

懸濁型硬化材	水ガラスーセメント系	水ガラスーカルシウム系
	セメント セメントーベントナイト セメントースラグ	カルシウム塩 スラグ
	その他 酸化物　:CaO　MgO　Al_2O_3 水酸化物:$Ca(OH)_2$　$Mg(OH)_2$　$Al(OH)_3$	

3.2 各種溶液型シリカグラウトの反応機構

シリカグラウトのゲル構造の基本を説明するに当たり、シリカ溶液の最も基本的な反応機構を図3.2.1に示す。水ガラス分子は、3号水ガラスの場合、3.1節(1)の式①のように示すことができる。その大きさは、ほぼ0.1nmである。これが重合する場合、シラノール基が縮合重合し、シロキサン結合をつくって、脱水して高分子化する（図3.2.1（a））。通常、水ガラスグラウトは、シロキサン鎖が線状に伸びる。シロキサン鎖が接触した部分では、架橋して網状に成長する（図3.2.1（b））。シリカを増粒して得られたシリカゾルの粒径は1nmであると考えられ、そのゲル化は、ゾル表面のシラノール基同士が縮合重合して、シロキサン結合によってつながり、ゲル化する（図3.2.1（c））。

イオン交換法で脱アルカリして増粒したシリカ粒子はほぼ5～20nmであって、本書ではこれをシリカコロイドとしてシリカゾルとは区別して用いている。ゲルの構造を論ずる場合には、主材が水ガラス（粒径0.1nm）なのか、酸性シリカゾル（粒径1nm）なのか、シリカコロイド（粒径5～20nm）なのかによって、構造および性質が大きく異なってくる。ゲル中に未反応の水ガラスが残っているか、主骨格に中和されないで残っているNaがあるか、シラノー

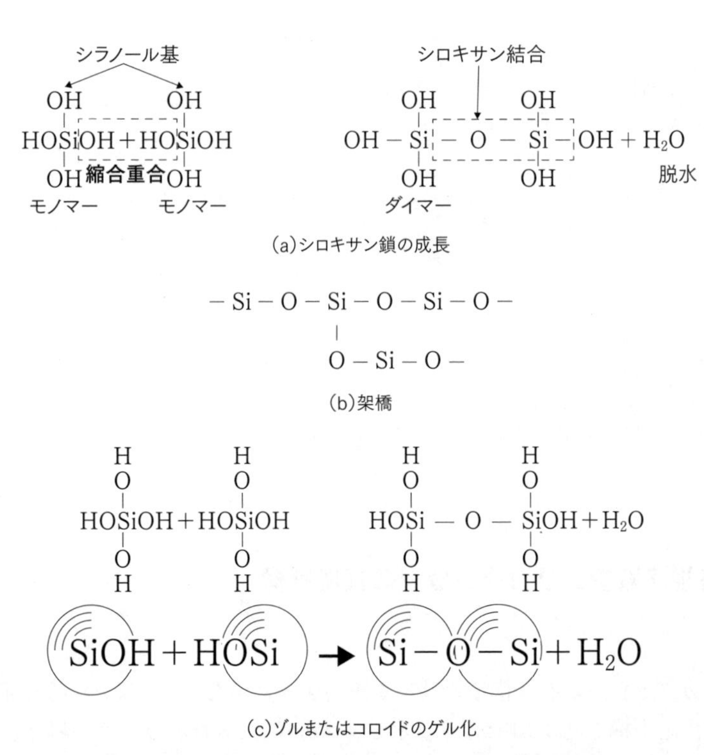

図3.2.1　溶液型シリカグラウトの基本的反応機構

ル基が多いか少ないか、シロキサン骨格が細長く伸びているか、球状シリカになっているか等々が問題となってくる。

ここでは、「主材、硬化材の間で起きる反応が、グラウト材として使用する場合に速いか遅いか」「反応によってできる硬化物の構造がどのようになるのか」を目安として反応機構を検討する。溶液型シリカグラウトのゲル化に至る基本反応は、次の3つである。なお、酸性シリカゾル系、活性シリカコロイド系では、主材を製造する段階で、以下の「(1) Naを除去する反応」は終了している。

(1) Naを除去する反応（基本反応1）

①中和反応

この反応は瞬間的におきる反応で、式①の水ガラスの末端の－Si－ONaに着目する（以下同じ）と、水ガラス中のNaは、水中でNa＋に解離しており、酸で中和される。

－Si－ONa＋HX　→　－Si－OH＋NaX　……………………………②

この場合、HXは酸、Xは陰イオングループ（この場合は一価）、NaXは中和により生成した塩を表す。硬化材が酸として働く場合には、この反応によりケイ酸ができ、反応生成物として塩（無機塩、有機酸塩）と水を生成する。

②イオン交換反応

水溶性のアルカリ土類金属塩（例えば$CaCl_2$）を使用する場合。

－Si－ONa＋Ca^{++}　→　Si－O－Ca^{+}＋Na^{+}　…………………………③

この反応も瞬間的におきる反応である。

(2) シロキサン結合（鎖）の生成（基本反応2）

式②の中和反応に続いて、ケイ酸の－Si－OH（酸性シリカゾル、コロイダルシリカの表面にあるものも同じ）の間で重縮合反応が起き、シロキサン結合ができ、副生物として水を生成する。

－Si－OH＋－Si－OH　→　Si－O－Si－＋H_2O　………………④

（重縮合反応）

水ガラスの場合、シラノール基は両端がやや優先的に反応するので、比較的直鎖状に伸びる。

(3) 三次元架橋の生成（基本反応3）

この反応は基本的には式②の反応であるが、分子が次第に大きくなると、シラノール基同士が衝突しにくくなり、架橋も進まなくなる。水ガラスの場合には、シリカ濃度が低いと網の目状になり、高いと分岐が多くできる（図3.2.1(b)）。また、ゲル化が速い場合には網の目状か分岐で止まるが、遅い場合には次第に球状になる。酸性シリカゾルの球（直径1nm程度）は小さいが、活性シリカコロイドの場合には球状シリカ（直径5～20nm程度）と球状シリカの結合となる。

3.3 各種シリカグラウトのゲル化のメカニズムとゲル構造と耐久性

図3.1.1の代表的なシリカグラウトに関し、以下にまとめる。

(1) 溶液型：水ガラス＋無機硬化材系

3号水ガラスと重曹系のグラウトを示すと、

$$(SiO_2)_3(SiONa)_2(SiOH)_6+mNaHCO_3 \rightarrow +(SiO_2)_p(SiONa)_q(SiOH)_r+mNa_2CO_3 \quad \cdots⑤$$

となる。低分子の反応であるならば、常数のmが2の場合$p=3$、$q=0$、$r=8$となるのだが、この反応は高分子化の反応なので、p、q、rは、その重合度（または比率）を表している。

この反応は、中和反応（基本反応1）で短時間に起きる反応である。Na_2O（水ガラスのアルカリをモル表示する場合はこのように表示）を完全に中和するには2モルの重曹が必要であるが、グラウト材として使用するには通常その約半分が使用されるにすぎないため、シロキサン結合の生成（基本反応2）および三次元架橋の生成（基本反応3）は十分行われない。

この系のゲルの構造は、水ガラス粒子の粒径が0.1nm程度である。それが線状に伸びてシロキサン鎖の緩い架橋と分岐を有し、末端には未反応のNaが残っている（図3.3.1）。このように、無機系水ガラスのゲルは弱いシリカネットからできている。その中に未反応の水ガラスのアルカリが残存しており、未反応水ガラスが溶脱し、また、そのアルカリでシリカネットが切断されるため、

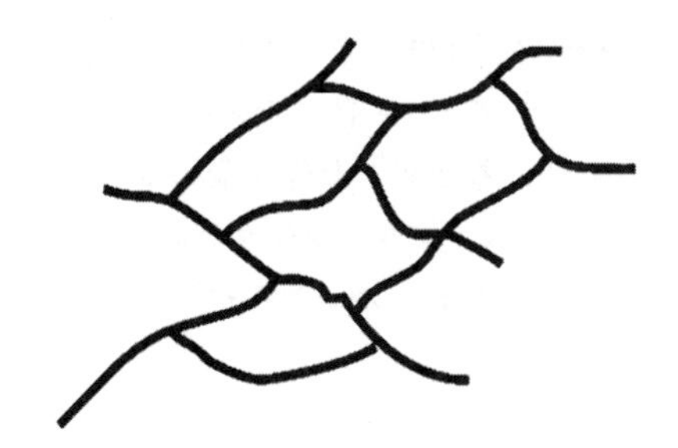

図3.3.1　無機系水ガラスのゲル構造（米倉による）

耐久性が損なわれる。

(2) 溶液型：水ガラス＋有機硬化材系

3号水ガラスとグリオキザール系のグラウトを示すと、

$$(CHO)_2 \xrightarrow[H_2O]{\text{アルカリ}} \begin{matrix} CH_2OH \\ | \\ COOH \end{matrix} \qquad \cdots\cdots ⑥$$

$$(SiO_2)_3(\underline{Si}ONa)_2(\underline{Si}OH)_6 + m \begin{matrix} CH_2OH \\ | \\ COOH \end{matrix} \longrightarrow (SiO_2)_p(\underline{Si}ONa)_q(\underline{Si}OH)_r + m \begin{matrix} CH_2OH \\ | \\ COONa \end{matrix} \qquad \cdots\cdots ⑦$$

となる。基本反応1の式②の中和反応の前に、グリオキザールがグリコール酸になる反応がある（カニツアーロ反応）。式⑥のアルカリは通常水ガラスであり、アルカリの存在下でグリオキザールは酸になり、その後中和される。中和反応式⑦は速くても、反応式⑥が遅いので全体としては遅くなる。よって、水ガラスの濃度を高くし、グリオキザールの使用量も多くすることができる[1) 2)]。

この系のゲルの構造はゲル化が遅いため、シロキサン鎖の分岐が多く絡み合った網の目であり、末端には未反応のNaが残っている。なお、ゲル化が遅いといっても、基本反応3でケイ酸重合物が球状になるほど遅くはない。主材のシリカ濃度、硬化材量が無機硬化材系と同程度の場合には、できるゲルの構造は無機硬化材系と大差ない。しかし、主材のシリカの濃度を高くし、硬化材量も多くした場合には、水ガラス－無機硬化材系と比較して架橋点が多く、分岐も多くなり、未反応の水ガラスは少なくすることができる（図3.3.2)。

このように有機系水ガラスグラウトは、無機系水ガラスグラウトに比べて有機反応剤の量を多く使用できるため、十分な量のシリカがゲル化にあずかる。よって、無機系水ガラスに比べ、強度、耐久性に優れているのである（図2.3.4、図2.3.5)。しかし、ゲル中に残存するアルカリがあるため、ゲル化物の劣化は生じる。

図3.3.2 有機系水ガラスグラウトのゲル構造（米倉による）

(3) 溶液型：酸性シリカゾル系

酸性シリカゾルは、シリカゾル自動製造装置（写真2.3.1）を用いて、現場で式②で示されるように水ガラスと酸性中和剤を反応させ、アルカリを除去して製造される[6) 9)]。酸性シリカゾルは不安定で、単独でも長時間のうちに次第に重縮合反応が進行し、小さな粒子に成長する。

酸性シリカゾルにおいて、式⑧で示されるケイ酸は当初$p=3\sim5$であるが、次第に重縮合して大きくなり、一次粒子となる。

$$(SiO_2)_p(\underline{Si}OH)_{q+r}+\alpha H_2SO_4+m(SiO_2)_3(\underline{Si}ONa)_2$$
$$(\underline{Si}OH)_6\rightarrow(SiO_2)_p(\underline{Si}OH)_{q+r}+\alpha Ha_2SO_4 \quad\cdots\cdots⑧$$

ここでできるゲルの構造は、小さな一次粒子と水ガラスのシロキサン鎖（直鎖）が三次元的に結合したものである（図3.3.3)。この一次粒子の大きさはほぼ1nmで、配合と同時にできるものではなく、熟成によって形成される（実際には、シリカゾル製造装置中で形成される)。このシリカゾルは、それ自体でほぼ数時間～数日後にゲル化する。ただし、水ガラスと酸を直接合流してそのまま注入したものは、シリカゾル状にはならない。また、硫酸を硬化材として直接水ガラスとともに注入することは、シリカゾルグラウト会では安全面も考慮し使用しないことにしている[253) 254)]。したがって、シリカゾルにおいて使用されるこの硫酸は、硬化材ではなく水ガラスのアルカリを除去する中和剤である。Naを除去したシロキサン鎖は、硬化材がなくともそれ自体で縮合重合によってゲル化する。このように、シリカゾルグラウトは従来の水ガラスグラウトとは本質的に異なったものといえる（図2.3.1、図2.3.2）。

シリカゾルグラウトは、水ガラスのアルカリを中和によって除去しているため、シリカの全量がゲル化にあずかり、残存アルカリがない。このため、シリカの溶出がほとんどなく、長期耐久性に優れている。しかしそのゲルは、構造的には小さな粒子が線状につながっているシリカネットワークであるため（図3.3.3）、収縮が大きく、構造的にもやや不安定である。よって、大きなシリカからなる活性シリカコロイドの方が安定しているため、シリカゾルグラウトは耐久性グラウトとされており、活性シリカコロイドとは区別されている。

図3.3.3　シリカゾルグラウトのゲル構造（米倉による）

(4) 溶液型：活性シリカコロイド＋無機硬化材系

活性シリカコロイドは、イオン交換法で式①の3号水ガラスからNaを除去して得られた活性シリカを増粒して、大きな球状シリカに成長したシリカコロイドをベースとしたシリカグラウトである。シリカコロイドの表面は、シラノール基（一部はNaで置換されている）で覆われており、シリカコロイドの内部のシリカは不定形である。

活性シリカコロイドはコロイドの分子量が大きいため、シリカコロイドの電気二重層を無機塩または無機塩＋酸で破壊してゲル化する。したがって原理的には、シリカコロイドの電気二重層の破壊の後、式④で示したようにシラノール基の重縮合反応が起こる点が他の系と異なる。

シリカコロイドの表面のシラノール基に着目すると、

$$2(-\mathrm{Si}-\mathrm{OH}) \xrightarrow{\text{無機塩}} -\mathrm{Si}-\mathrm{O}-\mathrm{Si}- + \mathrm{H_2O} \cdots\cdots ⑨$$

である。－Si－OHはシリカコロイドの表面のシラノール基、－Si－O－Siはコロイダルシリカの表面のシラノール基が重縮合したことを示す。シリカコロイドのゲル化は水ガラス系のような中和反応ではないため、当量関係は成立しない。基本的には、シラノール基の重縮合反応は瞬間的に起きる反応だが、シリカコロイドは分子量が大きいため、シリカコロイドの各シラノール基について見ると、徐々に反応することとなる。

この系のゲルの構造は、直径10～20nm付近のシリカコロイドの巨大球状粒子の三次元架橋である。酸性シリカゾル系の一次粒子より大きな粒子が、三次元に架橋している。大きなシリカからなる活性シリカコロイドはアルカリを含まず、また、シリカ粒径が大きく比表面積が小さいため、シリカの溶脱は極めて少ない。このため構造的にも化学的にも安定しており、強度増加は大きいが強度発現が遅い。電子顕微鏡写真では、ちょうどテニスボールが結合して、積み重なった状態になっている（図3.3.4）。

活性複合シリカコロイドをベースにしたグラウトは、大きなシリカと小さなシリカが結合した非アルカリ性複合シリカコロイドである。大きなシリカのネットに小さなシリカが吸着しており、小さなシリカは初期の強度発現に優れ大きなシリカは安定しているため、シリカ濃度は低くても十分な強度が得られ化学的にも構造的にも安定している（図3.3.5）。

ゲルの構造をわかりやすく表現すると、無機硬化材系水ガラスグラウト、有機硬化材系水ガラスグラウトは、シロキサン鎖が絡み合い、絡み合った交点で架橋している（破れた魚網の積み重ね）。重ねて接触している箇所は架橋しており、無機硬化材系と有機硬化材系では、架橋、分岐の「多いか、少ないか」に違いがある。酸性シリカゾル系は、直径約1nmの非結晶シリカの一次粒子と、アルカリをもたない短いシロキサン鎖の結合による（水ガラスのケイ酸イオンの直径は0.1nm）網状構造である（パチンコ玉の串だんごの山積み）。

活性シリカコロイド系は、シリカコロイド粒子（水ガラスの100倍。シリカゾルの粒子の10倍の大きさの球状粒子）が接触しているところで架橋している（ソフトボールの充填）構造である。活性複合シリカコロイドは大きな直径のシリカコロイドと小さな直径のシリカゾルが結合した複合シリカ（直径1～

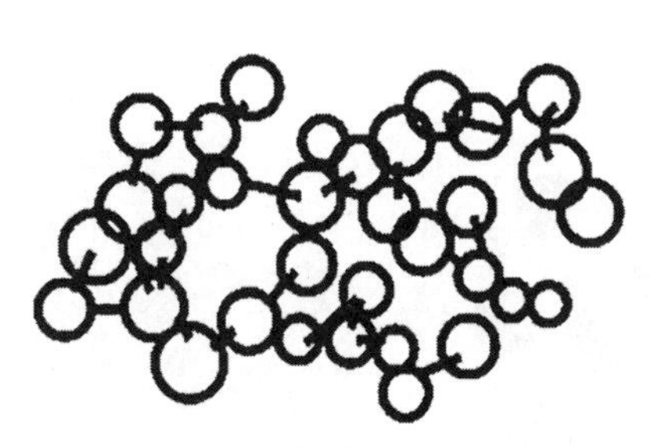

図3.3.4
活性シリカコロイドをベースにしたグラウトのゲル構造（米倉による）

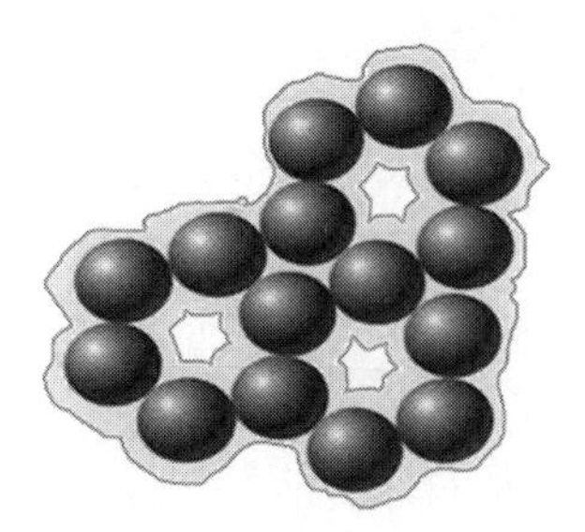

図3.3.5
活性複合シリカコロイドのゲル構造（島田による）

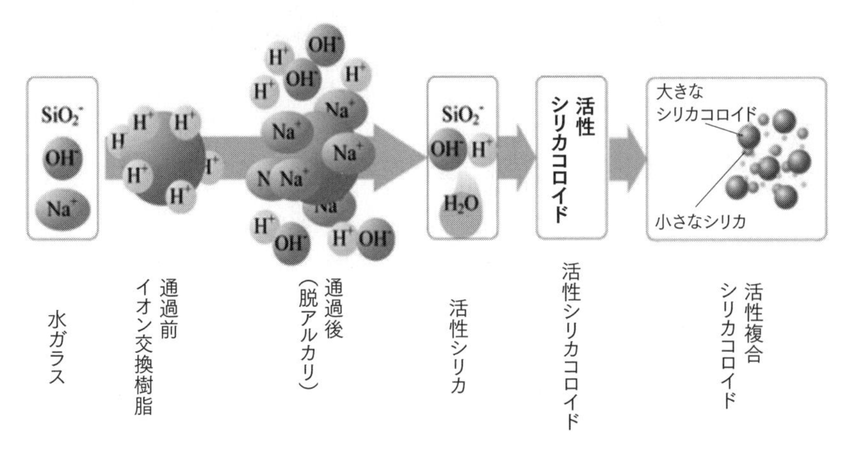

図3.3.6（口絵11）活性シリカコロイドの製造法[16) 18)]

20nm）となる。図3.3.6に活性シリカコロイドの製造法を示す。図3.3.7は活性複合シリカコロイドがゲル化に至るまでの、シリカの増粒による粒径分布の変化を示す。

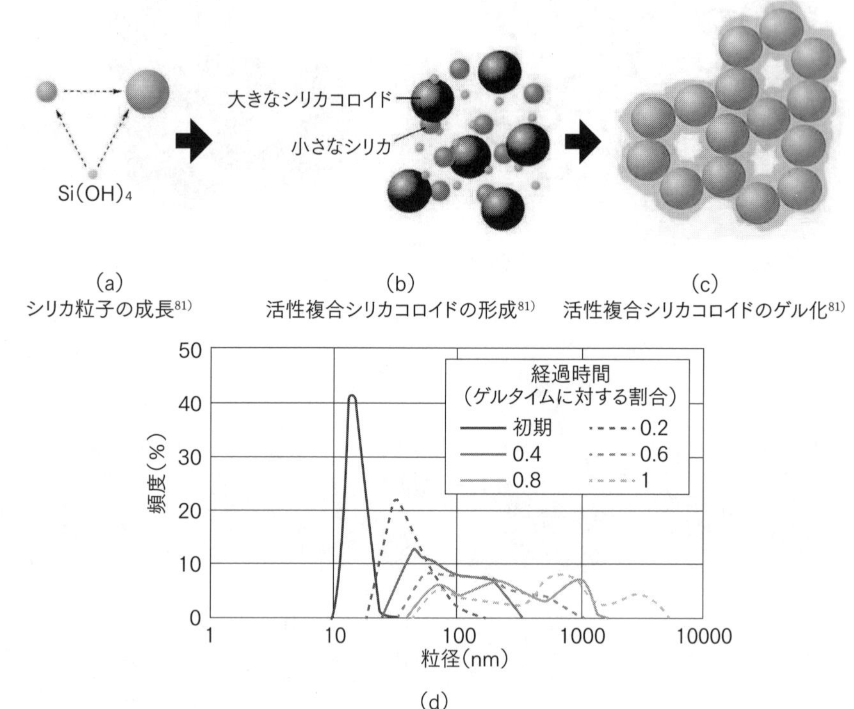

(a)
シリカ粒子の成長[81)]

(b)
活性複合シリカコロイドの形成[81)]

(c)
活性複合シリカコロイドのゲル化[81)]

(d)
活性複合シリカコロイドのゲル化に到るまでの粒径分布の経時変化[97)]

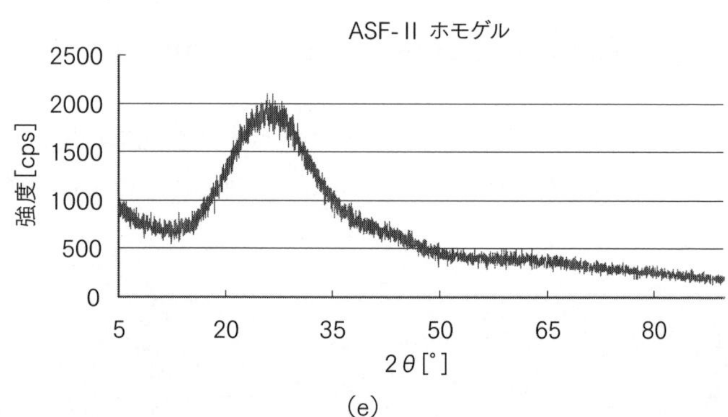

(e)
パーマロック・ASF-IIホモゲルのX線回折結果（パーマロックのゲル構造：非結晶のシリカゲル）[173)]

図3.3.7　活性複合シリカコロイドのシリカ粒子の成長とゲル化（島田らによる）[81)]

3.4 耐久性の原理

3.4.1 シリカ系グラウトの耐久性原理

注入材に使用されるシリカ（水ガラスまたは活性シリカコロイド）は、無定形シリカの状態でゲル化する。無定形シリカとは、明確な結晶構造を持たないシリカの構造であり、注入材のほかガラスなどが無定形である。一方、明確な結晶構造を持つ結晶シリカとしては、石英などがある。

この無定形シリカの基本的な特性として、pHと可溶性シリカ量の関係を図3.4.1に、比表面積とシリカの溶解量の関係[16) 173)]を図3.4.2に示す。酸性－中性領域でのシリカの溶解度は極めて低く一定であるが、アルカリ領域（pH＝10以上）では溶解度が上昇する特徴を持つ。また、無定形シリカの溶解度は比表面積が小さくなる（粒径が大きい）ほど低下する傾向にある。表3.4.1ならびに図3.4.3に各種シリカグラウトの粒径を示す。

図3.4.4にシリカグラウトの耐久性の付与を示す。シリカゾルグラウトの耐久性は水ガラスの中和による脱アルカリとゾル化であり、活性シリカコロイドの耐久性はイオン交換法による脱アルカリと増粒によるコロイド化である。また活性複合シリカコロイドは、大きなシリカコロイドと小さなシリカからなる活性複合シリカコロイドである。懸濁型の耐久性は超微粒子複合シリカの水和結合による。

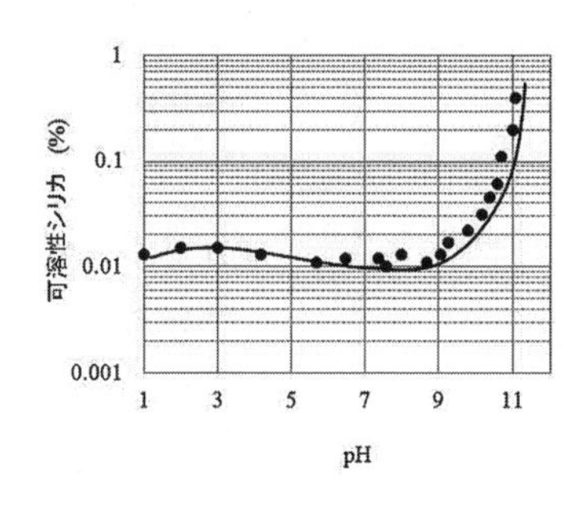

図3.4.1 pHと可溶性シリカの関係[18) 247)]

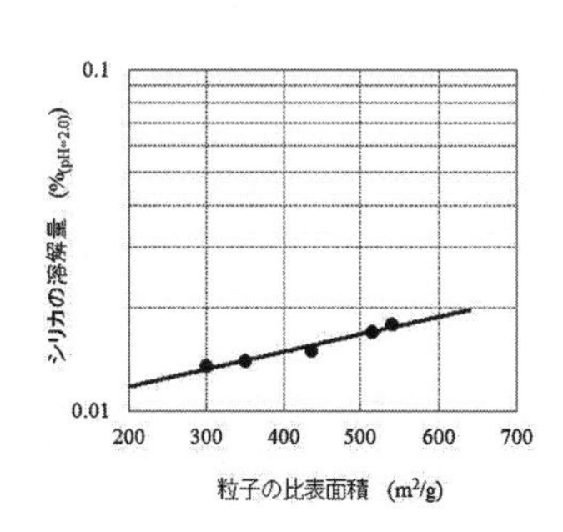

図3.4.2 比表面積とシリカの溶解量の関係[18) 247)]

表3.4.1　無定型シリカの粒径

水ガラス	0.1nm
シリカゾル	1nm付近
活性シリカコロイド （パーマロック・AT, Hi）	10 ～ 20nm付近
活性複合シリカコロイド （パーマロック・ASF-Ⅱ）	1 ～ 20nm

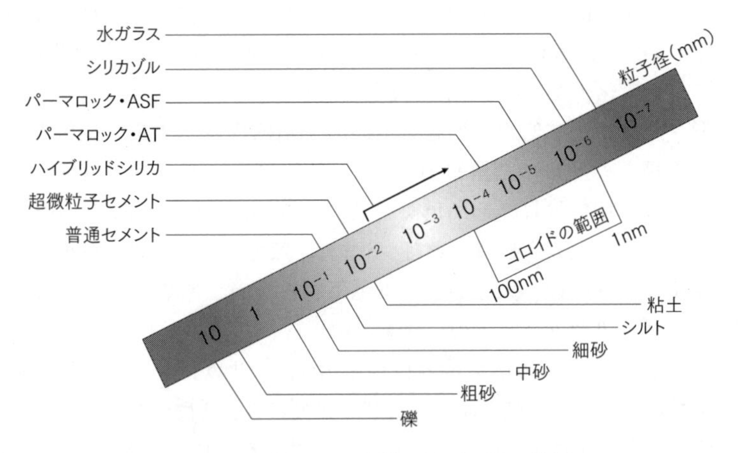

図3.4.3　各種シリカグラウトの粒径

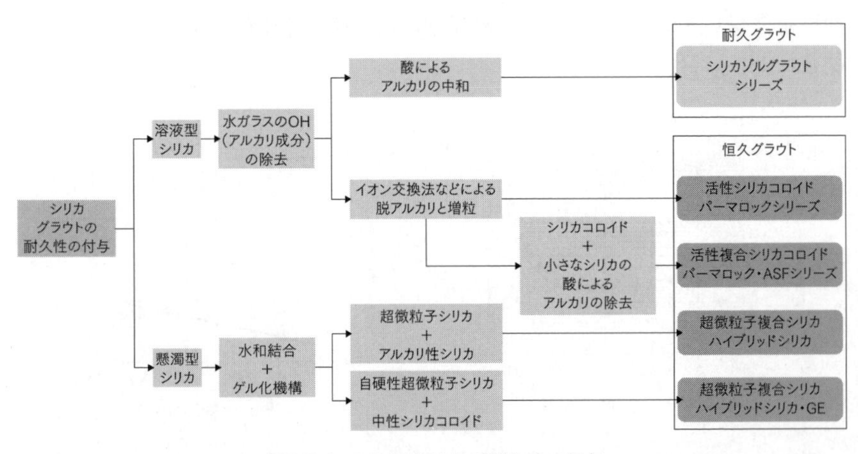

図3.4.4　シリカグラウトの耐久性の付与

3.4.2 固結砂の強度発現のメカニズムとゲルの収縮（離漿現象）と耐久性

水ガラスグラウトの離漿現象（シネリシス）は、強度発現と耐久性の点から重要である。水ガラスゲルは、配合濃度および反応剤の種類によって多少の差はあるが、ゲル生成後水を出して収縮する。ゲルは一度生成すると、時間とともに重縮合によってケイ酸の巨大分子に発達し続ける。その結果、ゲルが収縮して水分が外部に排除される。これが離漿と称する現象である（3.2節（2）参照）。

ビーカー中の水ガラスゲルそのものは離漿により収縮するが、水ガラスゲルで固結した土はまったく体積変化が認められない。なぜならば、固結した土は土粒子同士が骨格を形成しており、ゲルは土粒子同士の接点ならびに土粒子表面を中心にして間隙を充填しているからである。

ケイ酸ゲルは土粒子表面との吸着力が大きい。土粒子間浸透が可能な範囲において、土粒子の粒径が小さくなるほど比表面積は増大し（表3.4.2）、固結土におけるケイ酸ゲルと土粒子間の吸着効果が増大し、強度が増加する。土粒子間におけるケイ酸ゲルの離漿現象は、仮設に用いる以上は問題にならない。ただし軟弱層や空隙の大きい地盤への適用は、恒久性を目的とする場合、離漿現象は透水係数の増加や強度変化をもたらすと考えられるから、目的と地盤条件を考えて注意する必要がある。

表3.4.2　土の比表面積[25)]

地盤 特性	礫および砂	中砂および細砂	シルト質砂
d_{10}（mm）	0.5以上	0.5 ～ 0.02	0.2以下
s（cm^{-1}）	100	100 ～ 1,000	1,000以上
k（cm/sec）	10^{-1}以上	10^{-1} ～ 10^{-3}	10^{-3}以下

d_{10}：10%径，s：比表面積，k：透水係数

以下に島田の研究を紹介する。

① 反応剤を含むシリカ溶液は、シリカ分子の高分子化が進行し、所定時間後にゲル化が生ずる。このシリカ分子の高分子化は、ゲル化後もゲル中で進行し、強度が増加し続ける。

シリカ分子の高分子化はシラノール基のシロキサン結合による縮合重合によるものであるから、当然の結果として、

(－Si－OH)＋(OH－Si－)　→　－Si－O－Si＋H_2O

による脱水現象を生ずる。シリカゲルのシリカの分子間力によって、ゲルはそれ自体に締め付けられて強度が増加し、このゲル中に生じたH_2Oはゲルの外に排出される。これが、シリカゲルの離漿現象(シネリシス)であり、シリカのゲル化の基本的特性である。

② シリカゲルの離漿は、耐久性の面から見た場合、アルカリ領域のシリカのゲル化における離漿と非アルカリ領域の離漿に区別して考えなくてはならない。前者の場合はゲル中に未反応シリカとアルカリを溶存し、未反応シリカ分が溶出するか、あるいはゲル中のアルカリが一度はゲルを構成したシリカのネットを切断してシリカを溶出するので、シリカゲルの劣化を生ずる。一方、後者ではゲル中にアルカリが存在しないため、シリカの溶出は無視できるほど小さい。その場合の耐久性はシリカゲルの溶解度に依存するが、その溶解度はpHとシリカ粒子の粒径と関係があり、pHが非アルカリ領域にあってシリカの比表面積が少ないほど、すなわち粒径が大きいほど低い（図3.4.1、図3.4.2、表3.4.1)。また地盤中におけるシリカの溶解度は、止水性が低ければ地下水がほとんど入れ替わらないので、ほとんど変化しないと考えて良い。したがって、耐久性の優れたゲルによって土粒子間浸透されていれば、耐久性を維持できる。

③ 大きなシリカのみのコロイド溶液は、活性シリカに少量の水ガラスを加えて、高分子化と濃縮を行って製造する（図3.3.6)。このシリカコロイドは、コロイドを形成するまでの過程で重合反応が完了し、シラノール基はコロイド表面に存在しているだけの極めて反応性の少ない状態になっている。したがって、ゲル化後の重合反応は少ないためゲル化物の収縮はほとんどない。ゆえに、コロイドのシリカ濃度が高いわりには強度発現が遅く、初期強度は低いが長期的には高強度となり収縮がほとんどない。

④ 活性複合シリカコロイドは、反応性の高い小さなシリカが存在しているため活性状態にあり、そのまま放置すれば、前述したように高分子化が進行し所定時間後にゲル化が生じるが、このシリカの高分子化はゲル化後もゲル中で進行して強度が増加し続ける。

前述したように、シリカ分子の高分子化はシラノール基のシロキサン結

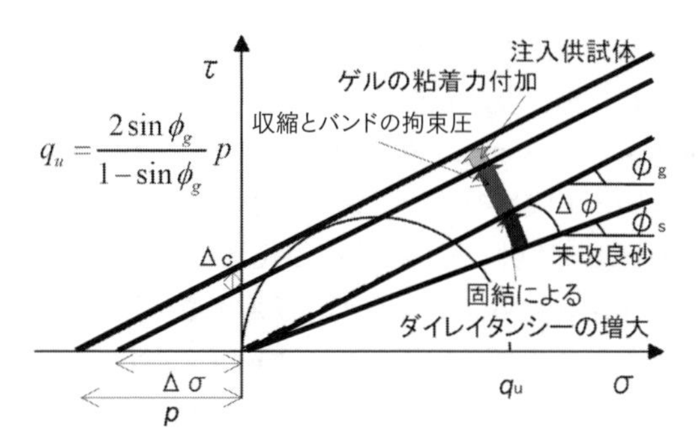

図3.4.5　強度発現メカニズム（末政による）

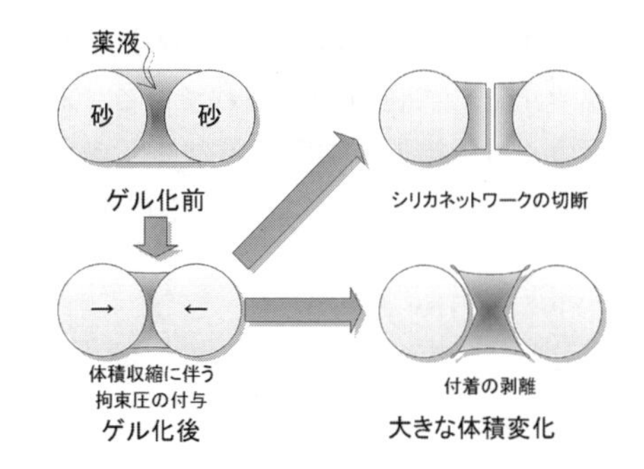

図3.4.6　ゲル化後の過大な収縮による改良効果の劣化イメージ（末政による）

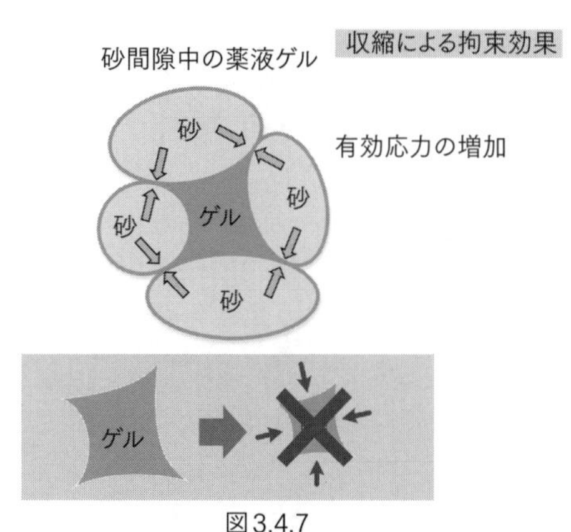

図3.4.7
砂間隙中の薬液ゲルの収縮による拘束効果と
過大な収縮による改良効果の劣化のイメージ（末政による）

合による重縮合によるものであるから、当然の帰結として－OH＋－OH→H_2Oによる脱水現象を生じ、シリカゲルは収縮する。活性複合シリカコロイドであるパーマロック・ASFは、大きなシリカコロイドへの成長により、構造的にも安定しているという効果をもつため、配合にもよるが収縮量は200日で8％以内であり、その後はほぼ一定値を保つ。固結砂においては砂が骨格となっているので、収縮することはない。その間の強度は経時的に増加してほぼ一定値となる。酸性シリカゾルのシリカは、小さな分子のシリカ粒子であるところから、ゲル化後の高分子化の継続による脱水で生じたシリカの収縮は400日でほぼ25％となり、過大な収縮は強度の低下をもたらす（図5.1.1)。

以上の理由により、活性シリカコロイドは恒久グラウトとして、酸性シリカゾルは長期耐久性グラウトとして位置づけられている。末政は、シリカグラウトにおけるゲルの収縮による固結土の強度発現のメカニズムとゲルの過大の収縮が強度低下をもたらす現象のイメージについて図3.4.5～図3.4.7のように説明している。

3.5 薬液注入の長期耐久性の実証研究

3.5.1 薬液注入の長期耐久性の試験方法

試験の項目として、①一軸圧縮試験、②ホモゲルの体積変化、③シリカの溶脱を行った。実験方法の概略を説明する。配合は表3.5.1の通りである。

表3.5.1 配合[40)]

（溶液型） （単位:g）

記号	A液		B液			
JS	水ガラス3号 35	水 25	$KHCO_3$ 5.0	水 48.3		
GS	水ガラス3号 35	水 25	グリオキザール 1.6	無機酸 0.7	無機酸性塩 5.0	水 48.0
SS	酸性シリカゾル 77.4		水ガラス3号 5.6	水 29.3		
CS	シリカコロイド 96		無機中性塩 2.5	無機酸性塩 0.5	水 19.0	

（懸濁型）

記号	A液		B液		
CE	珪曹3号 35	水 25	ポルトランドセメント 22.5	$Ca(OH)_2$ 10.0	水 40.0

(1) 一軸圧縮試験方法

1）供試体の製法および養生法

供試体にはホモゲルとサンドゲルの2種類がある。ホモゲルは、直径5cm・長さ10cmのアクリル製円筒にグリス状離型剤を塗布し、ガラス板に乗せグラウト材を注ぎこみ、上部をガラス板で蓋をした。脱型は1日後に行い、ラップ（ポリ塩化ビニリデンフィルム）で密封したものを蓋付きプラスチックケースに入れ、20℃の恒温室で所定期間養生した後、一軸圧縮試験に供した。またサンドゲルは、直径5cm・長さ10cmの真鍮製2つ割りモールドに豊浦砂を相対密度60％となるように充填し、水で飽和した後各薬液を5N/cm²の注入圧でモールドの下端から注入した。脱型は1日後に行い、必要であれば両端を調整し、密封養生で所定期間養生した後、一軸圧縮強度試験に供した。なお瞬結配合の無機硬化材系（JS)、有機硬化材系（GS）の供試体は吸引法[2]で作成した。

2）圧縮試験条件

圧縮試験は、土質工学会基準（JSF T 511-1990）に従い、1% /分のスピードで圧縮した。

(2) 体積変化およびシリカの溶脱測定方法

栓付きプラスチック製メスフラスコ（250mL）にグラウト材を120mL程度流し込み、硬化（ホモゲル）後、水（蒸留水）を標線まで入れ、栓をして20℃の恒温室で養生した。所定期間放置後、メスフラスコの水を入れ替え標線までの水の量を測定し、ホモゲルの体積を計算した。また採水したものは溶脱シリカの測定に供した。シリカの測定は吸光度法（モリブデンイエロー法）で行った。そして体積変化率および溶脱率を次式により算定した。

$$\text{体積変化率}(\%)=\frac{\text{養生後の体積}-\text{元の体積}}{\text{元の体積}}\times 100 \quad (\text{体積:mL})$$

$$\text{溶脱率}(\%)=\frac{\text{養生により溶脱したシリカ}}{\text{元のシリカ量}}\times 100 \quad (\text{シリカ}(SiO_2)\text{:mg})$$

各種グラウト材について、100日以内の試験結果を図3.5.1に示す。シリカの溶脱に関係する要因は、未反応（および低分子）の水ガラスの多少である。

無機硬化材系（JS）のシリカの溶脱が25%（7日、以下同じ）と大きいのは、硬化材の使用量が少ないため未反応の水ガラスが溶脱することと、シロキサン鎖の末端（これも多い）にNaがついており、重合しているが低分子の水ガラスも溶脱するためである。有機硬化材系（GS）が大きいのは、硬化剤の使用量が多いとはいえゲルがアルカリ性であるため、低分子のシリカが溶脱しやす

2　吸引法：モールド（真鍮製一本もの、直径5cm・長さ22cm）に豊浦砂（乾燥）を充填しておき、グラウト材を砂の上部に注入し、直ちに吸引（真空ポンプ使用）により砂にグラウト材を浸透させる。この作成法は強度に若干問題があるといわれているが、ゲルタイムが短く、注入法によるサンドゲルの作成が困難であったので、この方法を採用した。

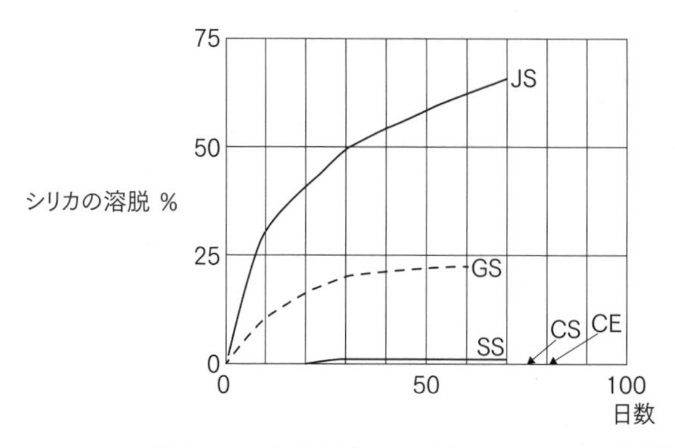

図3.5.1 100日以内のホモゲルからのシリカの溶脱[40)]

いからである。酸性シリカゾル系（SS）が0.3％と極めて少ないのは、水ガラスが完全に中和されケイ酸になっており、高分子のケイ酸は水への溶解性が小さいことと、球状になっている場合にはさらに溶解性が小さいためである。

シリカコロイド系（CS）のシリカの溶脱はほとんど0％である。これは前記したようにシリカコロイドが水ガラスを高分子化し、さらに安定化しているため、単位分子量当たりのシラノール基が、水ガラスの重合物はもちろんのこと酸性シリカゾルの粒子と比較しても極めて少ない（粒子表面にある原子の割合は15％しかない）ので、シリカの溶解が小さくなるためである。セメント系（CE）が小さいのは、水ガラスのNaがCaに置換されたものは溶解度が小さいためである。ゲル化後もカルシウムが徐々に溶解してくるため、さらに置換反応が進みシリカの溶解性が小さくなる。

3.5.2 長期養生におけるホモゲルからのシリカの溶脱

ホモゲルからの長期のシリカ溶脱の把握は、化学的安定性を判断する一つの手段となる。ホモゲルからのシリカの溶脱率に関する試験結果を図3.5.2に示す。無機系水ガラスや有機系水ガラスは、未反応シリカの溶脱や劣化要因となるアルカリ分（未反応シリカ）を含むため、養生初期よりシリカ溶脱量は大きな値を示す。一方、水ガラスのアルカリを酸により中和除去したシリカゾルや、劣化要因を含まない活性シリカコロイドからのシリカの溶脱は、非常に少ないことがわかる。ただし粒径が小さなシリカゾル（1nm）は、活性シリカコ

表3.5.2　注入材の種類の呼び名とその物性[66)]

注入材の種類	呼び名	SiO_2/体積 (g/cm³)	ゲルタイム (min)
有機系※	A20	0.203	10
	A15	0.152	20
	A06	0.060	120
酸性シリカゾル系	CH	0.114	240
活性シリカコロイド系	CSN	0.323	90

※グリオキザール系水ガラス

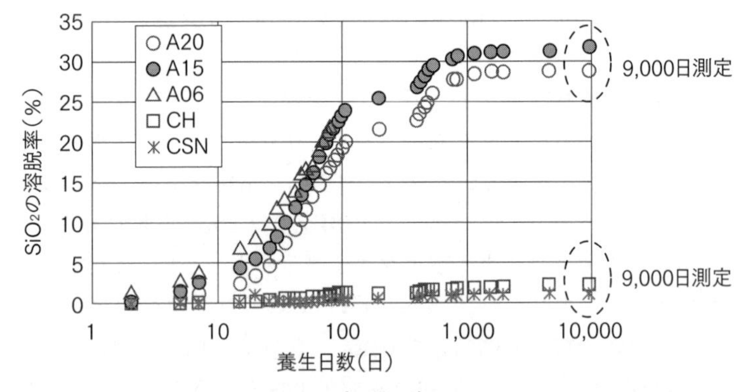

図3.5.2（口絵33）
長期養生におけるホモゲルからのシリカの溶脱率の経時変化（9,000日測定結果）[66) 222)]

ロイド（10 ～ 20nm）と比較すると、シリカの溶脱量は若干ではあるが大きな値を示す。

3.5.3　固結砂からのシリカの溶脱

固結豊浦砂の加圧透水下（動水勾配$i = 50$）におけるシリカの溶脱率を図3.5.3、3.5.4に示す。これより、劣化要因となるアルカリを除去したシリカゾルと活性シリカコロイドのいずれもシリカの溶脱は少ないが、シリカゾルは活性シリカコロイドに比べてやや大きいことがわかる。これはシリカの粒径の比表面積がシリカゾルの方が大きいことによると考えられる（図3.4.1、図3.4.2、表3.4.1、図3.4.3）。

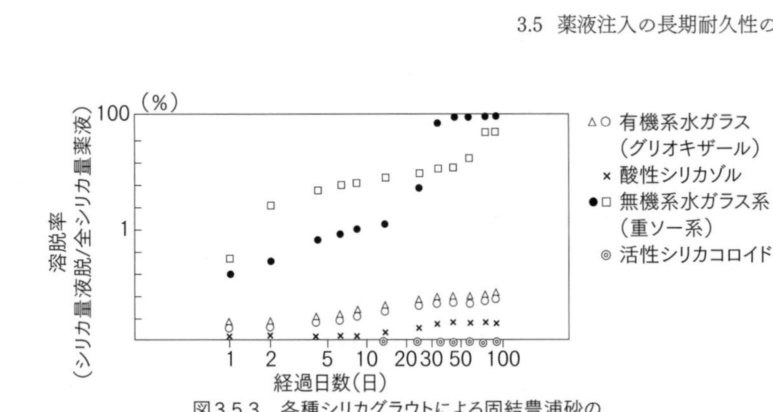

図3.5.3 各種シリカグラウトによる固結豊浦砂の
加圧透水下(動水勾配$i=50$)におけるSiO_2の溶脱率
(薬液に含まれている全シリカ量に対する溶脱シリカの累積量)[37) 173)]

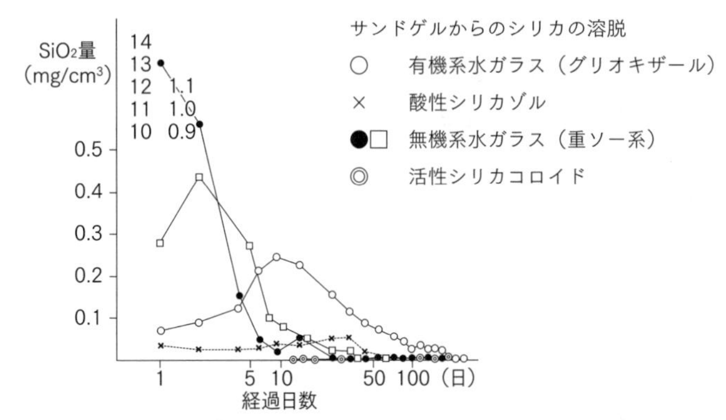

図3.5.4 各種シリカグラウトによる固結豊浦砂の
加圧透水下(動水勾配$i=50$)における浸透水1cm^{3}に含まれるSiO_2量[25) 173)]

別に行ったグラウトの特性についての研究でも、粒径0.42～2mmの範囲に調整した川砂を用いて作成した注入固結土に長期連続透水試験をし、水ガラス－無機硬化材系ではシリカの溶脱率が90%以上(300日)、水ガラス－有機硬化材系では約25%(200日)で､それ以降溶脱率がほとんど増加しない、また活性シリカコロイド系ではほとんど溶脱しないという結果を得ている。前述したように水ガラス－無機硬化材系のゲルの構造は架橋点が少なく未反応水ガラスが多く、水ガラス－有機硬化材系のそれは無機硬化材系のゲルよりやや架橋点が多く未反応水ガラスが少なく、活性シリカコロイド系のゲルの構造は巨大球状粒子の三次元架橋でシリカが溶脱しにくくなっていることを裏付けている。

3.5.4 ホモゲルの体積変化

ホモゲルの体積変化に及ぼす要因としては、シリカの溶脱、離漿水、シリカ骨格（シロキサン鎖または球状シリカ）の構造（親水性、収縮しやすさ）があげられる。未反応の水ガラスが多いほど、溶脱とそれに伴う離漿水によりホモゲルの体積変化は大きくなる。

ホモゲルの体積変化率に関する、養生日数1,200日までの試験結果を図3.5.5に、図3.5.6～図3.5.8には約9,000日養生したホモゲルの体積変化を示す。有機系水ガラスは、シリカの溶脱に伴い体積が収縮する傾向を示す。また、シリカゾルはシリカの溶脱が少ないにもかかわらず、体積収縮量が大きな値を示す傾向にある。これは、ゲル化後も続くシロキサン結合によって脱水現象が生じたためである。一方、活性シリカコロイドをベースとしたものは、コロイドによって構造が安定しているため体積収縮が少ない。養生23年のシリカゾルのゲルの養生状況を図3.5.9に、養生23年の活性シリカコロイドのゲルの養生状況を図3.5.10に示す。シリカゾルは体積収縮が大きいため、メスフラスコから剥離した状態となっている。このことは、土粒子間隙に存在するゲル構造の安定性（図3.4.7）、強度の低下、透水性および耐水圧性などの固結砂の耐久性の持続性に関係する（図3.5.12～図3.5.15、図3.5.19、図3.5.20）。

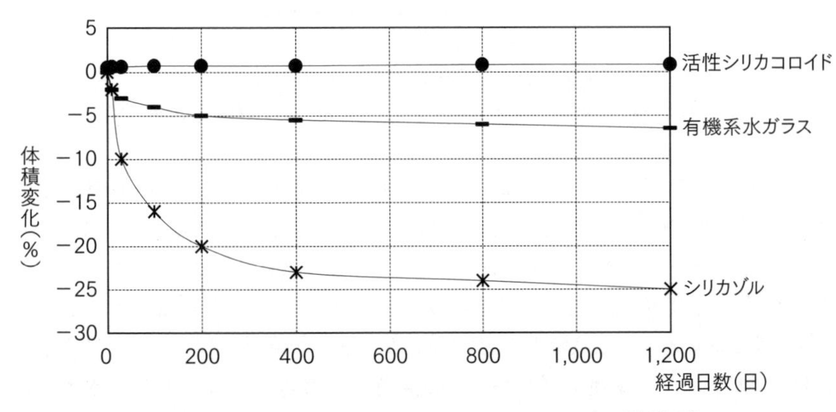

図3.5.5　養生日数1,200日までのホモゲルの体積変化[37)38)173)]

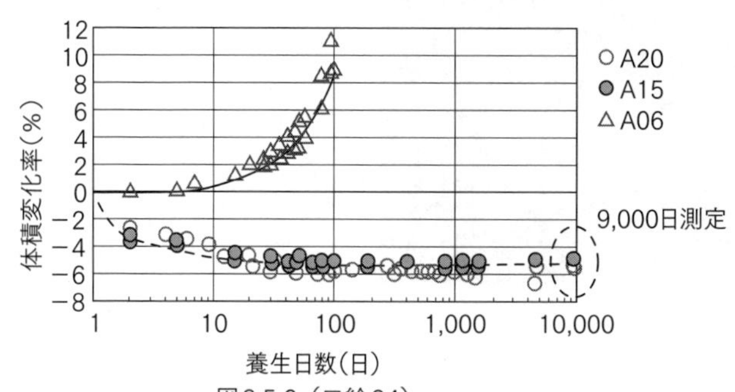

図3.5.6（口絵34）
グリオキザールシリカグラウト（A20、A15、A06注入材）の
ホモゲルの体積変化（9,000日養生）[40) 66) 222) 230)]

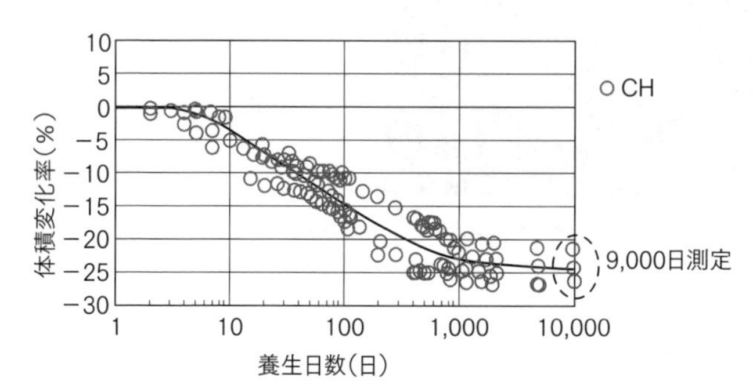

図3.5.7（口絵35）シリカゾル注入材のホモゲルの体積変化（9,000日養生）[40) 66) 222) 230)]

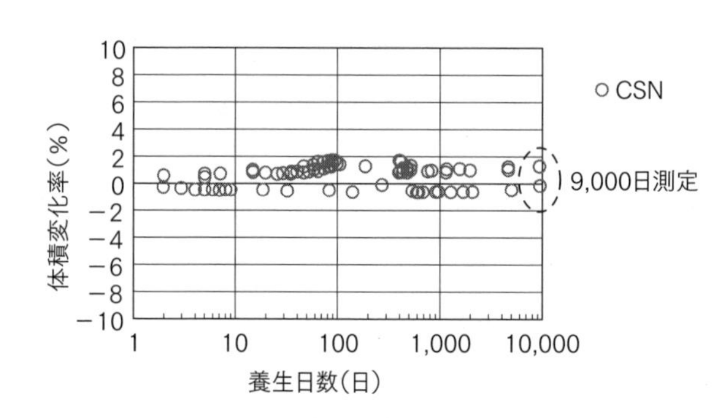

図3.5.8（口絵36）
活性シリカコロイド（CSN注入材）のホモゲルの体積変化（9,000日養生）[40) 66) 222) 230)]

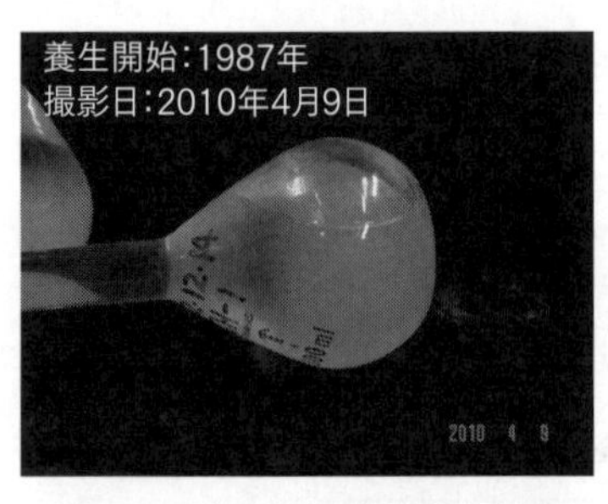

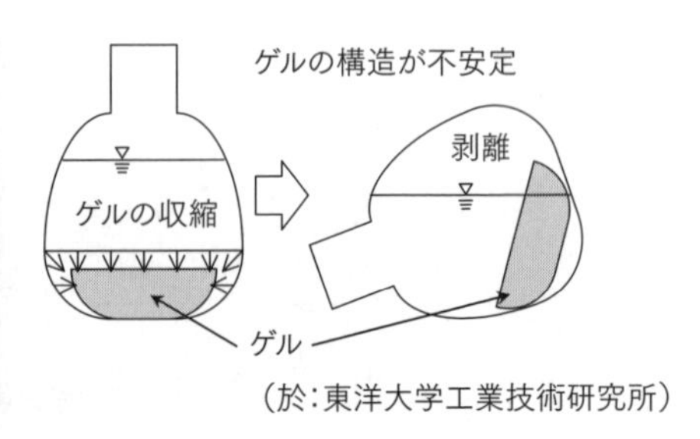

図3.5.9（口絵9）養生約20年後のシリカゾルのゲルの状況（養生開始：1987年）[177]

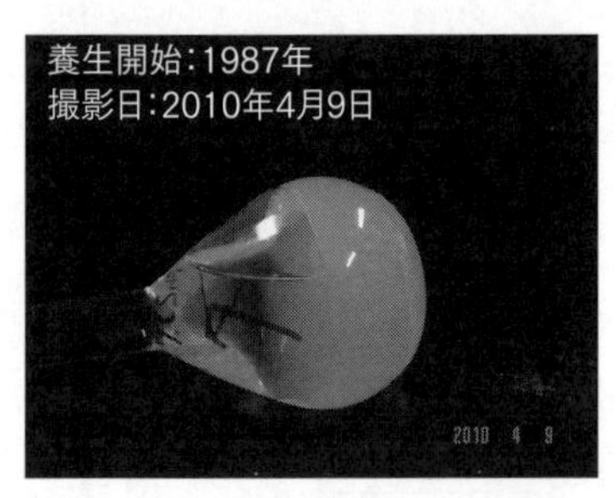

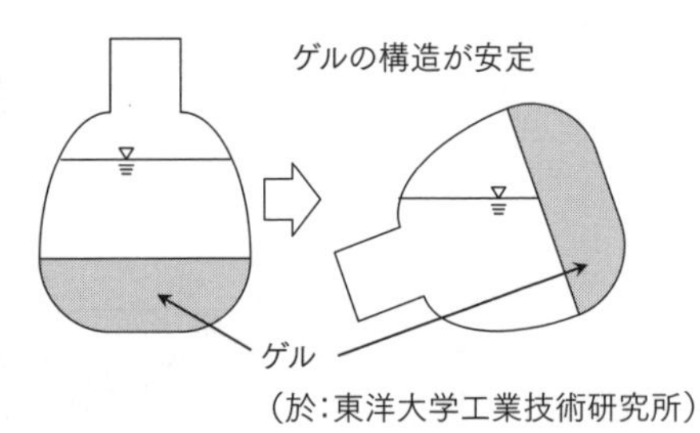

図3.5.10（口絵10）養生20年後の活性シリカコロイドのゲルの状況（養生開始：1987年）[177]

3.5.5 ホモゲルの強度

各種薬液のホモゲル強度については表3.5.3の通りである。

表3.5.3　ホモゲル強度（表3.5.1参照）

	JS*	GS	SS	CS	CE
強度（N/cm^2）	0.9	29.4	6.47	7.74	103.9**

* JSは3時間強度、GS・SS・CSは2日強度

** 1日強度

無機硬化材系（JS）は離水が大きく自立性がないため、供試体が変形してしまい、1日強度が測定できない。そこでゲルタイムの短いタイプ（JS-S）で、強度の大きくなった時点として3時間後に強度を測定した。これに対し、有機硬化材系（GS）、酸性シリカゾル系（SS）、コロイダルシリカ系（CS）は2日後

の強度を測定した。溶液型は固形分濃度が小さく結晶もできないため強度が小さいのに対し、懸濁型は固形分濃度が大きく、さらに固形分が結晶成長しているため強度が大きくなる。溶液型においてホモゲルの強度に影響する要因としては、シリカ濃度、シリカ骨格の構造があげられる。すなわち、架橋密度、分岐の絡み合い、シリカ骨格の変形しやすさ等のバランスが良い場合に強度が大きくなる。

無機硬化材系（JS）ゲルの強度は極めて小さいが、これはゲルの骨格の架橋密度が小さく、分岐の絡み合いが少ないことを示している。有機硬化材系（GS）ゲルの強度は29N/cm^{2}と大きいが、これはゲルの骨格が分岐の絡み合いが多いことを示している。酸性シリカゾル系(SS) ゲルの強度は約6.9N/cm^{2}と小さいが、これはゲルの骨格が脆性的であるからと推定される。活性シリカコロイド系（CS）ゲルの強度は約7.8N/cm^{2}と小さいが、後述のサンドゲル強度の変化を考慮すると、ゲルの骨格は主材である活性シリカコロイドの大きな粒子の立体障害のため、ゲル化した段階では架橋点が少ないことを示している。

セメント系（CE）ゲルの強度は約100N/cm^{2}であるが、セメントからくる針状結晶の絡み合いで強度が出るため、強度はセメント量に比例し、セメント量の多いものでは数100N/cm^{2}に達する。どちらにしても無機物が結晶化していれば、強度は桁違いに大きくなる。

3.5.6 固結砂の長期強度の経時変化と促進試験

(1) 静水圧養生による長期強度と促進試験

図3.5.11～図3.5.15はアレニウスの化学反応速度論[66]をベースにし、固結豊浦砂の標準養生（20℃）の強度変化と養生水温度を上げた促進養生の強度変化を時間軸に移動させて促進倍率を求めたものである。図3.5.12（c)、図3.5.13(c)、図3.5.14（c）は常温養生ならびに促進養生を20℃に換算した固結体の一軸圧縮強さの経年変化を示している[33)167)]。

縦軸に強度、横軸に時間をとって養生温度ごとに図示すると、時間軸上を移動する事で重ね合わせが可能であれば、標準養生強度を促進養生から予測する事が可能となる。以下に活性シリカコロイド系を例にして説明する（図3.5.11)。

活性シリカコロイド系の固結豊浦砂の強度は、標準養生では1000日以上の長期にわたって強度が大幅に増大し続ける（図3.5.11（a））。養生温度を上げることで化学反応や物理的変化を促進し、少ない時間で強度の経時変化を把握して長期強度を予測できると考え、促進実験を行った。図3.5.11（a）の実線は、図3.5.11（b）の促進試験結果の実線を図中の倍率で標準養生に挿入したものである。この倍率が、養生温度を50℃にした促進倍率と考えられ、この結果では、10,000日まで強度増加し続けると推測される。

図3.5.12～図3.5.14は、固結豊浦砂について同様の手法で養生温度を20℃、40℃、55℃、65℃とし、促進養生を20℃養生に換算した強度の経時変化を示し、表3.5.4は各養生温度における促進倍率を示す。図において、それぞれ（a）は20℃の標準養生、（b）は55℃の促進養生、（c）は促進養生を20℃に換算した固結豊浦砂の強度変化を示す（紙面の都合上、40℃、65℃の記載は省略した）。

図3.5.12は有機系におけるシリカの溶脱（図3.5.5）による強度低下、図3.5.13はシリカゾル系におけるゲルの収縮（図3.5.7）による強度の低下とみなすことができる。また図3.5.11、図3.5.14は、活性シリカコロイド系におけるシリカの溶脱（図3.5.2）もゲルの収縮（図3.5.5、図3.5.8）もほとんどないことによる強度増加とみなすことができる。この結果では、少なくとも35,000日（95年）までは強度増加が見込まれ、その推定強度は2,000kPaとなり、標準養生の2日強度に比べて約7倍となる。すなわち、この強度増加は脱アルカリによる化学的安定性とコロイド化による構造的安定によってもたらされるものとみなすことができる。

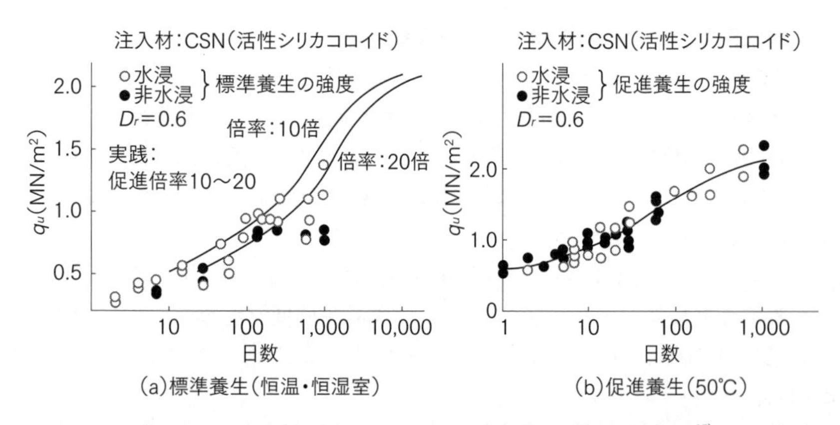

図3.5.11　活性シリカコロイドによる固結豊浦砂の強度の経時変化[37]

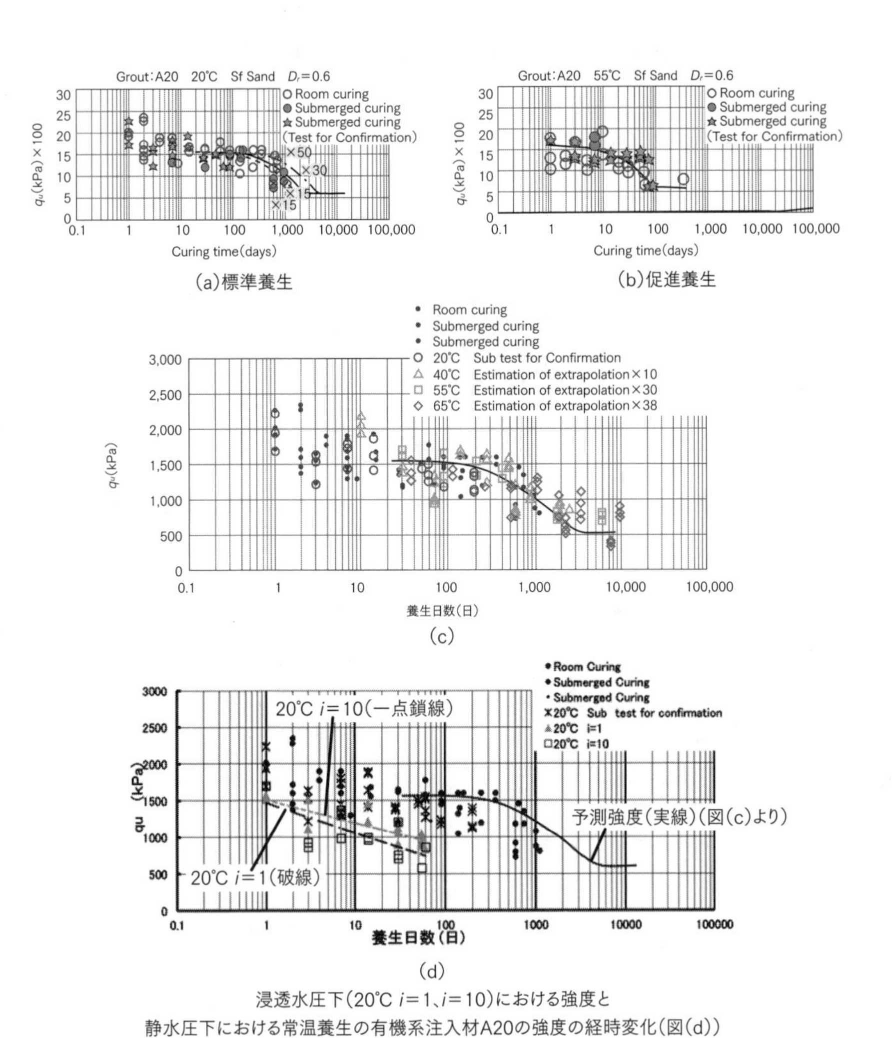

浸透水圧下(20℃ i＝1、i＝10)における強度と
静水圧下における常温養生の有機系注入材A20の強度の経時変化(図(d))

図3.5.12（口絵37）有機系注入材A20の常温養生ならびに促進養生を
20℃養生に換算した固結砂強度の経時変化（図(a)(b)(c)）[66) 222) 230)]

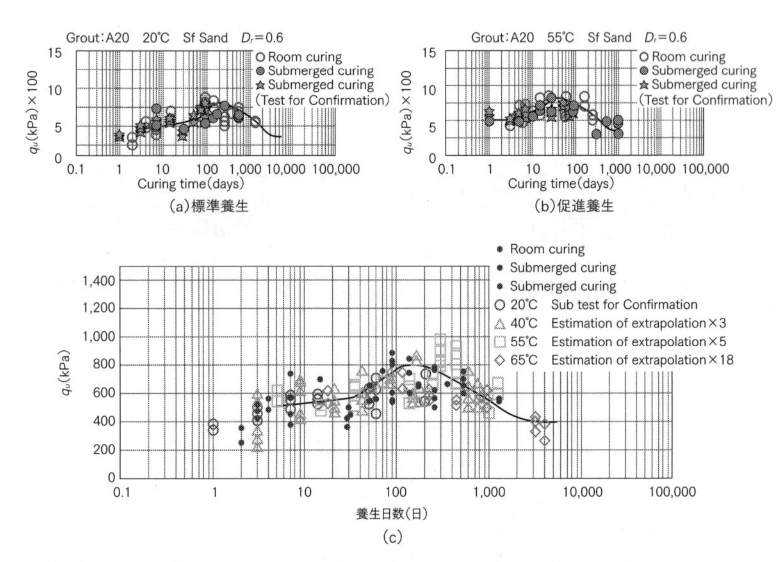

図3.5.13（口絵38）酸性シリカゾル系注入材CHの常温養生ならびに促進養生を20℃養生に換算した固結砂強度の経時変化[66) 222) 230)]

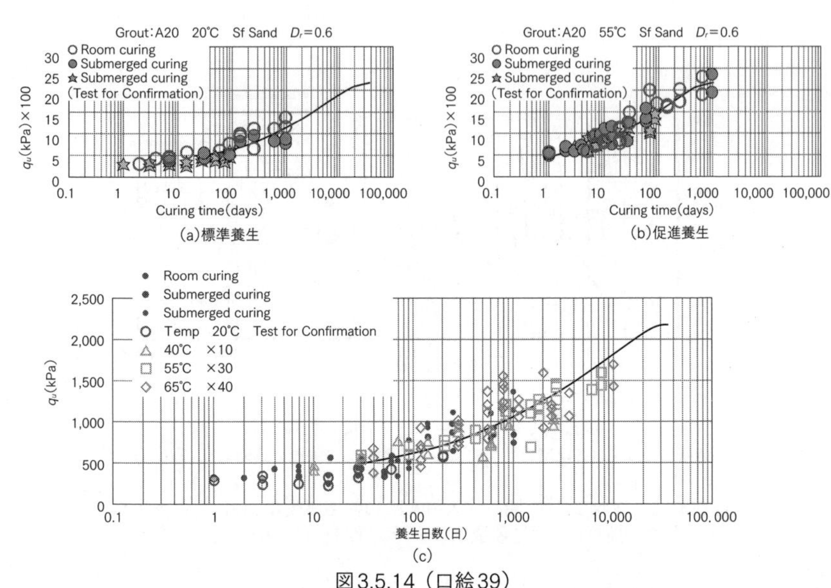

図3.5.14（口絵39）
活性シリカコロイド系注入材CSNの常温養生ならびに促進養生を
20℃養生に換算した固結砂強度の経時変化[66) 222) 230)]

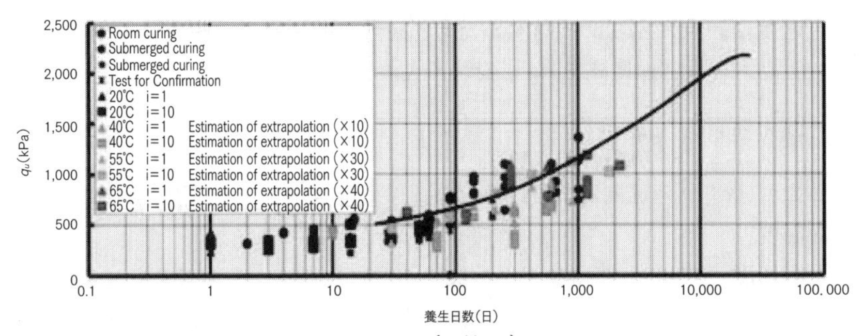

図3.5.15（口絵40）
浸透水圧下における活性シリカコロイド系注入材CSNの常温養生ならびに促進養生を20℃に換算した固結砂強度の経時変化[66) 222)]

表3.5.4　各注入材の温度と促進倍率[66) 222)]

	促進倍率（倍）		
温度(℃)	A20	CH	CSN
20	1	1	1
40	10	3	10
55	30	5	30
65	36	18	40

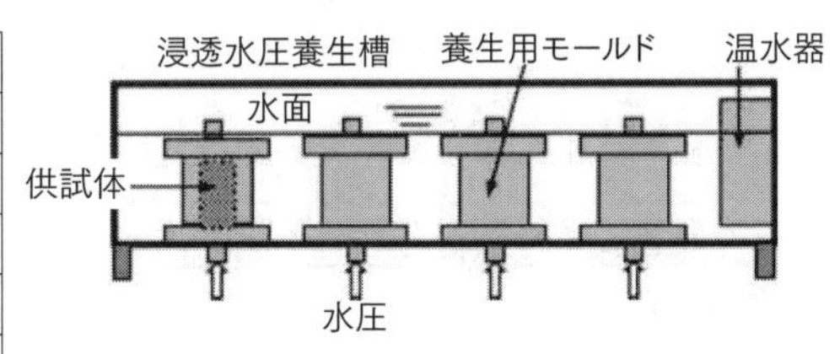

図3.5.16　浸透水圧養生槽

(2) 浸透水圧養生による強度の経時変化のアレニウスの化学反応速度理論による促進試験[66) 222)]

注入改良地盤の補強に関連した論文は多数発表されている。しかし、実際に浸透水圧を長期的に作用させた実験例はほとんどない。以下は浸透水圧を供試体に作用させ、所定の経過日数で注入固結砂供試体の強度を測定した結果である。これによって浸透水圧の影響の一面は検討できると考えた。

浸透水圧養生試験を図3.5.12（d）ならびに図3.5.15に示す。▲印は動水勾配$i=1$、□印は動水勾配$i=10$の浸透水圧を作用させた結果である。図3.5.12(d)における破線および一点鎖線は、それぞれの測点を最小二乗法で整理し挿入した線である。活性シリカコロイド系における図3.5.14と図3.5.15の比較、ならびに有機系の図3.5.12（d）における静水圧下と$i=1$、$i=10$を比較すると、浸透水圧を作用させた注入固結砂供試体の強度は、静水圧養生に比較して養生日数が同じであれば小さいことが示されている。この浸透水圧による影響を強度劣化速度の観点に立って検討するため、同形アレニウスプロットで整理した。アレニウスの反応速度式をlogで表すと次のように示される。

$$\log k = \log C - \frac{E}{RT} \cdots\cdots ⑩$$

ここで、k：反応速度定数、C：定数、E：活性エネルギー、R：気体定数、T：絶対温度。

反応速度定数kは、体積など化学反応速度に比例するものであれば代用できると考えた[208]。式⑩より、強度の変化速度を対数表示の縦軸にとり、養生温度を絶対温度に変え、その逆数（$1/T$）を横軸にプロットすることにより温度と強度変化速度を直線関係で示すことができる。また、測点を最小二乗法で整理できる利点もある。一般的に、同形アレニウスプロットはこの直線を利用した予測法である。この実験では、20℃、40℃、55℃、65℃の各養生で$q_u/2$になる強度の変化速度を求めて整理している。強度の変化速度（kPa/day）は（$q_u/2$）/$t_{0.5}$で求めた。q_u初期強度、$t_{0.5}$は$q_u/2$になるまでの日数である（表3.5.5）。

1）有機系および酸性シリカゾル系注入材

結果を図3.5.17、図3.5.18に示す。図の■印は、比較のため静水圧養生20℃、40℃、55℃、65℃に対応する測点である。図中の破線と一点鎖線は動水勾配i＝1、10を作用させた強度の変化速度をプロットした測点を最小二乗法で整理した線である。図から動水勾配が作用すると強度の変化速度が大きくなることがわかる。これは劣化の速度が速くなることを示唆する。同図から動水勾配i＝1、10の浸透水圧が作用した場合、$q_u/2$に減少するまでの時間は、20℃標準養生の比較で、有機系がそれぞれ約10倍、約50倍、酸性シリカゾル系は約40倍、66倍速くなることが予測される。そのまとめを表3.5.5に示す。この結果、浸透水圧は、有機系および酸性シリカゾル系注入材の強度の劣化に影響するものと推測できる。

表3.5.5
静水圧養生を基準とした初期強度が1/2に減少するまでの
速度の倍率（養生温度20℃の場合）[222]

注入材の種類	静水養生 $i=0$	動水勾配 $i=1$	動水勾配 $i=10$
有機系注入材（A20）	1倍	10倍	50倍
酸性シリカゾル系注入材（CH）	1倍	40倍	66倍
活性シリカコロイド系注入材（CSN）	1倍	強度増加	強度増加

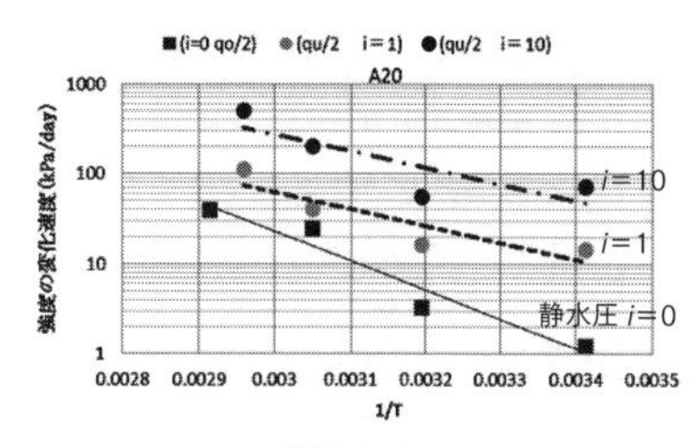

図3.5.17
A20注入材の同型アレニウスで整理した
強度の変化速度[222)]

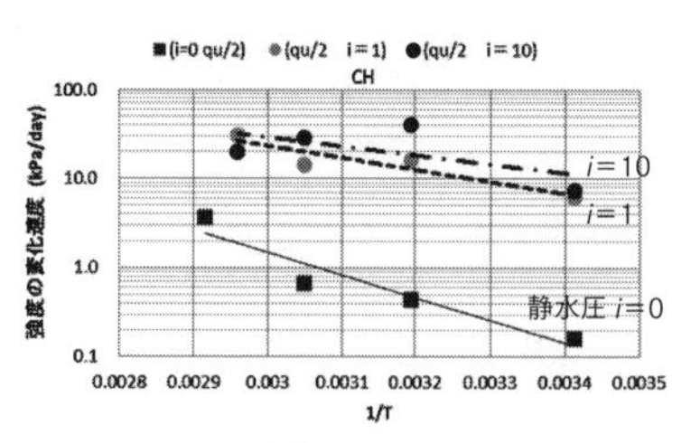

図3.5.18
CH注入材の同型アレニウスで整理した
強度の変化速度[222)]

2）活性シリカコロイド系注入材

図3.5.15は活性シリカコロイド系注入材の長期養生試験結果である。この図には浸透水圧を作用させた試験結果も示してある。図中の▲印および■印はそれぞれ動水勾配$i=1$、$i=10$の浸透水圧が作用した20℃標準養生結果、および40℃、55℃、65℃のデータを20℃に換算してプロットした測点である。これから活性シリカコロイド系注入材は、動水勾配$i=1$、10の浸透水圧が作用すると予測値のやや下方にプロットされる。ただ、経時的な強度の増加は見られ、活性シリカコロイド系注入材は他の注入材と異なり、浸透水圧が作用しても経時的な強度の劣化がない。この結果から浸透水圧が作用した実際の現場でも長期耐久性が期待できる注入材と考えられる。

3.5.7 浸透水圧下における固結砂の長期止水持続性[49)]

図3.5.19に、動水勾配$i=50$の浸透水圧下における各種シリカグラウトの固結豊浦砂の透水試験（写真3.5.1）結果を示す。さらに固結豊浦砂の長期の止水持続性を検討するため、前述の3種のグラウトを注入して作った供試体（無機系水ガラスは除く）を用いて長期間の透水試験を行い、その止水持続性を調査した。図3.5.20は固結豊浦砂の例を示す。

豊浦砂はその密度を相対密度で0.4および0.8とし、その大きさは直径5cm・高さ10cmである。これに4.9N/cm^2（動水勾配$i=50$）の水圧を長期間連続的にかけ続けた。その結果、有機系固結砂の大半は2,500日前後まで止水性を保ち、その後止水性を失った。酸性シリカゾル系固結砂の大半の供試体は、200～500日で止水性を失っている。これに対し活性シリカコロイド系固結砂は10

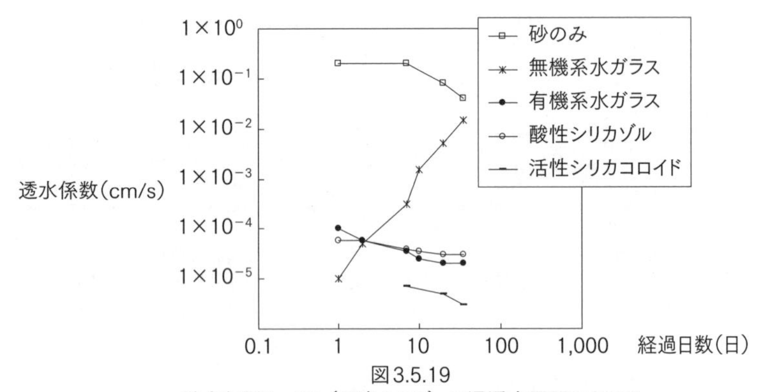

図3.5.19
動水勾配$i = 50$（写真3.5.1）の浸透水圧下における
各種シリカグラウトの固結豊浦砂の透水試験結果[37)]

写真3.5.1（口絵8）固結砂の長期耐久性試験

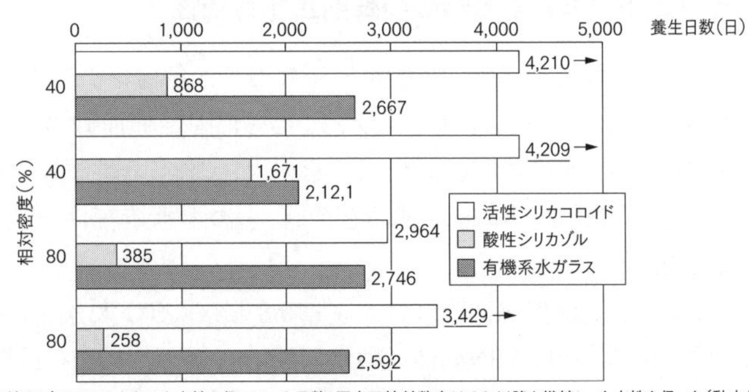

注:図中数字(下線なし)はそのときまで止水性を保っていた日数。図中下線付数字はそれ以降も継続し、止水性を保った(動水勾配$i = 50$)。

図3.5.20　長期透水試験結果[49)]
固結豊浦砂に動水勾配$i = 50$で長期間透水し続けた場合
止水性を保った日数

年あるいはそれ以上の止水性を保持した。

グラウトを注入して作った供試体が長期間水圧を受けて止水性を保つためには、グラウトのゲルが化学的にも構造的にも長期間安定していなければならない。土の間隙に充填されたシリカゾルのゲル構造は、化学的には安定していても、構造的にはシネリシスを起こして収縮が大きくなり、長期止水性が低くなったものと考えられる。

活性シリカコロイド系は化学的（脱アルカリ）にも構造的（コロイド化）にも安定しているので、長期止水性が高い。また有機系のグラウトもシロキサン鎖の絡み合いで構造がかなり密になっているので、高い長期止水性を示したものと考えられる。

3.6 現場環境ならびに注入材同士の相互作用と耐久性[49) 153)]

3.6.1 地盤の化学的特性と耐久性

不定型シリカは、強アルカリ・強酸などの特殊な地盤条件下ではその影響を受ける可能性があるため、事前に室内試験等を実施し、影響を確認することが好ましい。

(1) 化学的環境中のゲルの性質[49)]

地盤の化学的環境には種々のものがある。酸性地盤ではゲルタイムが早まることが多いので、注入工事の前にあらかじめ調査検討しておかなければならないが、注入後のゲルについては、致命的な悪影響はないと考えてよい。

図3.6.1 (A) の「異なる化学的環境」とは、純水、強アルカリ水（1%苛性ソーダ水溶液)、強酸水（1%硫酸水溶液)、弱酸水（1%フミン酸水溶液)、海水を使用したもので、これらに4種のグラウトによる固結砂を浸しておいて、強度変化を測定した。その結果が図に示してあるが、注目すべきことは、苛性ソーダのような強アルカリ水では、すべての固結砂が崩壊してしまったということである。したがって、アルカリ性地盤で溶液型水ガラス系グラウトを使用するときは、十分慎重に対処しなければならない。ただし、アルカリ性地盤でも石灰質による場合はゲル化が早くなる。

(2) 有機物を含有する地盤における懸濁型グラウトの固結性[153)]

懸濁型グラウトによる改良工事においては、土に含まれる有機物が水和反応を阻害し、改良効果が低下する傾向にあり、その低下割合は有機物の含有量によるとされている。図3.6.1 (B)-(a) は土の化学的特性が懸濁型注入材の固結性に与える影響を把握する目的で、豊浦砂に様々な有機物を混合した試料に対し懸濁型グラウトを配合した供試体の一軸圧縮試験結果である。

図3.6.1 (B)-(b) は、実際の施工現場で、有機質土のため懸濁型グラウトの固結性が得られない地盤からの採取土の有機炭素量測定を行った結果である。測定の結果、水溶性有機炭素が0.7%含まれていた。赤外線分光法により分析を行った結果、1000cm^{-1}付近での吸収が大きかった。この位置に見られる物質としてはエーテル結合が多く、セルロース・シリコン樹脂・合成鉱物油の存在がうかがえ、これが水和反応を阻害しているものと思われた。このためハイブリッドシリカにおいてアルカリ金属塩を増量することによって、改良効果を改善できた（図3.6.1 (B)-(c))。

(3) 一次注入材と二次注入材の相性を考慮した低アルカリ懸濁型グラウトの適用

3.6.2項、3.6.3項参照。

低アルカリ懸濁型グラウトとして、カルシウムシリケートグラウト（ジオパックグラウト）はシリカグラウトのゲル化物に対する影響が極めて少ないため、シールグラウトや一次注入材として有用である（写真3.6.1)。

3.6.2 懸濁型グラウトと溶液型シリカグラウトのゲルの相性[94)]

耐久性に優れた溶液型シリカグラウトの注入に先立って懸濁型グラウトを注入する場合、懸濁型のアルカリが溶液型の耐久性を阻害しないことが重要である。懸濁・溶液複合注入工法は、懸濁型グラウトの一次注入による粗詰め注入と溶液型グラウトの二次注入による浸透注入によって、逸脱防止、強化と止水を同時に満たす地盤改良を可能にするが、溶液型グラウトのシリカゲルは懸濁型グラウトのアルカリの影響を受けやすい。このことはシールグラウトや袋パッカ内における懸濁型グラウトと溶液型シリカグラウトの相性においても同様である。よって、懸濁型グラウトと溶液型グラウトの併用は、長期耐久性が要求される場合、十分な配慮が必要である（写真3.6.1～写真3.6.3)。

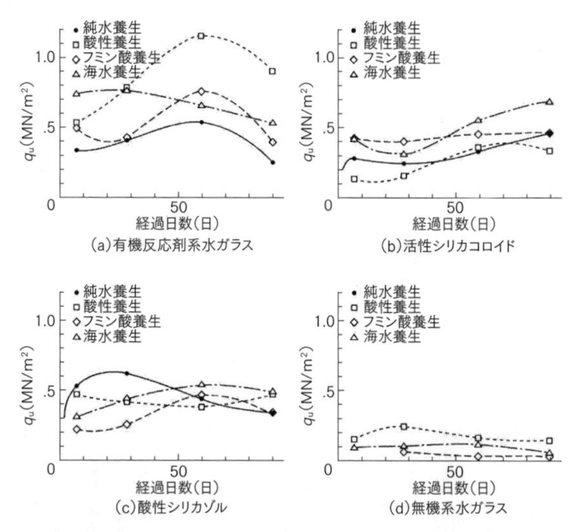

(A) 異なる化学的環境で養生した固結豊浦砂の強度(米倉による)[49]

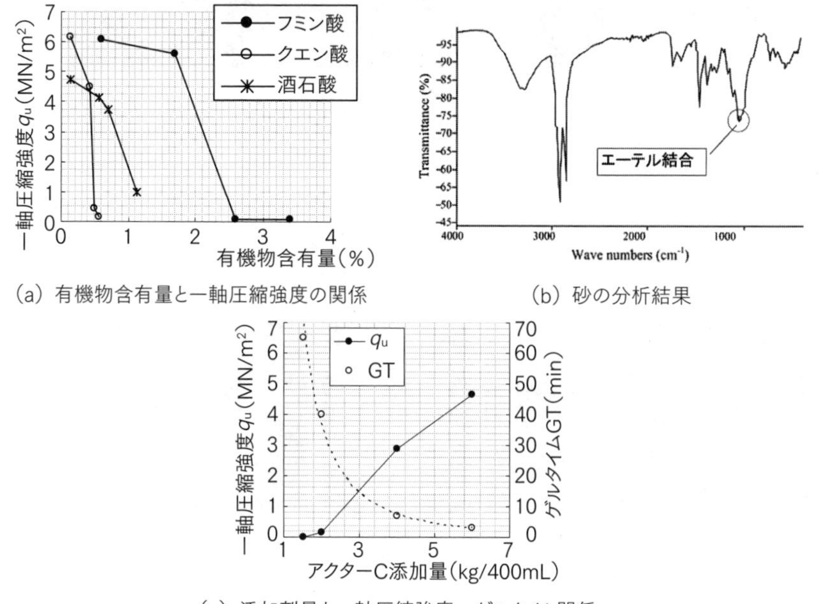

(a) 有機物含有量と一軸圧縮強度の関係

(b) 砂の分析結果

(c) 添加剤量と一軸圧縮強度・ゲルタイム関係

(B) 有機物を含有する地盤における懸濁型グラウトの固結性(佐々木による)[153]

図3.6.1 地盤の化学的特性によるグラウトの固結性

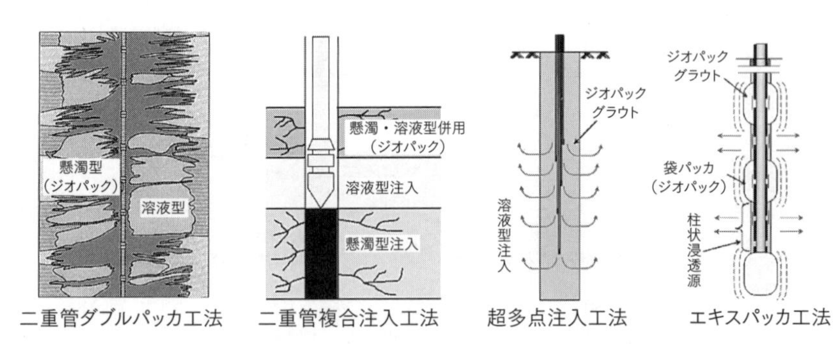

図3.6.2
一次注入材と二次注入材の相性を考慮したジオパックグラウト（カルシウムシリケート）の適用[94)]

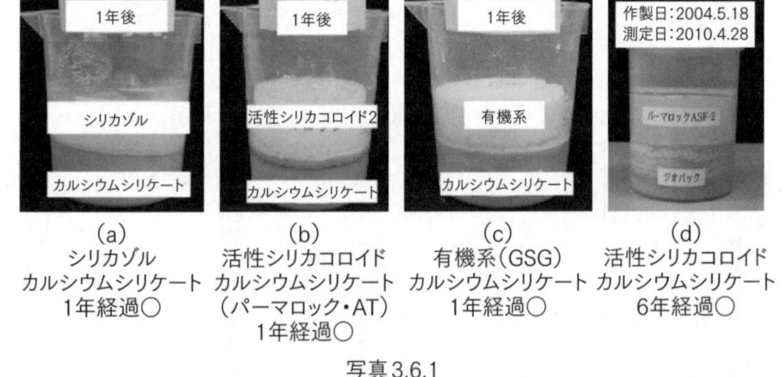

写真3.6.1
カルシウムシリケート（ジオパック）と溶液シリカグラウトのゲルの相性試験
（上層：溶液型シリカグラウトのゲル、下層：カルシウムシリケート（ジオパック））[94)]

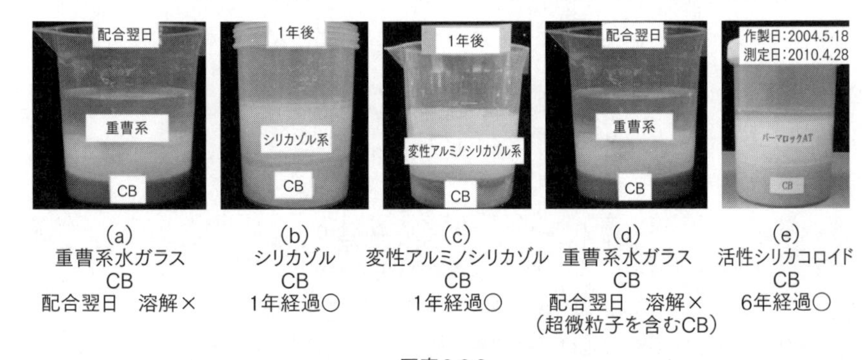

写真3.6.2
CBと溶液型シリカグラウトの相性試験（上層：溶液型シリカグラウトのゲル、下層：CB）[94)]

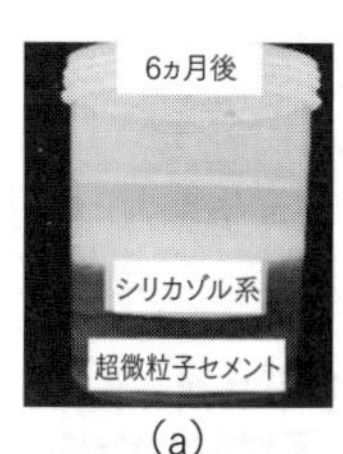

(a)
シリカゾル
超微粒子セメント
6ヶ月経過　溶解×

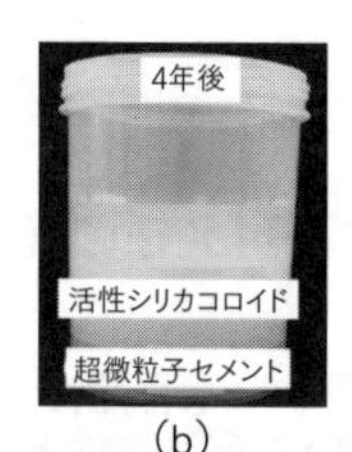

(b)
高濃度活性シリカコロイド
超微粒子セメント
（パーマロック・AT、Hi）
4年経過○

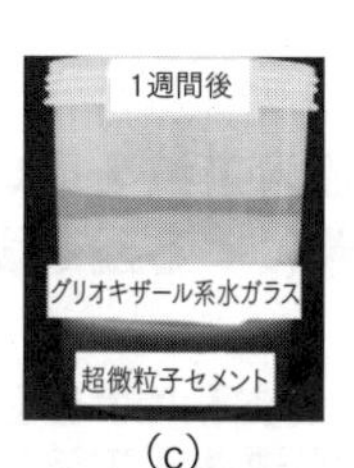

(c)
グリオキザール系水ガラス
超微粒子セメント
1週間経過　溶解×

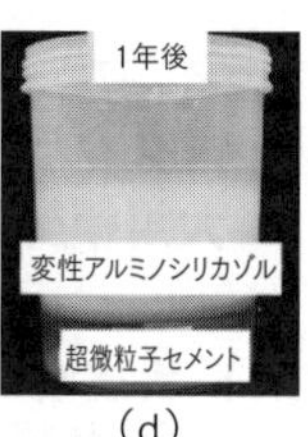

(d)
変性アルミノシリカゾル
（アルシリカ）
超微粒子セメント
1年経過○

写真3.6.3　超微粒子セメントと溶液型シリカグラウトの相性試験
（上層：溶液型シリカグラウトのゲル、下層：超微粒子セメント）[94]

3.6.3 恒久グラウトと他のグラウトとの併用性

ハイブリッドシリカはアルカリ系であり、パーマロックは中性系である。したがって恒久性に悪影響を与えないようにするために、他の薬液と併用する場合は注意を要するが、現在のところ下記の薬液は併用しても良いことが判明している。

表3.6.1　ハイブリッドシリカと他の注入材との併用

超微粒子懸濁型恒久グラウト	併用可能なグラウト	
	懸濁型グラウト	溶液型グラウト
ハイブリッドシリカ	特に問題ない	アルシリカ※
ハイブリッドシリカGE		

※アルカリ系溶液グラウト

表3.6.2　パーマロックと懸濁型グラウトとの併用

溶液型恒久グラウト	併用可能なグラウト	
	懸濁型グラウト	溶液型グラウト
パーマロック・ASF	ジオパック	シリカゾルグラウト
パーマロック・AT パーマロック・Hi パーマロック・ASF-Ⅱ	CB ジオパック	シリカゾルグラウト

3.7 恒久グラウト注入工法を用いた大規模野外実験による浸透固結性と耐久性の実証 [61)67)68)70)71)73)74)75)87)90)99)100)125)170)189)]

3.7.1 大規模野外注入実験による恒久グラウト（活性複合シリカコロイド）を用いた急速浸透注入工法における浸透固結性と経年固結性の実証

試験サイトは茨城県鹿島郡神栖町にあり、利根川左岸の鹿島砂丘地帯に位置している。地盤概要および施工断面図を図3.7.1、図3.7.2に示す。地下水位はGL－4.0m付近にあり、透水係数kは2.79×10^{-3}cm/secである。注入材は活性複合シリカグラウト「パーマロックASF-Ⅱ」を用いた（5.1.3項参照）。設計仕様は間隙率nを40％、充填率αを100％とし、急速浸透注入工法はエキスパッカ工法と超多点注入工法を用いた。図3.7.1（b）の1孔当たりの注入改良域は直径Dを1.5m、高さhを3.0mとした。注入後、約1ヶ月の養生期間をおいて掘削し、地盤改良体の出来形を観察した（写真3.7.1）。その後、改良体を埋め戻し、注入から1、3、6、10年後に追跡調査による長期耐久性の確認試験（一軸圧縮試験）を実施した（図3.7.3）。

SiO_2＝6％を注入した地盤のコアサンプリング試料を写真3.7.6に示す。コアは注入孔より0.5m、注入対象区間のGL－3.0～6.0mから採取した。コアは長柱状を呈しており、固結状況は良好といえる。図3.7.3にSiO_2＝6％、4％の経年強度変化を示す。いずれのシリカ濃度による改良強度も養生初期には大きく増加し、その後は微弱に強度が増加する傾向にある。

また、注入孔間隔を大きくした場合の浸透固結性を確認した。（写真3.7.2～写真3.7.5）これらより浸透固結性は1.5～3.0mまで可能であることが確認された。

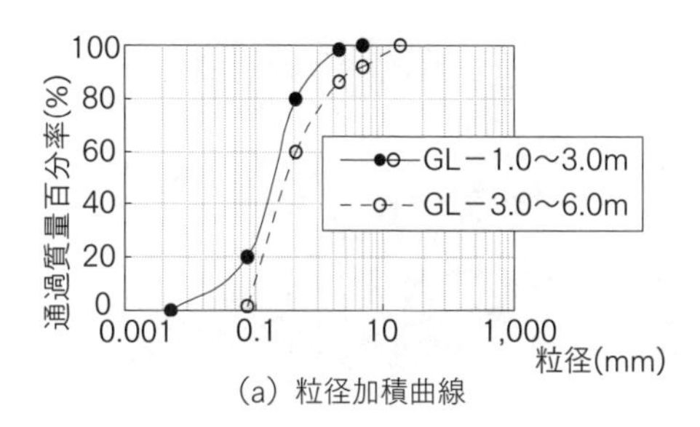

(a) 粒径加積曲線

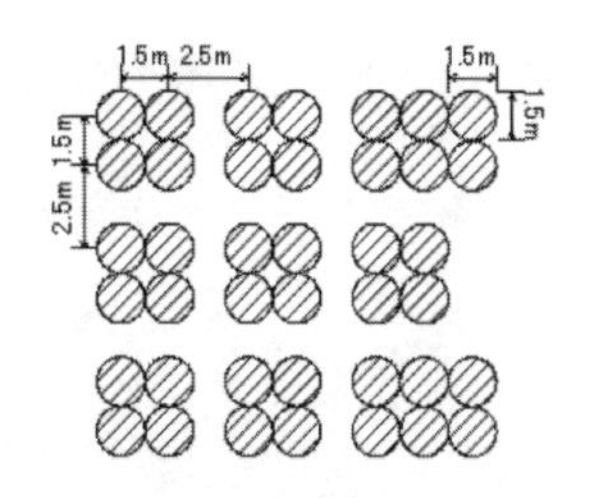

(b) 1999年各種急速注入工法と恒久グラウトを組み合わせた注入ブロックの配置図

図3.7.1
1999年第2次野外注入試験((株)ADEKA鹿島工場(神栖))[70)]

写真3.7.1(口絵20)
1999年第2次野外注入実験における各種急速浸透注入工法と恒久グラウトを組み合わせた野外注入実験掘削調査((株)ADEKA鹿島工場敷地(神栖))[70)]

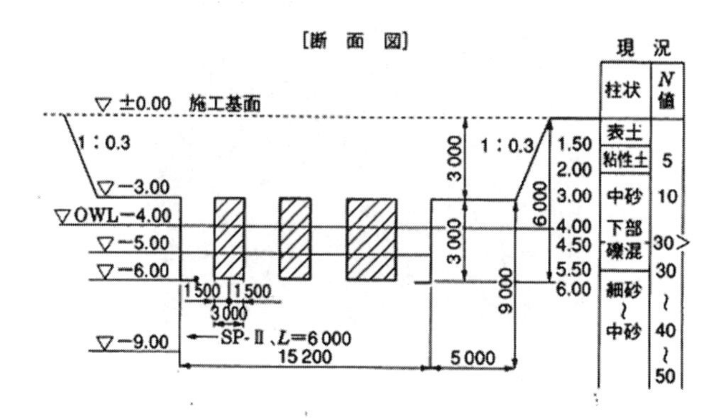

図3.7.2　1999年第2次野外注入試験掘削調査断面図[65)]

写真3.7.2
パーマロック・ASF-Ⅱを用いた
エキスパッカ工法（注入孔間隔1.5m）の
浸透固結状況（1999年）

写真3.7.3
パーマロック・ASF-Ⅱを用いた
超多点注入工法（注入孔間隔1.5m）
浸透固結状況（1997年）

(a)

(b)

写真3.7.4
（a）パーマロック・ASF-Ⅱを用いたエキスパッカ工法（2004年、和歌山）と
（b）エキスパッカ-N工法　（2004年、千葉）の固結状況（固結径2.0～3.0m）[99]

写真3.7.5
第3次野外注入試験におけるパーマロック・ASF-Ⅱを用いた三次元エキスパッカ工法
（3D・EX工法）の固結状況（固結径3.0～4.0m）
（2006年、（株）ADEKA鹿島工場敷地（神栖））[129]

(a) 経年3年 (2002年)

(b) 経年6年 (2005年)

(c) (口絵21 (b)) 経年10年 (2009年)

写真3.7.6
パーマロック・ASF-IIによる固結地盤の経年コアサンプリング状況[87)] [125)] [170)]

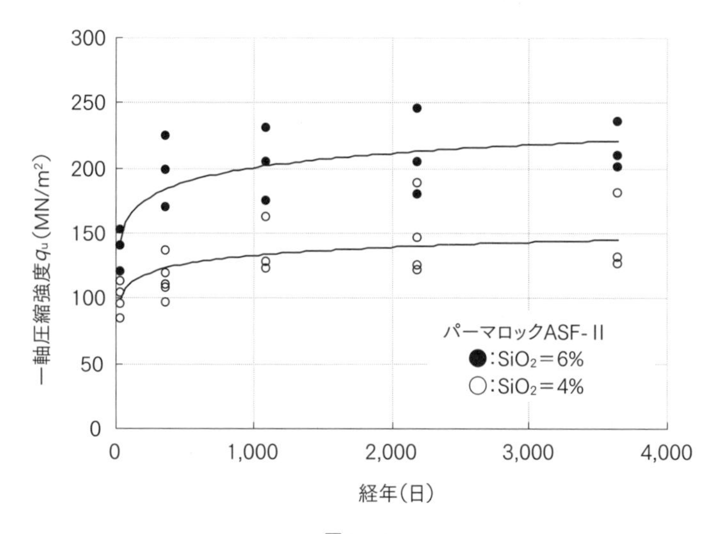

図3.7.3
写真3.7.1におけるパーマロック・ASF-IIによる固結地盤の経年固結性
(1999～2009年) の実証 (10年間)[87)] [170)]

3.7.2　大規模野外注入実験による恒久グラウト（超微粒子複合シリカ）を用いた急速浸透注入工法における浸透固結性と経年固結性の実証

3.7.1項の同一地盤において、平成9（1997）年に第1次野外注入試験、平成11（1999）年に第2次野外注入試験を行なった。

(1) 1997年第1次野外注入試験[61]

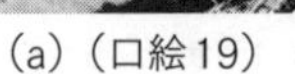

(a)（口絵19）

(b)（口絵7）

写真3.7.7
(a)ハイブリッドシリカを用いた1997年第1次野外注入試験における効果確認のための掘削現場状況
((株)ADEKA鹿島工場敷地(神栖))[61]
(b)注入工法：二重管瞬結・緩結複合注入工法(ユニパック工法、注入孔間隔：1.0m)

1）第1次野外注入試験

1.0mピッチでの浸透固結性が確認され、ブロックサンプリングによる1ヶ月後の強度試験により、水和反応によるコンクリートと類似の固結体が形成されることがわかった。

表3.7.1　試験結果[61]

掘削供試体 No.	①	②	③	④	⑤	⑥	⑦	⑧	⑨	Ave
圧縮強度 (MN/m^2)	2.9	3.2	4.6	5.2	3.4	5	6	7.4	5.2	4.8

2）サンプリング試料の三軸試験結果

表3.7.2より、セメントによる固結体と類似の水和反応による固結特性を示すことがわかる。

表3.7.2
1997年第1次大規模野外注入試験におけるハイブリッドシリカの固結土の三軸試験による経年1年ならびに12年の固結性の実証[173)]

【1年後】1998年	【12年後】2009年
三軸試験結果	三軸試験結果
$c = 0.64\mathrm{MN/m^2}$	$c = 0.61\mathrm{MN/m^2}$
$\phi = 56.5°$	$\phi = 62.1°$
一軸圧縮試験	一軸圧縮試験
$q_u = 4.4\mathrm{MN/m^2}$	$q_u = 4.9\mathrm{MN/m^2}$
原地盤の標準貫入試験	N ≒ 10　ϕ ≒ 30°

3）透水係数の経時変化

固結豊浦砂の透水係数はきわめて小さく、その経時変化はほとんどない。室内試験による固結豊浦砂の透水試験は、ほぼ$k = 10^{-7} \sim 10^{-8}$ cm/secを示した。

(2) 1999年第2次野外注入試験[67) 68) 70) 71) 73) 74) 75) 87) 90) 99) 100) 125) 170) 189)]

1）浸透固結性と固結形状の確認

写真3.7.8
ハイブリッドシリカ二重管複合注入工法（ユニパック工法、注入孔ピッチ1.5m）の浸透固結状況（1999年）[67)]

写真3.7.9
ハイブリッドシリカを用いたエキスパッカ工法による浸透固結状況(注入孔ピッチ1.5m)（1999年）[90)]

（a）単独固結体

（b）連結固結体

写真3.7.10
柱状浸透方式（エキスパッカ工法）によるハイブリッドシリカの固結体（1999年）[65]

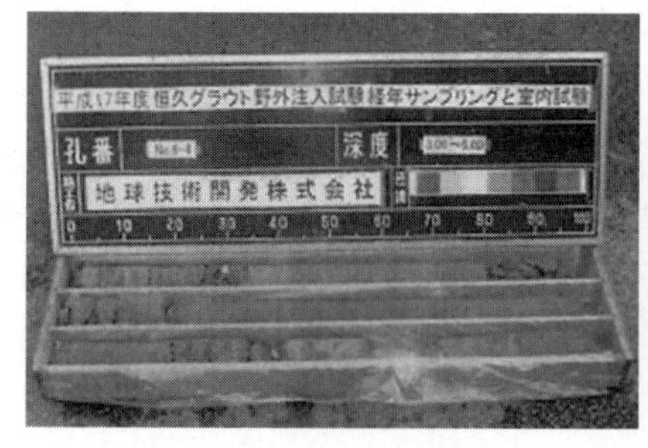

（a）経年6年（2005年）

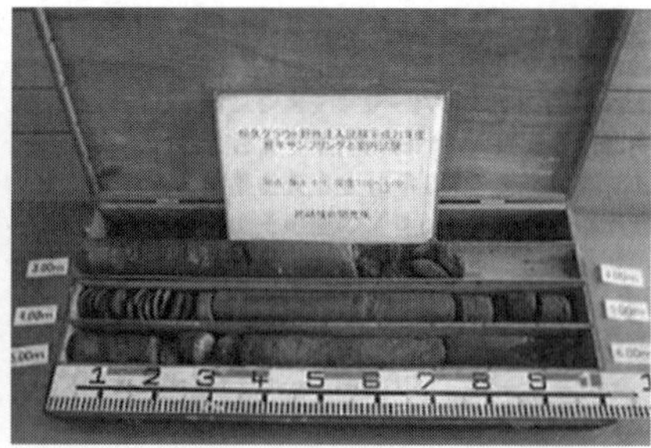

（b）（口絵21（a））経年10年（2009年）

写真3.7.11
ハイブリッドシリカによる固結地盤のコアサンプリング状況[125) 170)]

2）一軸圧縮試験結果

一軸圧縮試験は注入から1ヶ月経過と、1、3、6、10年経過の経年コアサンプリング試料について実施した。写真3.7.11にハイブリッドシリカを注入した地盤のコアサンプリング試料（経年6年、10年）を示す。コアは注入孔中心より0.5m、注入対象区間のGL－3.0～6.0mから採取した。コア採取率は平均70％でRQDは66％であった。

図3.7.4にハイブリッドシリカの経年強度変化を示す。一軸圧縮強度は1ヶ月から3年にかけ増加する傾向を示した。同図に変形係数を示す。図より、一軸圧縮強度は10年経過した後も十分な強度を維持していることが予測できる。

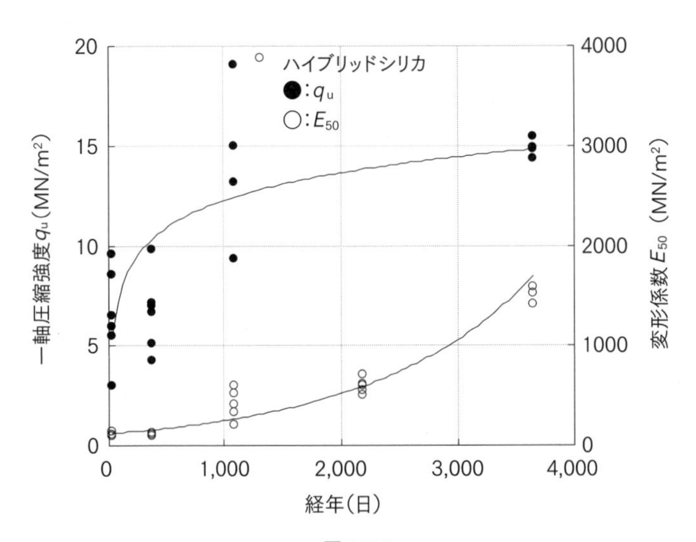

図3.7.4
写真3.7.1におけるハイブリッドシリカによる固結地盤の
経年固結性（1999～2009年）の実証（10年間）[170)]

第4章

恒久グラウト・本設注入工法のコンセプトと本設注入試験センター

4.1 恒久グラウト・本設注入工法の定義と恒久要件

恒久グラウト・本設注入は表2.1.1に示す本設注入の目的・効果を満たさなくてはならない。したがって、恒久グラウトは表4.1.1の恒久グラウト要件のみならず、表4.1.2の恒久グラウト・本設注入工法の定義を満たすものとする。

表4.1.1　恒久グラウト要件（米倉による）

分類	項目	要件	恒久グラウト
ホモゲルの耐久性	化学的安定性	シリカの溶脱が少ないこと	溶液型： 活性シリカコロイド系 活性複合シリカコロイド系（表2.2.1、表2.2.2、図2.2.1） 懸濁型： 超微粒子複合シリカ系
	物理的安定性	ゲルの体積変化が小さいこと	
注入固結砂（サンドゲル）の耐久性	強度	注入固結砂が強度低下しないこと シリカの溶脱が少ないこと	

注：懸濁型恒久グラウトについては5.2節を参照。

表4.1.2　恒久グラウト・本設注入工法の定義（米倉による）

恒久グラウト・本設注入工法の目的は、地盤に恒久土構造体を構築することである。そしてその注入固結体の各部位は、できるだけ均質で、かつ恒久的な性質を持っていなければならない。したがって、恒久グラウト・本設注入工法は以下の条件を満たさなくてはならない。

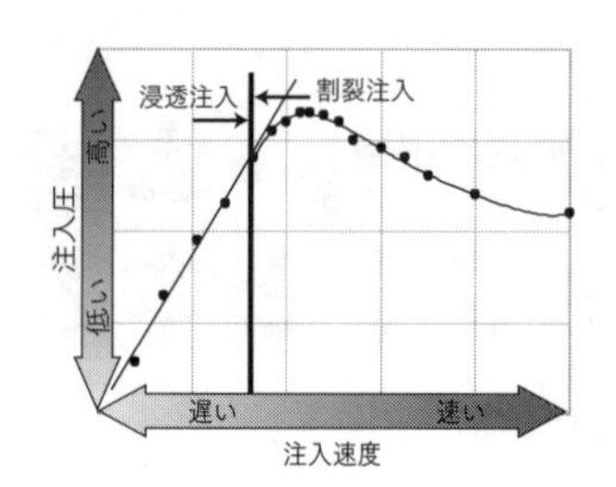

恒久グラウト注入工法における注入速度と注入圧による限界注入速度の求め方（米倉による）

①	恒久グラウト：表4.1.1の恒久グラウト要件を満たすこと。
②	恒久グラウト注入工法：土粒子間浸透を基本とし、注入速度と注入圧力が比例関係にある上図直線部分で注入されること。
③	環境条件に応じて対応できること。
④	室内実験による耐久性の実証がなされていること。
⑤	恒久グラウトと施工法を組み合わせた野外試験による浸透固結性と経年固結性の実証試験がなされていること。
⑥	室内実験や野外実績のみでは把握しきれない広範囲浸透固結性や液状化強度に関して、多数の施工実績や実際の地震後の追跡調査によって確認されていること。
⑦	配合設計：現場採取土注入設計法により所定の効果が得られる配合設計のもとに注入されること。
⑧	品質管理：事前の現場採取土配合注入設計法からのシリカ量分析と事後の採取土のシリカ量分析による地盤ケイ化評価法等による注入効果の確認法が行われること（コアボーリングができない場合）。

4.2 恒久グラウト・本設注入工法のコンセプトと本設注入試験センター
― 恒久グラウト・本設注入工法の三大要件と要素技術 ―

恒久グラウト・本設注入工法の定義（表4.1.2）を具現化するにあたって、多くの現場経験で直面した課題ごとに、産学協同研究により本設注入に必要な要素技術の研究開発が進められた。その結果、恒久グラウト・本設注入工法は、「互いに関連する三大要件とそれらを構成する要素技術からなり、それらを本設注入試験センター（写真4.2.1）で現場採取土を用いて、必要とする改良効果を得るための配合設計と注入地盤の効果の確認のための品質管理を行う統合技術である」というコンセプトの確立に至った（図4.2.1、表4.2.1）。以下に図4.2.1の各要件の関連性を説明する。

注入材は、恒久性が実証された恒久グラウト（表4.1.1、表4.1.2、表4.2.1要件Ⅰ）を用いて、限界圧力内で土粒子間浸透が可能な注入工法を用いなくてはならない。一方、大規模地盤改良工法として経済施工が必要であるが、削孔間隔を広げる（1.5 ～ 3m間隔）ことができれば、削孔本数を大幅に減らすことができる。これを可能にした工法が柱状浸透注入工法、あるいは超多点注入工法等による急速浸透注入工法であって、土粒子間浸透と工期の短縮を図ったものである（図4.2.6、表4.2.1要件Ⅱ、表7.6.1）。この場合、従来の仮設注入（注入孔間隔1.0m）と違って、注入ステージの注入量も注入所要時間もきわめて大きいから、長時間の連続注入が可能な耐久性にすぐれた超長時間ゲル化時間と、広範囲の安定した浸透固結性（脱アルカリとコロイド化）を持ち、かつ恒久性を発現する注入材であることが必要となる（図4.2.3、表4.2.1要件Ⅰ、第5章参照）。

耐久性のある超長時間ゲル化には、酸性領域のシリカ溶液でなくてはならない（図3.4.1、図3.4.2、図4.2.3）。一方、本設注入は既設構造物直下または近傍で用いられ、かつ永続的に影響するから、酸性注入材を用いる場合、コンクリート等既設構造物や水生生物等に対する環境保全性が重要になる（表4.2.1要件Ⅲ、第6章参照）。そこで、酸性シリカ溶液の土中構造物に対する影響を防ぐため、金属イオン封鎖剤を含む酸性中和剤を用いたマスキングシリカを用いる。マスキングシリカは、16年以上の研究によりハイドロキシアパタイトの結晶構造によるコンクリートの保護機能が実証されており[149]（写真4.2.2、図4.2.4）、パーマロック・ASFシリーズ（活性複合シリカコロイド）やハードライザーシリーズ[253]などに適用されている。またマスキングセパレート法により金属イオン封鎖剤を含むマスキングシリカ（マスキングバリア）を構造物直近に施工することで、酸性シリカ溶液の影響を低減する技術（図4.2.5）も実用化されている[179]。

活性複合シリカコロイドはシリカゾルに比べて同一pHに対してゲルタイムが長く、同一ゲルタイムに対して酸の使用量が少なくてすむため、環境保全の観点からも優れている[147]（図4.2.3）。そしてこれらの関連性を考慮したうえで、長期室内試験、野外実験（第3章)、液状化強度特性試験（第9章)、東日本大震災における確認調査（第10章）を含む多数の施工実績によるデータの蓄積と現場採取土を用いて総合的に判断する、試験研究機能を有する「本設注入試験センター」が設置されている（写真4.2.1、図4.2.1、図4.2.2)。本設注入試験センターでは、平成19 (2007) 年の開設以来、100件以上の施工実績によるデータの蓄積と、所定の液状化強度を得るための現場採取土を用いた注入液配合設計法による供試体の作製や強度試験、シリカ量の分析等を行い（9.6.5項、9.6.6項参照)、施工会社ならびに企業主に必要なデータの提供やコンサルティングを行っている。現場採取土注入液配合設計時の供試体のシリカ量の分析と改良地盤から可溶性SiO_2濃度を測定し、改良効果を推定する地盤ケイ化評価法が実用化されている（9.6.6項、9.8節、9.8.1項（6）参照)。

以上から、本設注入は現場ごとに異なる地盤条件下で改良効果を要求される、化学反応を伴う地盤改良技術であるから、材料と工法が独立している技術ではなく、互いに関連する三大要件「注入材」「工法」「環境」と各要件を構成する要素技術を本設注入試験センターで一体化した統合技術（図4.2.1）であるといえる。これによって注入目的に対応した設計・施工が行われ、施工地盤の品質管理が可能になる。

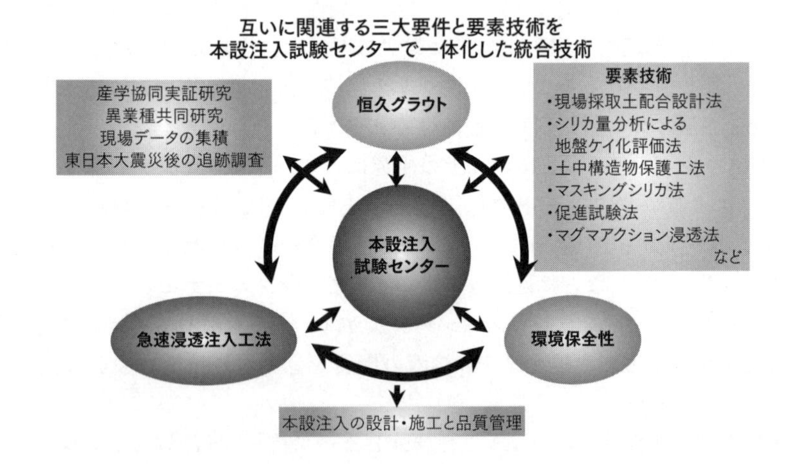

図4.2.1（口絵22）
恒久グラウト・本設注入工法のコンセプトと本設注入試験センター（米倉、島田による）[117)]

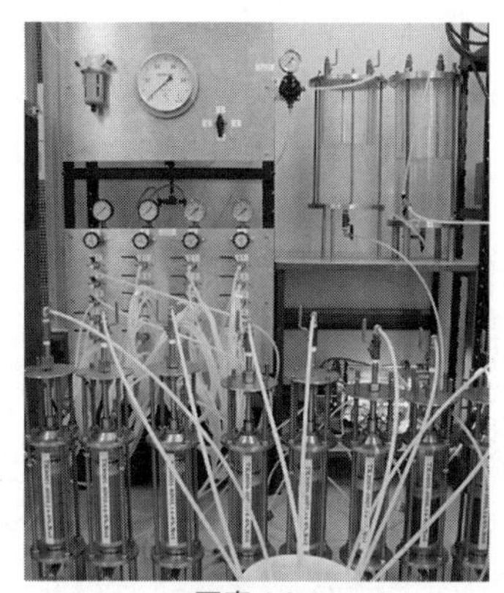

写真4.2.1
本設注入試験センターでの現場採取土を用いた浸透試験固結試験と配合設計（60供試体（拘束圧4種×配合5種×3個）連続作製装置による拘束圧下での浸透注入状況）

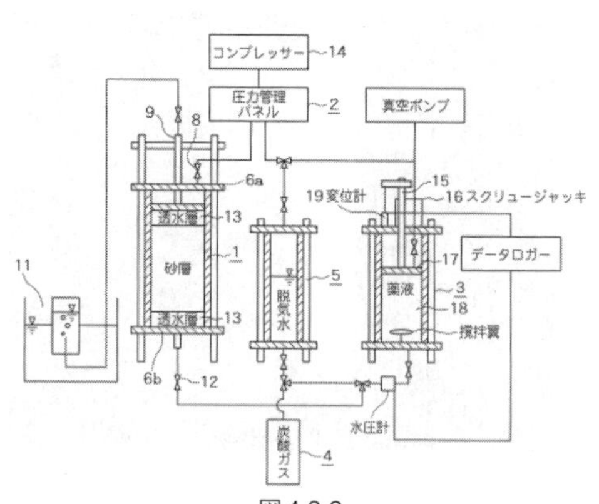

図4.2.2
供試体作製装置

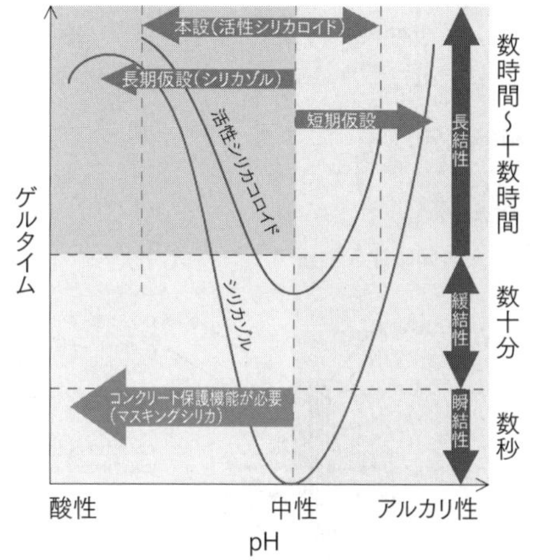

浸透注入には脱アルカリによる長時間ゲル化が必要
脱アルカリには酸を用いる

シリカゾル — 脱アルカリ＋ゾル化
活性シリカコロイド
活性複合シリカコロイド ］脱アルカリ＋コロイド化

マスキングシリカ：酸性中和剤として金属イオン封鎖材を含むマスキング中和剤を用いた酸性シリカ溶液でコンクリートの保護機能をもつ

活性複合シリカコロイド

●同一 pH に対しゲルタイムが長い
●同一ゲルタイムに対し酸の使用量が少ない

図4.2.3（口絵2）
シリカグラウトのゲルタイム、pH、耐久性の関係と環境保全性

モルタル供試体と同体積の金属イオン封鎖剤含有パーマロックのゲル中に養生して､マスキングシリカが形成されたモルタル供試体の表面。ハイドロキシアパタイトの不溶性被膜（マスキングバリア）の形成によるコンクリート保護機能を確認。

写真4.2.2（口絵25）
マスキングシリカが形成されたモルタル供試体の表面[148)]

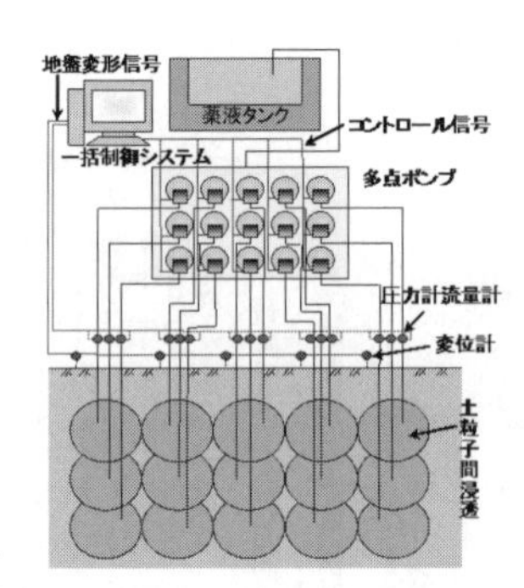

(a)超多点注入工法･多点同時注入工法

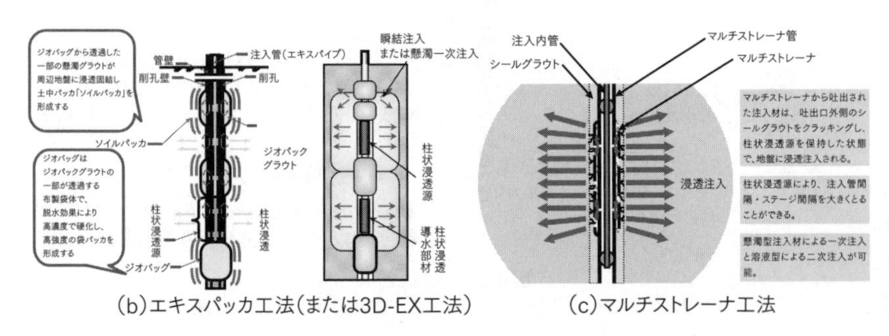

(b)エキスパッカ工法(または3D-EX工法)　(c)マルチストレーナ工法

図4.2.6（口絵18）急速浸透注入工法

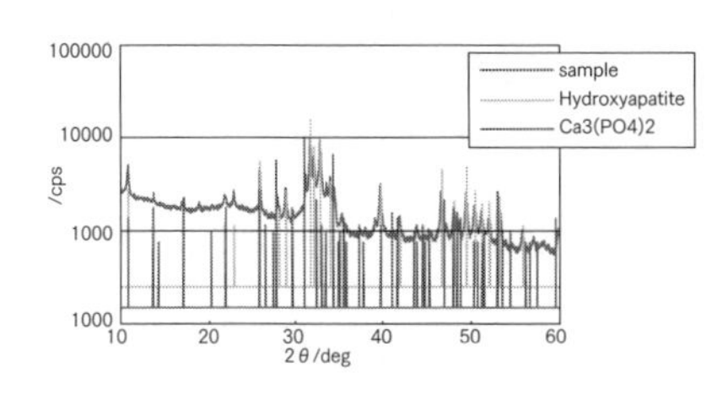

図4.2.4（口絵26）
コンクリート表面に生成した
ハイドロキシアパタイトからなる
マスキングシリカのX線回折[144) 173) 255)]

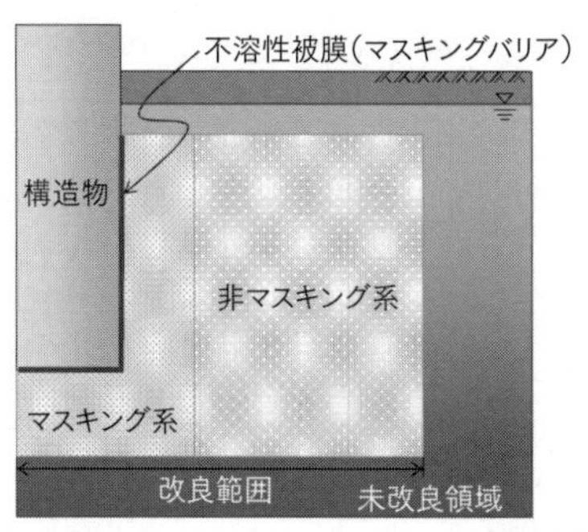

図4.2.5　マスキングセパレート工法概念図

表4.2.1
恒久グラウト本設注入工法の確立―三大要件と要素技術―[230)]

<table>
<tr><th colspan="3">三大要件</th><th>要素技術</th></tr>
<tr><td rowspan="9">恒久グラウトと恒久性の実証</td><td rowspan="9">要件Ⅰ</td><td rowspan="2">恒久グラウト</td><td>恒久性のメカニズム（脱アルカリとコロイド化）の解明、耐久性の試験方法の確立、恒久性の実証。</td></tr>
<tr><td>恒久固結と恒久止水、液状化対策を目的とする。
「活性シリカコロイド」「活性複合シリカコロイド」：パーマロックシリーズ
基礎の高強度恒久補強を目的とする。
「超微粒子複合シリカグラウト」：ハイブリッドシリカシリーズ</td></tr>
<tr><td>①化学的安定性</td><td>脱アルカリによりシリカの溶脱がほとんどない（化学的安定性）。</td></tr>
<tr><td>②構造的安定性</td><td>コロイド化によりゲルの構造が安定している（構造的安定性）。ゲルの体積変化が小さい。
大きな注入孔間隔における広範囲安定固結性。</td></tr>
<tr><td>③強度の持続性</td><td>室内試験での長期耐久性の実証
野外注入試験による広範囲浸透固結性と経年固結性の実証</td></tr>
<tr><td>④注入材を併用(一次、二次注入)する場合の相性特性について</td><td>低アルカリ懸濁型グラウト「ジオパックグラウト」によるシールグラウト
一次注入：ジオパックグラウトまたはCB</td></tr>
<tr><td>⑤注入目的に対する対応性</td><td rowspan="2">本設注入試験センターによる現場土配合注入設計
多数の施工実績に基づくデータの集積
東日本大震災後の注入地盤の追跡調査</td></tr>
<tr><td>⑥地盤条件に対する対応性</td></tr>
<tr><td>⑦浸透水圧に対する耐久性</td><td>コロイド化の効果</td></tr>
</table>

三大要件			要素技術
急速浸透注入工法	要件Ⅱ	注入効果の信頼性と経済性を両立する施工技術の確立	地盤を乱さず、確実に土粒子間へ急速に浸透させる工法の開発。 • 三次元同時多点注入：「超多点注入工法」「多点同時注入工法」 • 柱状浸透注入：「エキスパッカ工法」「マルチストレーナ工法」 • 三次元同時注入システム：「3Dシステム」「多連システム」「スリーPシステム」 • マグマアクション浸透固結法
		調査法、注入設計法の確立	効果確認実験のデータの蓄積と解析 室内浸透固結試験による確認 注入地盤における改良効果の確認法
		施工管理システム	一括管理システムの導入
		広範囲安定固結性と経年固結性	土粒子間浸透注入工法を用いた長い注入孔間隔での広範囲浸透固結性と経年固結性が、長期野外試験や実施工により実証されている。 多様な地盤条件に対する浸透固結性の、各種現場採取土を用いた室内浸透試験や野外注入試験、施工後のサンプリング調査による確認。 実際の大地震後の追跡調査による確認。
		液状化対策工の実績 実際の地震の前後における液状化防止効果の確認	種々の地盤条件における液状化強度が、室内試験、野外試験、実施工によって確認されている。 室内試験や野外試験のみでは把握しきれない耐震効果が実際の地震災害（東日本大震災）の追跡調査によって実証されている。 地震前の野外注入現場における液状化強度の地震後の持続性が確認されている。
環境保全性	要件Ⅲ	環境保全性	地中コンクリート構造物に対する安全性： 「マスキングシリカ法」「マスキングセパレート法」 水生生物に対する安全性 環境条件に対する対応性 水質に対する安全性
本設注入試験センター		互いに関連する恒久グラウト・急速浸透注入工法・環境保全性の三大要件とそれを構成する要素技術と品質管理を本設注入試験センターで統合技術として一体化	現場採取土配合設計法 シリカ量分析による注入地盤の地盤ケイ化評価法 現場採取土による配合設計時のシリカ量の分析と注入地盤におけるシリカの含有量の分析による、改良効果の確認法の確立と品質管理 本設注入試験センターにおける、種々の地盤条件における多数の施工実績によるデータの蓄積

第5章
恒久グラウト

5.1 活性シリカコロイド「パーマロックシリーズ」

5.1.1 パーマロック・AT、Hi、ASFの種類と特性

恒久グラウト注入工法に用いる溶液型グラウト活性シリカコロイド（パーマロックAT、Hi、ASF）の種類とその特徴を表5.1.1に示す。

5.1.2 パーマロック・ASFⅡシリーズの種類と特性

恒久グラウト注入工法に用いる溶液型グラウト活性複合シリカコロイド（パーマロック・ASF-Ⅱシリーズ）の種類とその特徴を表5.1.2に示す。

表5.1.1　パーマロックの種類と特性

項目	パーマロック・AT	パーマロック・Hi	パーマロック・ASF
主材	AT-30		ASFシリカ-30
反応剤（ゲルタイム調整）	PRアクターNS		
シリカ濃度	15～20%	20～30%	5～30%
サンドゲル改良強度（目安）	q_u = 0.2MN/m^2 （D_r = 60%、 豊浦砂の場合） SiO_2：15%	q_u = 1.5MN/m^2 （D_r = 60%、 豊浦砂の場合） SiO_2：25% 1,000日	q_u = 0.2MN/m^2 （D_r = 60%、 豊浦砂の場合） SiO_2：6%
改良目的と効果	• 長時間ゲル化が可能で浸透性に優れ、かつゲル化物は無収縮性でシリカの溶脱はほとんどなく長期耐久性に優れている。 • 砂質土の恒久地盤改良、岩盤亀裂の恒久止水、液状化防止、環境保全性、作業の安全性、地下水の流動に対する安全性と耐水性に優れている。		
ゲルタイム	ゲルタイムは反応剤の量により容易に設定することが可能。		
安全性と環境保全性	• 使用材料は無機物で薬液注入工事に関する暫定指針に適合し、フッ素化合物・劇毒物・重金属類は含まれていない。 • 主剤は純粋のシリカからなり反応剤は中性塩であるため、コンクリート等、地中構造物への影響はない。このため水質保全性に優れ、環境に対して最も安全性が高い注入材である。 • 固形物はほぼ中性付近にあるため、周辺地盤および地下水に対するCOD、BODに関する問題はない。		
適用工法	二重管ダブルパッカ工法、エキスパッカ工法、超多点注入工法、マルチストレーナ工法、スリーPシステム、二重管複合注入工法		
作業性	施工性、安全性が最も高い。		
反応機構	水ガラスのアルカリをイオン交換法によって除去して得られた活性シリカを増粒、安定化したシリカコロイドをベースにした高濃度の活性シリカコロイド系グラウト。コロイドのシラノール基がシロキサン結合によりシリカ硬化物を形成する。		

表5.1.3　使用材料の性状

	比重	pH	外観
ASFシリカ-30	1.21	9~10	淡白色液体
PRシリカ	1.32	11.5	粘性のある
ASFアクターM	1.58	1以下	無色透明液体
ASFアクターMS	1.63	1以下	無色透明液体

表5.1.2　パーマロック・ASFⅡの種類と特性

項目	パーマロック・ASF-Ⅱ	パーマロック・ASF-Ⅱα	パーマロック・ASF-Ⅱδ	パーマロック・ASF-HiⅡα	パーマロック・ASF-HiⅡδ
主材	ASFシリカ-6、ASFシリカ-30、PRシリカ			ASFシリカ-30、PRシリカ	
反応剤（ゲルタイム調整）	ASFアクターM	ASFアクターMS	ASFアクターδ	ASFアクターMS	ASFアクターδ
シリカ濃度	4～12%			12～20%	
サンドゲル改良強度（目安）	$q_u = 100 \sim 300$ kN/m^2 （$D_r = 40 \sim 80$%、豊浦砂の場合）			$q_u = 800 \sim 1{,}400$ kN/m^2 （$D_r = 60$%、豊浦砂の場合）	
改良効果	同一のシリカ濃度であれば得られる改良効果は同等。				
ゲルタイム	ゲルタイムは反応剤の量により容易に設定することが可能。				
安全性	• 使用材料は無機物で薬液注入工事に関する暫定指針に適合し、フッ素化合物・劇毒物・重金属類は含まれていない。 • 固形物はほぼ中性付近にあるため、周辺地盤および地下水に対するCOD、BODに関する問題はない。 • 海産淡水生物への安全性が確認されている。※1 • ASFアクターM・ASFアクターMSには、アルカリ土金属と不溶性被膜を形成する金属イオン封鎖剤が含まれていることにより、コンクリート構造物に対して安全性が高い注入材である（※2　マスキング効果について）。				
適用工法	二重管ダブルパッカ工法、エキスパッカ工法、超多点注入工法、 マルチストレーナ工法、スリーPシステム、二重管複合注入工法				
作業性	多価酸であるASFアクターMを使用するため、この添加量に対するpHの変動が緩やかであり、ゲルタイムの調整が容易である。	ASFアクターMSは、ASFアクターMと比較して添加量に対するpHの変動が大きくなる。	ASFアクターδは、ASFアクターMSと比較して添加量に対するpHの変動が大きくなる。	高強度タイプ	
反応機構	水ガラスのアルカリをイオン交換法によって除去して得られた活性シリカを増粒、安定化したシリカコロイドと溶液型シリカの小さなシリカからなる非アルカリ性複合シリカコロイドをベースとした低濃度の活性シリカコロイド系グラウト。シリカコロイドのシラノール基がシロキサン結合によりシリカ硬化物を形成する。				

※1　6.2節参照
※2　6.3節参照

5.1.3 活性複合シリカコロイド[81]の地盤改良効果

活性複合シリカコロイド（パーマロック・ASF-IIシリーズ）は、その配合によって地盤条件、注入目的、施工条件、環境条件への対応に優れ、液状化対策工の主流となっている。以下に説明する。

活性複合シリカは、活性シリカコロイドとこれに小さなシリカ（特殊ケイ酸ナトリウム）からなる複合シリカが主材となる。固結した注入材は酸性〜中性を示すため、シリカが再溶解する量はきわめて少ない。また、改良効果（強度）は、主材のゲルによる粘着力の付与の他、小さなシリカのシロキサン結合の進行に伴う体積変化によって、土粒子を拘束する効果による。さらには、活性複合シリカに含まれる活性シリカコロイドがゲル化中で骨格構造を形成し、体積収縮量を調整する役割を担っているため、活性複合シリカは過剰な体積変化を生じない（図5.1.1中、400日以降、体積変化8％程度に収束）。そのため、経時的に改良効果（強度）が安定する傾向を示す。表5.1.2に示すように、活性複合シリカコロイドは全シリカ濃度と複合シリカの配合構成を調整して注入目的ならびに地盤条件に応じた種々の対応ができることが大きな特徴である。

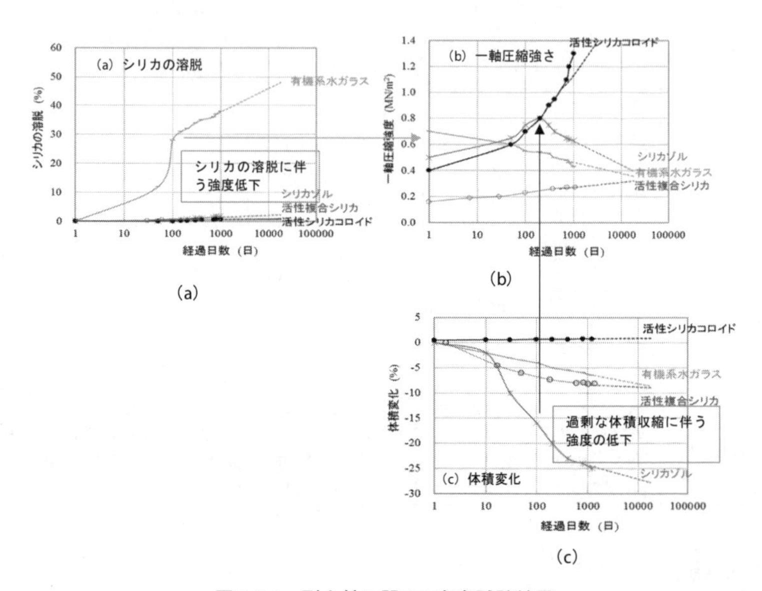

図5.1.1 耐久性に関する室内試験結果

液状化対策工に用いる活性複合シリカコロイドは、注入目的に最適のシリカ濃度と超長時間ゲル化（十数時間）と強度（0.1 ～ 0.5MN/m²）を得ることができるが、現場土の改良強度は後述のように土質条件等によって異なるため（9.6.5項参照）、シリカ濃度と複合シリカの配合構成は現場採取土による事前配合試験によって決定することができる。液状化対策工においては、十数時間のゲル化時間を保持したまま10時間位上の連続注入で1.5 ～ 3mの広範囲浸透固結体の形成、大容量土の恒久地盤改良に適用されている。またシリカ濃度を高くすることにより、巨大地震に対する液状化対策工にも適用できる（図5.1.4）。

(1) 特徴

活性シリカコロイド（図3.3.4）は長期にわたって強度が増加し続けるが、初期の強度発現が遅い。その点を改良したものが活性複合シリカコロイドである（図3.3.5）。活性複合シリカコロイドは粒径が大きなシリカと小さなシリカからなり、小さなシリカは初期強度の発現に、大きなシリカは安定したゲルの構造を形成することに寄与している。活性シリカコロイドと活性複合シリカコロイドを総称して、「活性シリカコロイド系注入材（恒久グラウト）」と呼ばれている。

(2) 強度

活性複合シリカコロイドの強度を図5.1.2、図5.1.3に示す。

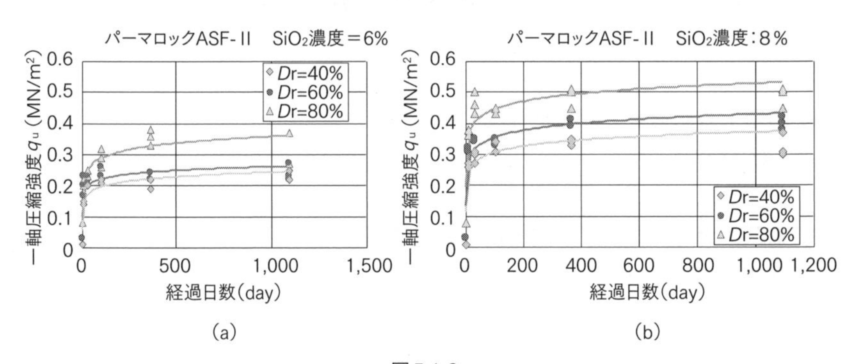

図5.1.2
活性複合シリカコロイド（パーマロック・ASF-IIシリーズ）による固結豊浦砂の強度変化

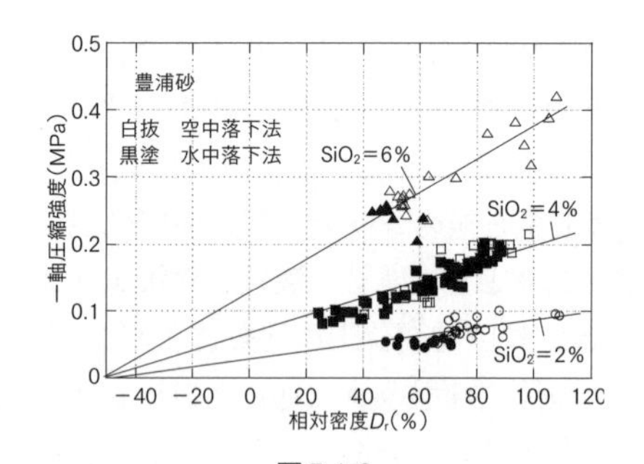

図5.1.3
パーマロック・ASF-Ⅱによる固結豊浦砂の一軸圧縮強度と相対密度の関係（社本らによる）[106)]

(3) サンドゲルの透水係数

サンドゲルの透水係数の経時変化を表5.1.3に示す。

表5.1.3
液状化対策に用いる活性複合シリカコロイドによる固結豊浦砂の透水性の透水係数
（SiO_2濃度6%、標準養生）（提供：東京都市大学）

透水係数（cm/sec）			
7日養生供試体	28日養生供試体	3ヶ月養生供試体	6ヶ月養生供試体
5.91×10^{-7}	2.47×10^{-7}	1.21×10^{-7}	1.13×10^{-7}

(4) 大規模野外注入試験による浸透固結性と経年固結性の実証

3.7節参照。

(5) 固結土の耐震性と液状化強度

第8章、第9章参照。

(6) 東日本大震災における施工現場の追跡調査結果

第10章参照。

(7) 環境保全性

第6章参照。

5.1.4 高強度活性複合シリカコロイド

今後想定される巨大地震や、重要建造物の高強度耐震補強、大深度地下開発の掘削工事において、高強度地盤改良が要求されるようになってきた。そのような要求に対応するために開発された高濃度活性シリカ製造装置（写真5.1.1、写真5.1.2）による活性複合シリカコロイド「パーマロック・ASF-Hiシリーズ」の特性を、図5.1.4～図5.1.7、表5.1.4に示す。

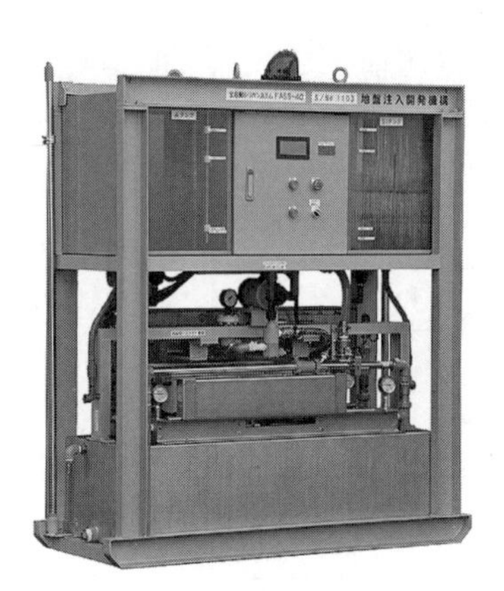

写真5.1.1
製造装置（FASS）

写真5.1.2
1m浸透試験状況

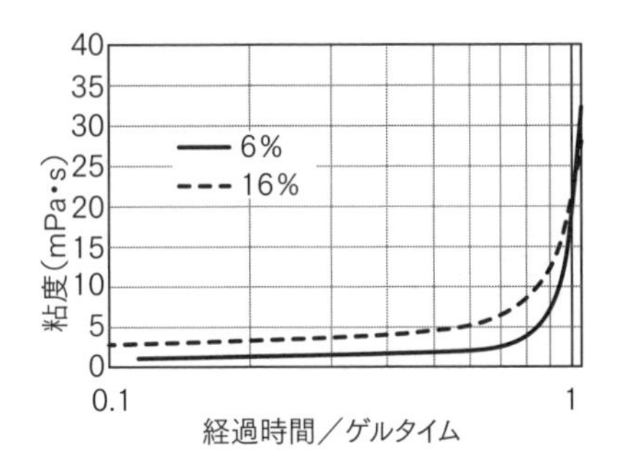

図5.1.4
ゲル化までの粘性の変化

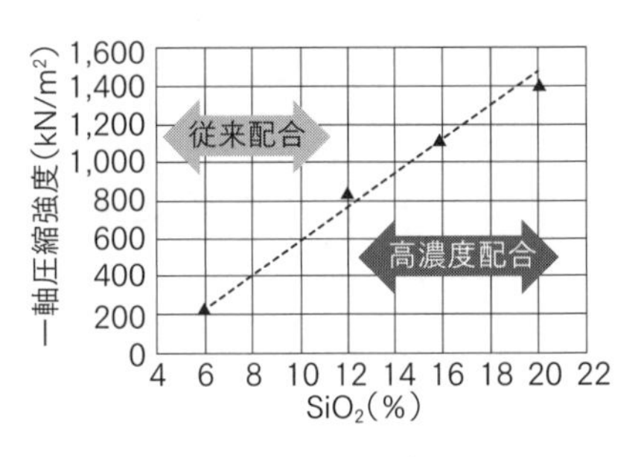

図5.1.5
シリカ濃度別の一軸圧縮強度の関係（混合法）

表5.1.4 高強度活性複合シリカコロイドの物性

シリカ濃度（%）	初期粘度（mPa・s）	ゲルタイム（分）
6	1.31	1047
12	1.29	180
14	1.91	180
16	1.93	225
18	3.97	120
20	3.63	90

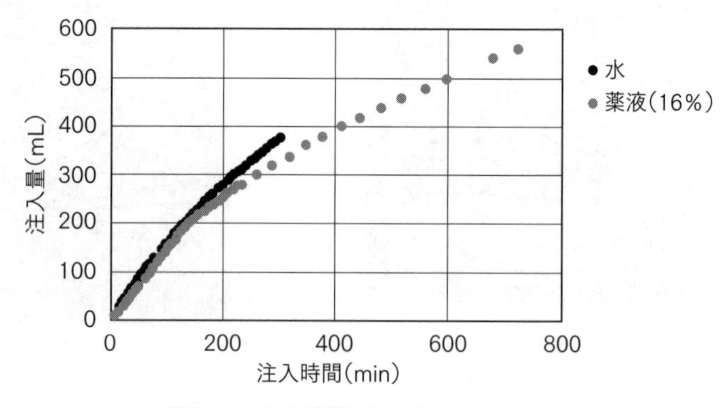

図5.1.6 注入時間と注入量

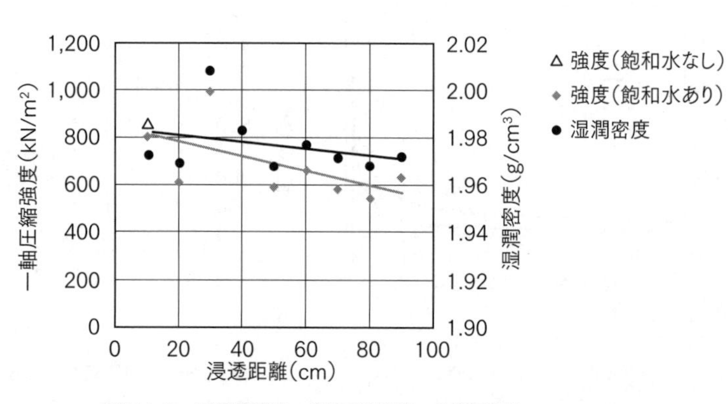

図5.1.7 浸透距離と一軸圧縮強度・湿潤密度

5.2 超微粒子複合シリカ「ハイブリッドシリカシリーズ」

(1) ハイブリッドシリカの種類

恒久グラウト注入工法および高強度地盤改良に用いる懸濁型恒久グラウトの種類と特徴を表5.2.1に示す。

表5.2.1　ハイブリッドシリカの種類

項目	L-1	M-2	GE
主材	ハイブリッダー、HBシリカ35、HBシリカ40		ハイブリッダーGE、HBシリカ-30
反応剤（ゲルタイム調整）	HBアクターA HBアクターC	HBアクターA HBアクターC HBアクターD	HBアクターA
サンドゲル改良強度（目安）	$q_u = 1 \sim 3MN/m^2$		
ゲルタイム	ゲルタイムは反応剤の量により容易に設定することが可能		
反応機構	超微粒子カルシウムシリケートと水溶性シリカ（アルカリ性シリカ）が反応し、複合カルシウムシリケートの水和硬化物を形成する（瞬結～長結、調整可）。		自硬性超微粒子カルシウムシリケートと溶液型シリカ（中性シリカコロイド）が反応し、複合カルシウムシリケートの水和硬化物を形成する（長時間ゲル化）。
安全性	• 使用材料は無機物で薬液注入工事に関する暫定指針に適合し、フッ素化合物・劇毒物・重金属類は含まれていない。 • 固形物はほぼ中性付近にあるため、周辺地盤および地下水に対するCOD、BODに関する問題はない。		
適用工法	二重管複合注入工法、二重管ダブルパッカ工法、エキスパッカ工法、超多点注入工法、マルチストレーナ工法		

(2) 特徴

従来の水ガラス懸濁型注入材の代表的なものとしてLWがあるが、このゲル化原理はセメント中のCa、Alと水ガラスのNaが置換反応を生じ、その後、セメントの水和反応による硬化を期待するものである。しかし、結晶中のCa、Alが少なく、これらが水ガラスのシリカとの反応に消費されるため、水和反応が不十分となり、長期強度の耐久性が損なわれる（図5.2.2）。また、セメント量を増やすと施工に必要なゲルタイムを得られなくなる。

そこで、これらの欠点を補い開発された超微粒子複合シリカは、以下の特徴を有することにより、懸濁型グラウトとしての耐久性が向上された（図5.2.2）。

- 溶液型シリカと超微粒子シリカにより密実な複合シリカを形成する
- 超微粒子シリカにはセメントよりもCa、Alが多く含まれる
- 溶液型シリカによりゲルタイムを任意に設定できる
- 超微粒子化することにより高い浸透性を確保する（表5.2.2）
- 超微粒子シリカと溶液型シリカによるゲル化と水和結晶により耐久性を付与する

表5.2.2　懸濁型グラウトの粒径

	比表面積（cm^2/g）
普通ポルトランドセメント	3,000 ～ 4,000
微粒子セメント	5,000 ～ 6,000
超微粒子セメント	8,000 ～ 9,000
超微粒子シリカ（ハイブリッドシリカ）	10,000 ～ 11,000

超微粒子複合シリカグラウト（ハイブリッドシリカ）は図5.2.1に示すように、超微粒子シリカと溶液型シリカからなる複合シリカであって、一次反応として溶液型シリカのNaと超微粒子シリカに含まれるCaが置換反応し、ハイブリッドシリカゾルを形成してゲル化機能を発現する。ゲル化後、二次反応として超微粒子複合シリカの水和反応の進行によりカルシウムアルミノシリケート硬化物の結晶構造を形成する。

(3) 強度特性

掘削現場（写真3.7.7（a））から採取した、超微粒子複合シリカにより固結した土の三軸試験結果より、粘着力の増加のみならず、内部摩擦角が大幅に改

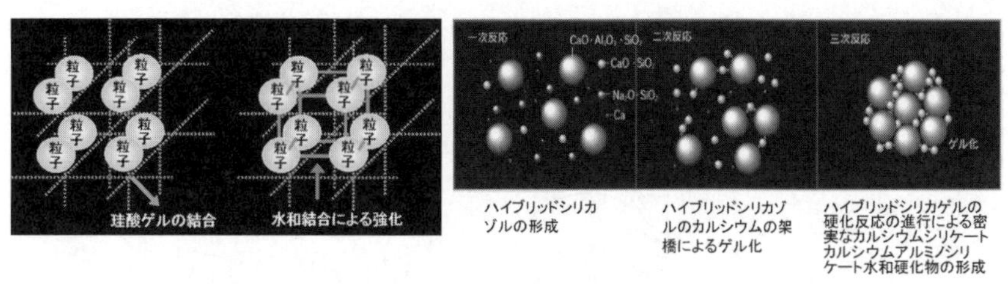

(a)ハイブリッドシリカの恒久原理;水和反応

(b)(口絵12)ハイブリッドシリカ反応概念

3~4mμの超微粒子シリカと0.1~10nmの溶液シリカからなる複合シリカのゲル化と水和結合

(c)ハイブリッドシリカ固結物のX線回折結果(スペクトルに鋭いピーク)

(d)(口絵13)ハイブリッドシリカの固結物の走査型電子顕微鏡写真(10,000倍)(結晶化が進んでいる)(神奈川工科大学)

図5.2.1 ハイブリッドシリカの恒久原理

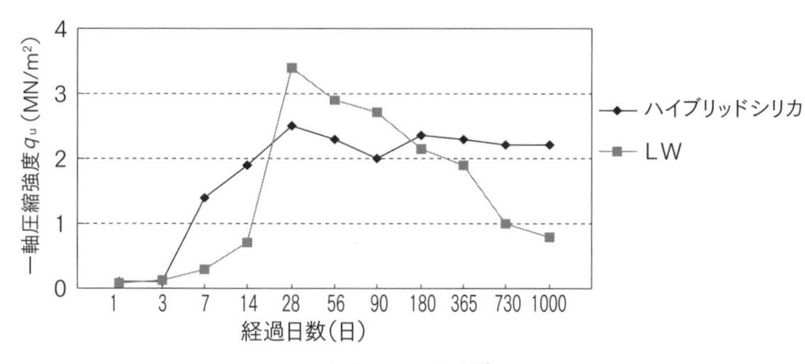

図5.2.2 固結砂の長期強度[75)]

善されていることからも水和反応による結晶構造(図5.2.1)が形成されて恒久地盤強化がなされていることがわかった(図5.2.3)。

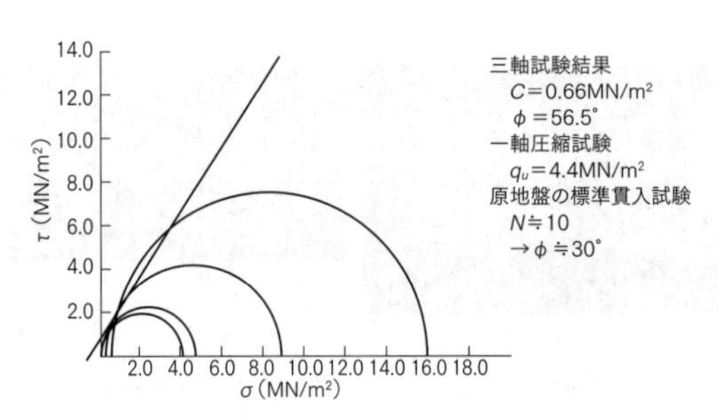

図5.2.3 三軸試験結果(写真3.7.7の掘削現場からのハイブリッドシリカによる採取固結試料による)[62]

(4) ハイブリッドシリカの固結物の耐久性の室内試験による実証

ハイブリッドシリカの固結物は一軸圧縮強さ3.0～7.0MN/m²付近の高強度を呈し、劣化は見られない(図5.2.4)。その強度は、水和反応の進展によって約1ヶ月後に最終強度近くになる(写真5.2.2、写真5.2.3、図5.2.6～5.2.8)。水和結晶物であるので、体積変化や水中養生中の成分の溶出なども生じない安定した固結物となっている。

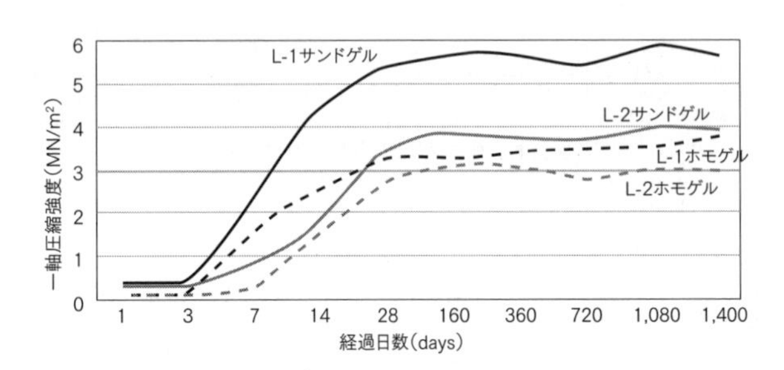

図5.2.4 ハイブリッドシリカの耐久性一軸圧縮強さの経日変化

1) 一軸圧縮強度

ホモゲルの圧縮強度は、薬液注入28日でほぼ最高値に近い値となる。1,000日の経時変化中も強度低下はなく、微少ではあるが強度は増加傾向にある。

2) 三軸試験

図5.2.3、表3.7.2は、ハイブリッドシリカを注入した地盤からのサンプリング試料の三軸試験結果を示す。これより、セメントによる固結体と類

似の水和反応による固結特性を示すことがわかる。

3) 透水係数の経時変化

固結標準砂の透水係数はきわめて小さく、その経時変化はほとんどない。室内試験による固結標準砂の透水試験結果は、ほぼ$k=10^{-7}\sim10^{-8}$ cm/secを示す。

表5.2.3 室内注入試験結果[62]

注入材	対象砂	注入前 透水係数（cm/s）	浸透長（cm）
普通ポルトランドセメント懸濁液	豊浦砂	2.2×10^{-2}	8
ハイブリッドシリカL-2	豊浦砂	3.1×10^{-2}	90以上
	現地採取砂	2.1×10^{-3}	90以上
		8.2×10^{-4}	90※

※一部割裂注入

(5) 浸透特性

1) 注入液の浸透固結性

超微粒子複合シリカに用いる超微粒子シリカは、代表的な懸濁系グラウトに比べ粒径が小さいため、浸透性に優れた注入材であるといえる（表5.2.2）。また、室内一次元浸透試験を行った結果、透水係数が10^{-3}cm/sec前後の砂に対して十分に浸透し、浸透距離が1～1.5mでも十分な固結強度が得られる（表5.2.3、図5.2.5、図5.2.6、図5.2.10、写真3.7.8～写真3.7.10）。

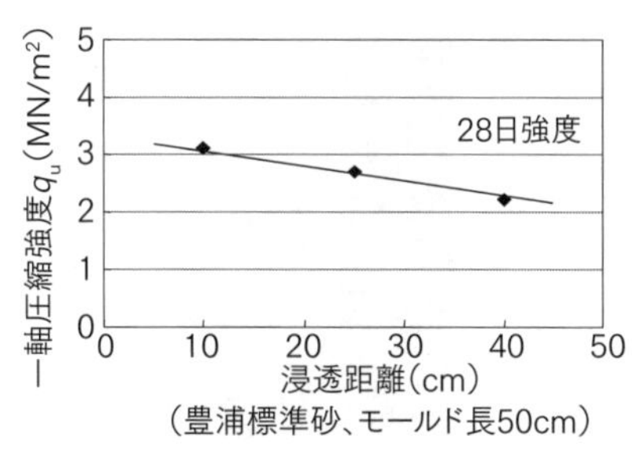

図5.2.5 超微粒子複合シリカグラウトの室内一次元浸透固結試験[90]

2）野外注入試験による浸透固結性

3.7.2項参照。

3）ハイブリッドシリカの水和反応による強度発現の挙動と養生期間

ハイブリッドシリカは水和反応により強度発現するので、注入効果の確認は注入後養生期間（通常28日以上）を十分おいてからとなる。

①浸透固結法による固結体の強度発現の挙動と強度分布

写真5.2.1に示す一次元浸透装置（長さ2m）を用いて現場採取試料に対するハイブリッドシリカの浸透試験を行い、色調の変化と強度分布の変化を調べた。写真5.2.2に注入後12日目の2mのサンドゲルの色調の変化を示す。浸透固結法によるサンドゲルは浸透源に近いほど色調が濃く、遠くなるほど淡い。すなわち、浸透源に近いほど短期間に水和反応が進行して高強度を呈し、遠くなるほど強度は低くなり、かつ水和反応を終了するのに日数を多く要する。

②ホモゲルとサンドゲルの強度発現の違い

小型モールドを用いてホモゲルと現場採取砂を混合法で固結した固結体の強度と色調の経時的変化を、図5.2.6～図5.2.8に示す。これより、超微粒子複合シリカはホモゲルとサンドゲルとで強度発現の挙動に差異があ

写真5.2.1 ハイブリッドシリカの一次元モデル注入実験[101]

※2m注入後経時的に青色の領域が注入孔から上方に広がっていく

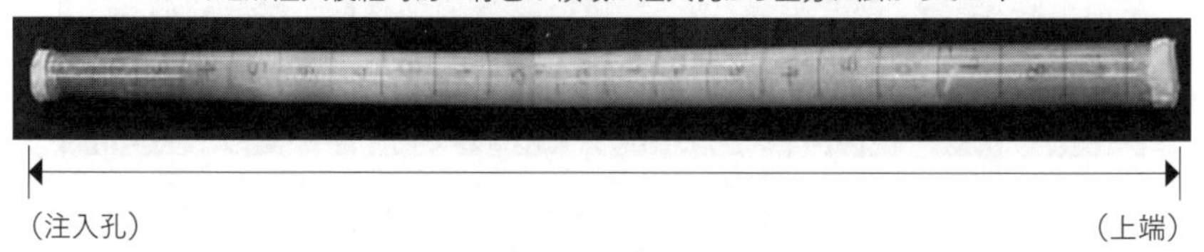

（注入孔）　　（上端）

写真5.2.2（口絵14）
ハイブリッドシリカの浸透固結体における水和反応の進行による変色状況
（島田、小山らによる）[95]

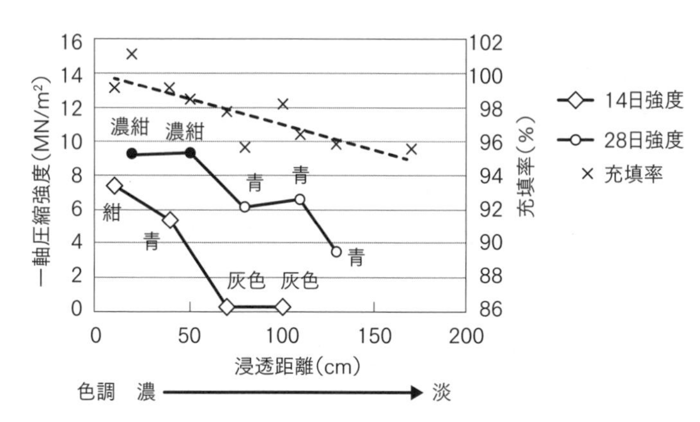

図5.2.6　現場採取砂の浸透試験による強度分布（島田、小山らによる）[95]

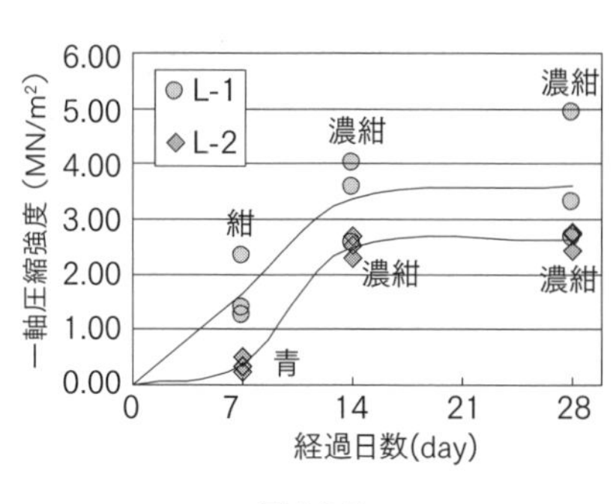

図5.2.7
ホモゲル強度の経時変化[95]

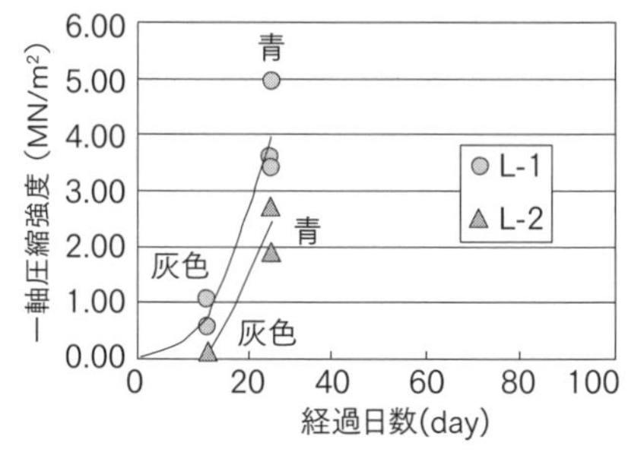

図5.2.8
混合法による現場採取砂のサンドゲル強度の経時変化[95]

写真5.2.3（口絵15）ハイブリッドシリカのホモゲル、サンドゲルの水和反応の進行による変色状況（島田、小山による）[95]

り、ホモゲルは固結後14日でほぼ最終強度に達し、その後緩やかな増加傾向を示すのに対し（図5.2.7)、サンドゲルは14～28日の間に急激に強度増加し、その後も増加傾向を示す（図5.2.8)。サンドゲルの場合、土粒子を取り込みながら水和反応が進行するため、ホモゲルに比べて反応が遅くなるためと思われる。

③強度発現に対応した色調の変化

固結体は淡い青色から濃紺まで色調が変化するが、色が濃くなるほど水和結合の進行により高強度を呈する（写真5.2.2、写真5.2.3)。

(6) 超微粒子複合シリカグラウト「ハイブリッドシリカ・GE」のゲル化のメカニズムと特徴

1）基本原理

自硬性の超微粒子カルシウムアルミノシリケートと中性の活性シリカコロイドを複合したもので、超微粒子複合シリカコロイドが形成され、時間の経過とともに全配合液がゲル化し、最終的にその水硬性によって強固なシリカ硬化物を形成する。

2）特徴

①注入液の特徴

活性シリカコロイドは直径が10～20nmで超微粒子カルシウムシリケートのブレーン比表面積は10,000～11,000cm^2/g、平均粒径3.8μmであって浸透性に優れている。注入液の固結試験結果を図5.2.9に示す。また、ゲル化は数十分から数時間で生じ、長時間硬化であって広範囲固結に適している。

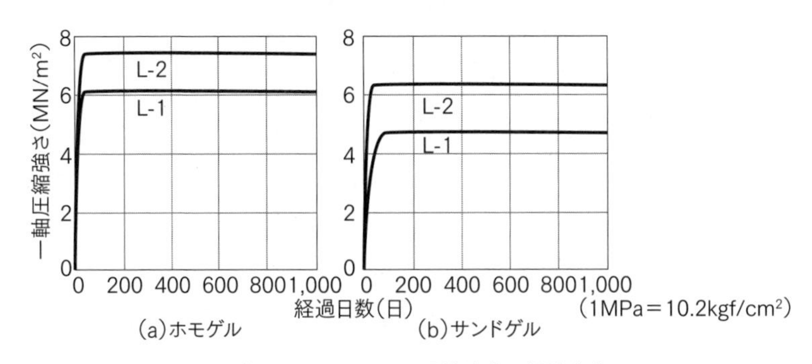

図5.2.9 ハイブリッドシリカ・GEの固結強度の経時変化

②固結物の耐久性

硬化物はカルシウムシリケートからなる水和硬化物であり、硬化物の収縮や強度の低下もなく、化学的にきわめて安定している（図5.2.9)。

③固結体の特性

- ホモゲルが28日強度で6～8MN/m^2、サンドゲルで4～7MN/m^2という高強度が得られる（図5.2.9)。
- 固結標準砂の透水係数は$k=10^{-7}\sim10^{-8}$cm/secであって、止水性の低下は認められない。
- 硬化物からアルカリの溶脱がきわめて少なく、水質保全の観点からもきわめて安全性が高く、環境保全性という面からも優れた特徴を持つ。

3）ゲル化に至るまでの流動特性の変化と浸透固結性

図5.2.10に、ハイブリッドシリカ・GEの一次元注入モデル実験による浸透固結標準砂の強度分布を示す。これより、注入中にも細かい粒径分布を維持し、浸透可能時間が長く超微粒子複合シリカ中のカルシウムシリケートのコロイドが細粒土への浸透固結に寄与するため、浸透固結長が長いことがわかった。

写真5.2.4に大型土槽注入実験装置による三次元モデル注入実験を示す。ハイブリッドシリカはゲル化を伴うため、このように出来形が確認できる。ゲル化を伴わない懸濁型グラウトは、粒子が粗ければ一次元浸透モデルでも浸透固結するが、三次元モデルではこのような形状の固結は難しく、浸透性の大きな層から逸脱するのが普通である。

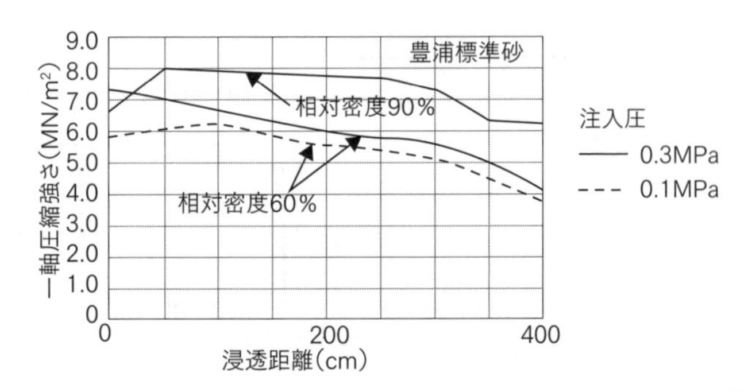

図5.2.10 一次元モデル注入実験によるハイブリッドシリカ・GEの豊浦砂の浸透固結試験[63)]

写真5.2.4
ハイブリッドシリカの大型土槽実験装置による三次元モデル注入実験における形状固結性確認状況[165)]

(7) ハイブリッドシリカの注入率と強度

図5.2.11は現場注入試験結果である。これより、恒久目的では充填率は間隙の100%近くにするのが望ましく、充填性を小さくすればそれに応じて強度が小さくなるものではなく、過少の場合まったく浸透しない領域が生じて注入効果が得られないことがわかる。

(8) 注入可能限界

懸濁型グラウトの浸透注入限界は、浸透注入距離を考えれば、注入対象の土質とグラウトの粘性だけでは決まらない。懸濁液が、主材と硬化材が一体的反応性をもつ安定した分散液になっていることが重要であって、粘性が低ければ浸透性がいいというわけではない。超微粒子複合シリカがセメントに比べて土砂に対する浸透固結効果が優れている理由は、超微粒子複合シリカのコロイドが細かい土粒子間で固結効果があることにより、注入対象領域の一体的な固結

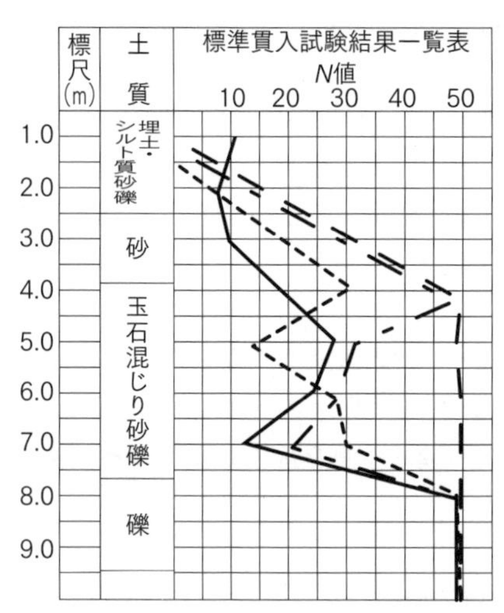

事　前 ——	注入率(%)
ケース2 - - - - -	20
ケース3 — - —	25
ケース4 — — —	30

No	混入率（%）	一軸圧縮強さ平均値(MN/m^2)
1	15	—
2	20	0.53
3	25	1.04
4	30	1.59

室内実験における混合方式による固結標準砂の混入率と強度（2週間養生）

図5.2.11　注入率と注入効果[63)]

効果が生ずるため思われる（図5.2.1）。しかし懸濁液の粒径が浸透注入限界を決める重要な要因であることには間違いない（表5.2.2、図5.2.12）。従来からこの種の研究は多くなされ、注入比Nなるものが提案されている。

この注入比にはN_1とN_2の2種類があって次のように定められている。

$$N_1 = D_{15}/G_{85}$$

$$N_2 = D_{10}/G_{95}$$

ここでD_{15}、D_{10}は土の15％と10％粒径であり、G_{85}、G_{95}は懸濁型グラウトの85％と95％粒径である。研究者によってN_1、N_2についていくつかの数値が提案されているが、$N_1 > 25$であれば、注入が可能であると判断する（Jonson（1958），Scotto（1963），Mitchell（1970））、または$N_1 > 24$であれば注入が可能であるが、$N_1 < 11$であれば注入不可能と判断する（Mitchel（1981））。

米倉は、直径5cm、高さ10cmのモールドに砂を詰め、その底部から49～98kPa(0.5～1.0kgf/cm^2)の圧力でグラウトを注入し、その注入限界を調査した。注入実験に使用したグラウトはセメントスラリーではなく、すべてハイブリッドシリカ系グラウトである。その結果、次のような判定基準を得ることができた。

①$N_1 \geqq 23$であれば注入可能。$N_1 \leqq 9$であれば注入不可能。

②23 ≧ N_1 ≧ 9の場合は、N_2を検討する。N_2 ≧ 17であれば注入可能。N_2 ≦ 10であれば注入不可能。

③10 ≦ N_2 ≦ 17の場合はD_{15}の単一粒径の球体がつくる間隙の径dを求め、d ≧ 6.5*D_{85}であれば注入可能。一方J.C.Kingは、D_{10}, D_{15}とD_{85}, D_{95}の関係の実験的統計結果により以下のNの範囲なら注入可能と判定している。

$N_1 = D_{15}/D_{85} \geqq 15$

$N_2 = D_{10}/D_{95} \geqq 8$

島田らはハイブリッドシリカ・GEの、豊浦標準砂ならびに現場注入試験において浸透固結効果の得られたグラウタビリティーについて、表5.2.4の結果を得た。このJ.C.Kingの図5.2.12に表5.2.4の値を挿入したところ、同様の判断基準でよいことがわかった。

表5.2.4　超微粒子複合シリカ（ハイブリッドシリカ・GE）のグラウタビリティー比

土質	注入材	N_1	N_2
豊浦標準砂	case1	165/5.2 = 31.7 > 15	160/6.3 = 25.4 > 8
	case2	165/7.0 = 23.6 > 15	160/8.4 = 19.0 > 8
茨城鹿島	施工例1	128/5.2 = 24.6 > 15	124/6.3 = 19.7 > 8
大阪	施工例2	90/5.2 = 17.3 > 15	43/6.3 = 6.8 < 8

注：$N_1 = D_{15}$(mm)/G_{85}(mm)、$N_2 = D_{10}$(mm)/G_{90}(mm)

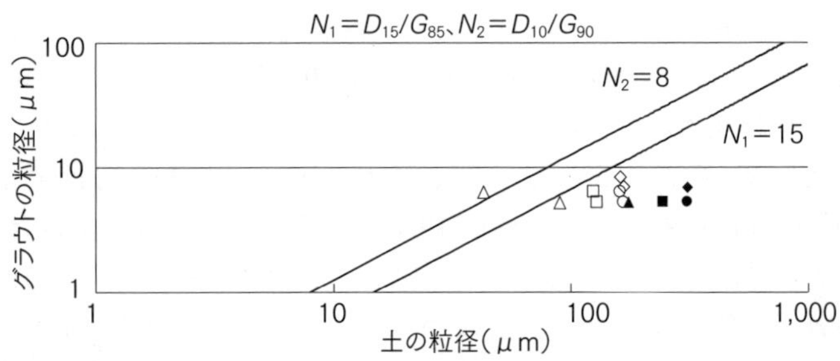

図5.2.12
J.C.Kingのグラウタビリティー比と超微粒子複合シリカが浸透固結可能であったグラウタビリティーの比較

第6章 環境保全性

近年、薬液注入工法が本設注入工として適用されるようになり、護岸や建造物直下、都市のインフラなどの液状化対策工に恒久グラウトが採用されるケースが増えてきた。本設地盤改良は我々の実生活に永続的にかかわるため、地下水や地下埋設物、海産生物等への影響などの環境保全性が要求される。このため注入材が環境破壊を招くことのないよう、環境保全に関する各種確認試験を実施し、かつ逸脱しにくく確実な浸透ゲル化特性が得られる注入材と施工法を採用することが重要となる。ここでは、環境保全性の高い活性複合シリカコロイド（パーマロック・ASFシリーズ）注入材の環境に対する安全性ついて述べる。

6.1 浸透ゲル化特性による環境保全性[89) 97)]

活性複合シリカコロイドは、イオン交換法で脱アルカリしてコロイド化した活性シリカコロイドと高モル比の小さなシリカからなる複合シリカを、酸性材で脱アルカリして活性化した、溶液型シリカグラウトである。酸性〜弱酸性領域で長いゲルタイムを確保し、安定したゲルを形成する特徴を有している（図6.1.1)。また、固結体からのシリカの溶脱がほとんどないため、長期的に安定

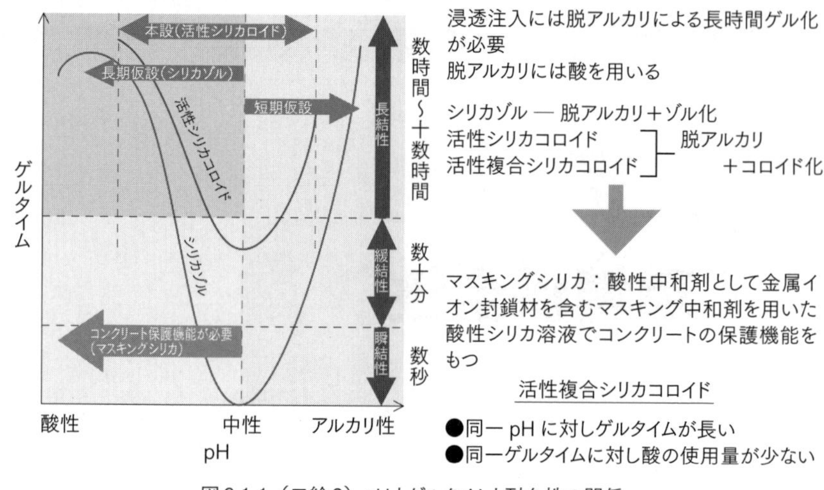

図6.1.1（口絵2）pHとゲルタイムと耐久性の関係

した改良体が形成される。反応材として少量の酸を加えることで活性化し、シリカゾルに比べ長いゲルタイムを確保できるようになる。したがって副反応生成物が少なくてすみ、地下水や周辺の水域に対して汚染等の影響がない環境保全型注入材と言える（図6.1.2）。

また土中に土粒子間浸透するにつれ、土との接触部のpHが中性方向に移行するとともにゲル化が進行し（図6.1.3）、注入液はそれを乗り越えながら固結領域が拡大していく（マグマアクション法）（図6.1.5、写真6.1.1、写真6.1.2）。このため地下水はほぼ中性領域を保つ（図6.1.2、図6.1.3）。このような浸透ゲル化特性により、注入対象以外の領域や用水への流入を抑える施工法を用いている。活性シリカコロイドをベースにして小さなシリカを複合した活性複合シリカコロイドは、シリカの配合濃度を調整することにより早い強度発現で低強度から高強度までの地盤強化が可能になり、今後の巨大地震対策や大深度地盤強化に適用可能である（図6.1.4）。

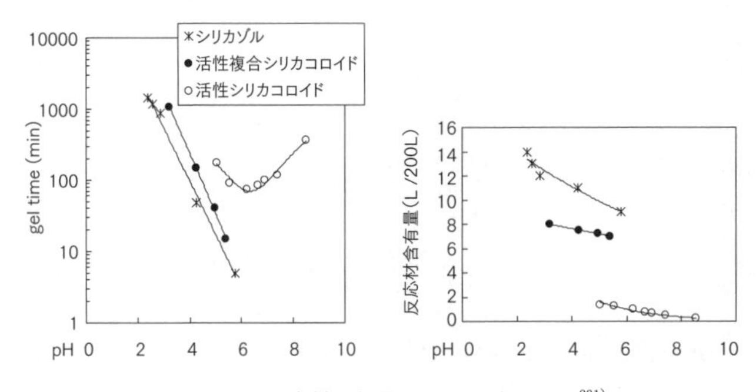

図6.1.2　反応材添加量～ pH ～ゲルタイム[231]

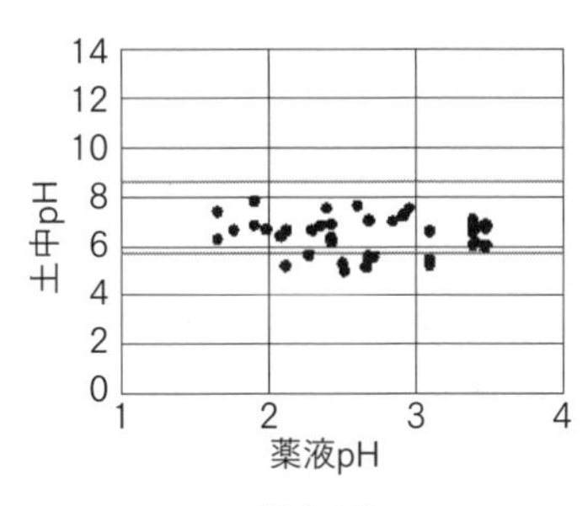

図6.1.3
注入材のpHと土中pHの関係[231]

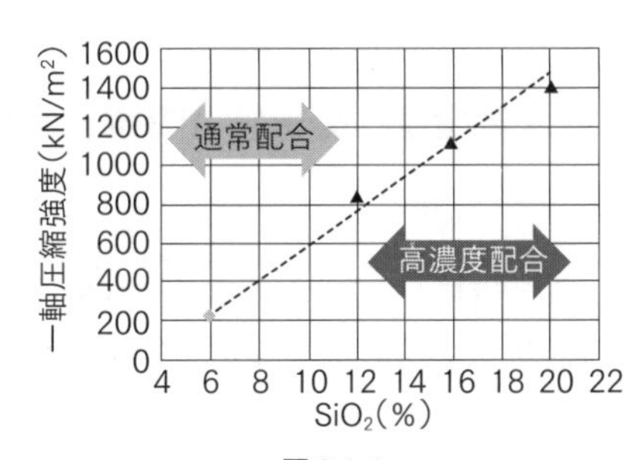

図6.1.4
シリカ濃度別の一軸圧縮強度の関係[231]

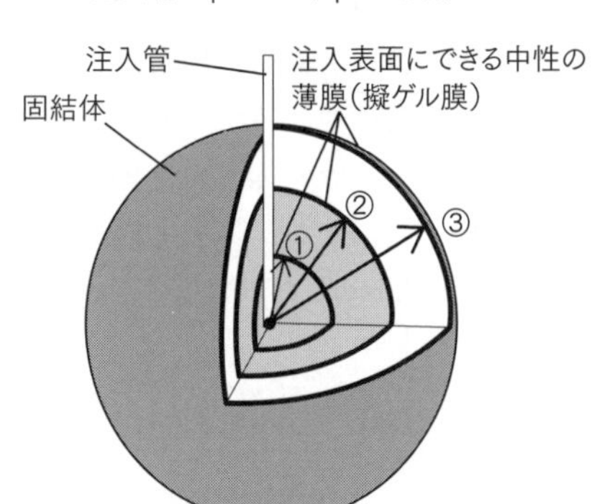

図6.1.5
マグマアクション法の概念図[173]

写真6.1.1
マグマアクション法による乗越え浸透注入状況[173]

写真6.1.2 マグマアクション法によるシリカ溶液の浸透固結性の実証[173)]

6.2 水質環境への影響（海水、淡水生物）

液状化対策工では、海水、淡水生物に対する安全性が要求される。このため「活性複合シリカコロイド」（パーマロック・ASF-Ⅱならびにパーマロック・ASF-Ⅱα）を用いた場合の海水、淡水生物に対する影響の確認を行っている。供試生物は甲殻類、魚類、藻類、貝類とし、供試生物に対してそれぞれ合わせた試験を実施した。淡水生物には OECD（経済協力開発機構）TG-201とJIS K0102（排水基準、海洋汚染）に従い試験を実施し、海生生物には海産生物毒性試験指針（水産庁）を参考にした。試験を行い、安全性の確認をした結果を表6.2.1に示す。オオミジンコ、ヒメダカ、クルマエビ、マダイ、アサリにおいて急性毒性試験の結果LC_{50}[1]は共に＞100mg/Lだった。また、淡水生物の藻と海水生物の藻とノリ葉幼の生長阻害試験はEC_{50}＞100mg/Lだった[2]。

1 LC_{50}：半数致死濃度（Lethal Concentration、50％）のことで、生物が試験期間内に半数死亡する濃度のこと。被検物質の急性毒性の強さを示す代表的指標として利用され、LC_{50}が小さい方が急性毒性は大きいと考えられている。

2 EC_{50}：半数効果濃度（Effective Concentration、50％）のことで、生物が試験期間内に最低値からの最大反応の50％を示す濃度のこと。EC_{50}が小さいと影響が大きいと考えられている。

実施した供試生物において、いずれも無害であることが立証され、使用に当たり安全であることが確認され、環境保全性に優れた注入材であることがわかった。

表6.2.1 供試生物の試験結果（試験機関：CERI化学物質評価研究機構）[169) 175)]

生息地域	生物種	温度（℃）	pH	エンドポイント	濃度(mg/L)*
淡水	オオミジンコ	20±1	—	48時間EC50、急性遊泳阻害	＞100
淡水	ヒメダカ	24±1	—	96時間LC50、急性毒性試験	＞100
淡水	藻	23±2	7.7～7.9	72時間EC50、生長阻害試験	＞100
海水	クルマエビ	20±1	8.0～7.8	96時間LC50、急性毒性試験	＞100
海水	マダイ	20±1	8.1～7.9	96時間LC50、急性毒性試験	＞100
海水	藻(スケレトネマ)	20±2	7.8～8.2	96時間EC50、生長阻害試験	＞100
海水	アサリ	22±1	8.2～8.2	120時間LC50、急性毒性試験	＞100
海水	ノリ幼葉	20±2	8.2～8.2	10日EC50、生長阻害試験	＞100

＊試験濃度で50%以上の死亡率、阻害率、遊泳阻害率が得られなかったため、「＞100」と示している。

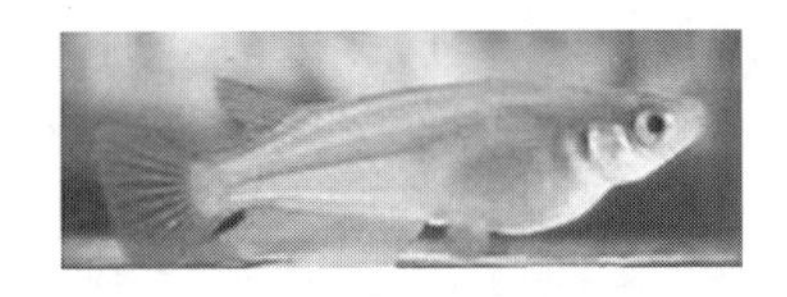

(a) ヒメダカ

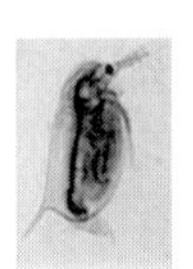

(b) オオミジンコ

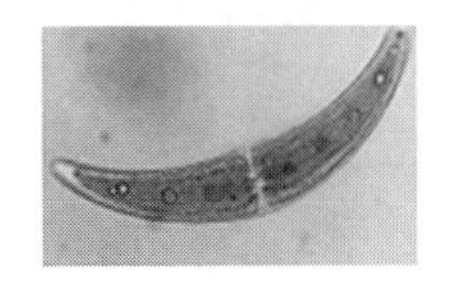

(c) 藻（スケレトネマ）

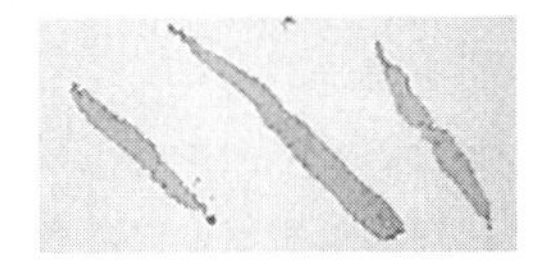

(d) ノリ葉幼

写真6.2.1 生物種の例

6.3 コンクリート構造物への影響

6.3.1 マスキング効果の概念

液状化対策工などの本設注入工は、重要構造物やインフラが対象となるため、既設構造物直近の地盤改良であることが多い。このため、酸性領域のシリカ溶液がコンクリート構造物に悪影響を及ぼさないことが要求される。

酸性シリカ溶液のコンクリートに対する影響については、地盤注入が水面下にて行われるため、以下のように通常の容器中で行われる化学実験とは同列に論ずることはできないが、コンクリートに対する硫酸イオンの影響を防ぐために金属イオン封鎖剤を含む中和剤（マスキング中和剤）を用いたシリカ溶液「マスキングシリカ」が用いられている（図6.1.1）。

①地盤注入は地下水位面下の地盤中に行われる。

②地盤中に注入された注入液は、土粒子間に浸透した後ゲルを形成する。ゲル化後、ゲルを構成したシリカ分を除く未反応シリカならびに水溶性反応生成物は、最終的には地下水に溶出する（SO_4^{--}、Na^+等）。

③地下水中に溶出した水溶性反応生成物は、地下水中に拡散して濃度が低下し、その期間は現場条件によって異なるものの、最終的には消散する。その間、マスキングシリカがコンクリートを保護すればよい。

④室内試験程度のスケールでは、ゲルを水中養生すると、溶出速度に違いはあるが、ゲル中の水溶性成分は比較的短期間のうちにほとんどが養生水中に溶出し、ゲル中の硫酸イオン濃度は低下する。しかし実際の現場スケールでは、その期間は現場条件（地盤条件、固結体積、地下水条件、構造物の条件）によって異なる。金属イオン封鎖剤を含むマスキング中和剤を用いたマスキングシリカは、硫酸イオンの存在下でもコンクリートを保護する機能を持つ。

永年にわたるマスキングシリカによるコンクリート保護機能の研究により、金属イオン封鎖剤を含むマスキング中和剤を用いたマスキングシリカは、硫酸イオンの存在下でもコンクリート表面のCaイオン、Mgイオンを不動態化し、シリカ分とともにコンクリート表面に不溶性の錯体からなる強固な保護膜（図

6.1.1、表6.3.1、図6.3.1）を形成することがわかった。この保護膜が、コンクリート内外からのイオンの溶出と進入を抑制してコンクリートを保護するとともに、コンクリートの中性化を抑制する（図6.3.9）。モルタル供試体の表面に形成された白色の被膜は、ナイフで削り取ることが難しいほど強固である。そこでX線回折を行ったところ、ハイドロキシアパタイトやリン酸カルシウムの結晶構造であることがわかった。

以上からマスキングシリカコロイド（パーマロック・ASF-Ⅱシリーズ）は、本設注入用注入材として液状化対策工やコンクリート周辺部の恒久止水を兼ねた長期仮設工事にも適用され、またマスキングシリカゾル（ハードライザー、シリカゾルセブンシリーズ）は長期仮設工事に適用されている（表6.3.2）。

表6.3.1　マスキングシリカの成分の分析例[149) 173) 255)]

コンクリート表面に生成した白色被膜の金属成分含有量（%）	
Na_2O	11.1
SiO_2	39.4
Ca	2.8
Mg	3.9
P	8.9
SO_4	12.0

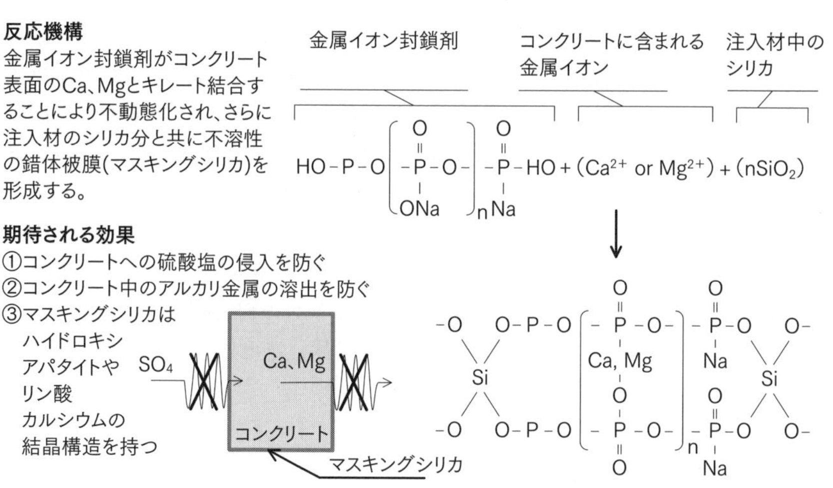

図6.3.1　マスキングシリカの機能[149) 173) 255)]

表6.3.2
金属イオン封鎖剤を含むシリカ溶液（マスキングシリカ）を用いた注入材[149)173)255)]

分類	マスキングシリカ	中和剤	注入材
シリカゾル	マスキングシリカゾル	マスキング中和剤（MS）	シリカゾルセブンシリーズ ハードライザー
		マスキング中和剤（M）	ジオシリカ
活性シリカコロイド	マスキングシリカコロイド	マスキング中和剤（M）	パーマロック・ASF-Ⅱ、Ⅲ
		マスキング中和剤（MS）	パーマロック・ASF-Ⅱα、Ⅲα
	中性活性シリカコロイド	無機塩（硬化剤）	パーマロック・AT パーマロック・Hi

注：マスキング中和剤　M：金属イオン封鎖剤を含む非硫酸系中和剤
MS：金属イオン封鎖剤と硫酸の混酸からなる中和剤

6.3.2 マスキングシリカの産学協同研究

(1) マスキングシリカの開発とコンクリート保護機能

シリカゾルグラウト会ならびに恒久グラウト・本設注入協会では、産学協同研究により、多年にわたって酸性シリカ溶液のコンクリートに対する影響の研究を行ってきた。その結果、金属イオン封鎖剤を含むシリカグラウト（マスキングシリカ）が開発され、そのコンクリート保護効果の実証研究が10年以上かけて行われた。以下は、マスキングシリカによるコンクリート表面の保護効果を知るための「マスキングシリカのゲル並びにサンドゲルに埋込んだコンクリート（モルタル）供試体の長期養生外観観察試験」の結果である。

上記によれば、モルタル供試体と同体積のマスキングシリカゾルのゲル中にモルタル供試体を埋め込み養生した後（図6.3.4、写真6.3.1）、1ヶ月以内に供試体表面に硫酸イオンの存在下でマスキングシリカの白色被膜が形成され、10年以上経てもその効果は持続し、モルタル供試体は特に外観上の異常は認められていないことが確認された（図6.3.5、図6.3.6）。

またマスキング中和剤を用いたシリカコロイド（マスキングシリカコロイド）の場合も同様である（図6.3.7、図6.3.8）。上記モルタルを養生したゲルのpHは10年間にわたって7～10の範囲を呈し、アルカリの溶出がきわめて少ないことを示している（図6.3.9）。なおモルタル供試体のみの養生水は直ちにpHが12付近に達する。また、硫酸イオンによりモルタル供試体が崩壊した場合、養生水のpHは13付近に達する（図6.3.9）。供試体表面に形成されたマスキングシリカを分析し、X線回折を行ったところ、供試体表面において金属イオン封鎖剤がシリカと共にモルタル供試体表面のCaイオン、Mgイオンとキレート結合することにより不動態化し、リン酸カルシウムやハイドロキシアパタイトを含む結晶構造からなる保護膜を形成していることがわかった（図6.3.2）。一方、金属イオン封鎖剤を用いない場合、供試体表面に炭酸カルシウムが存在してい

分析結果

定性および半定量分析の結果

成分	含有量
SiO_2	34.7%
P_2O_5	36.8%
SO_3	0.9%
CaO	27.6%
SrO	0.10%

X線回折

結晶同定の結果、以下の結晶に相当するピークを検出した。

名称	化学式
ハイドロキシアパタイト	$Ca_{10}(PO_4)_6(OH)_2 \cdot nH_2O$
リン酸カルシウム	$Ca_3(PO4)_2$

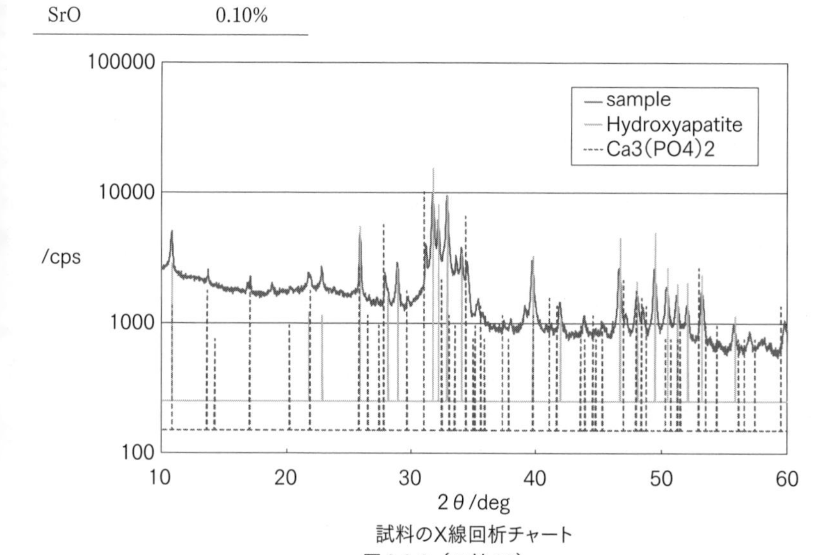

試料のX線回折チャート

図6.3.2（口絵26）
コンクリート表面に生成したマスキングシリカの分析とX線回折によるマスキングシリカの構造[149) 173) 255)]

定性および半定量分析結果

成分	組成
SiO_2	84.3%
CaO	14.5%
SrO	1.0%
SrO	0.1%

結晶同定の結果

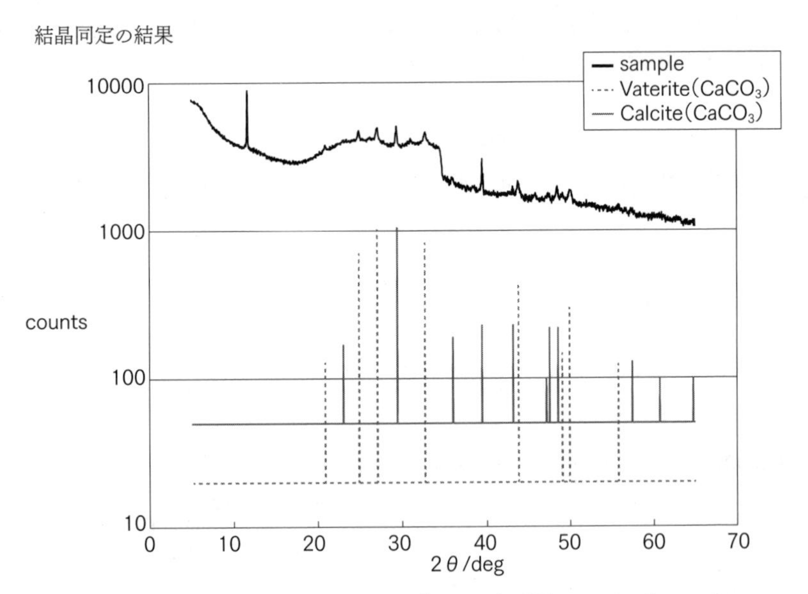

検出された結晶：炭酸カルシウム(Vaterite)・炭酸カルシウム(Calcite)

図6.3.3
マスキングシリカのないモルタル表面分析とX線回折[149) 173) 255)]

るが、これにはマスキングシリカ形成機能はない（図6.3.3)。また、同様に金属イオン封鎖剤を用いないで硫酸でpHを中性にしても、硫酸ナトリウム水溶液（pHは中性）中養生と同じでコンクリートに対する保護機能はないことがわかった。以上より、マスキングシリカはコンクリート内部からのアルカリの溶出とコンクリート外部からのSO_4^{2-}の侵入を抑制していると思われる。

(2) マスキングシリカによるコンクリート保護機能の実証試験結果[148)]

金属イオン封鎖剤を含むマスキングシリカグラウトによるコンクリート表面への被膜の形成を確認するため、室内での確認試験を行った。試験はマスキングシリカグラウトのホモゲルならびにサンドゲルに埋め込んだコンクリート（モルタル）供試体の長期外観観察を行ったものである。養生方法を図6.3.4、写真6.3.1に示す。

このような室内試験で、現場条件を想定してどのような養生方法を適用するかは難しい。ここではモルタル供試体と同体積のゲル中に養生する方法を用いた。モルタル供試体はきわめて小片であり、したがってゲルに対する比表面積（モルタル体積に対するゲルの体積の比）はきわめて大きく、実際の現場条件からみて十分過酷であるとみなしたからである。長期試験結果を図6.3.5～図6.3.8に示す。また養生条件の違いによるモルタル供試体の強度比（qug/quw）と養生水または養生したゲルのpHの経日変化を測定した結果を図6.3.9に示す。

また、地下水が流動している場合を想定して、図6.3.4（d)、写真6.3.1（d)のように養生し、養生水を定期的に交換して同様の試験を行った。マスキングシリカゾルの固結砂中に養生したモルタル供試体の10年1ヶ月後ならびに11年6ヶ月後の状況をそれぞれ図6.3.6、写真6.3.2に示す。当然のことではあるが異状は認められない。したがって、マスキングシリカゾルとマスキングシリカコロイドは、モルタル供試体と同一体積のホモゲル、サンドゲルで養生した場合、それをさらに水中養生した場合あるいは水交換養生した場合もモルタル供試体を保護していることがわかった。

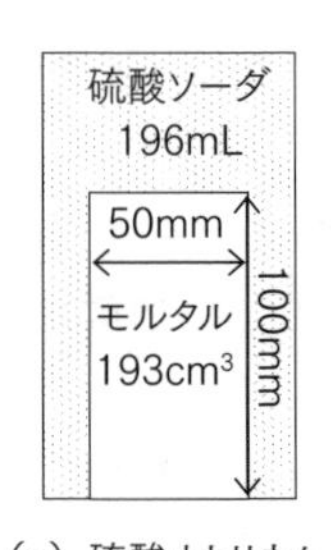

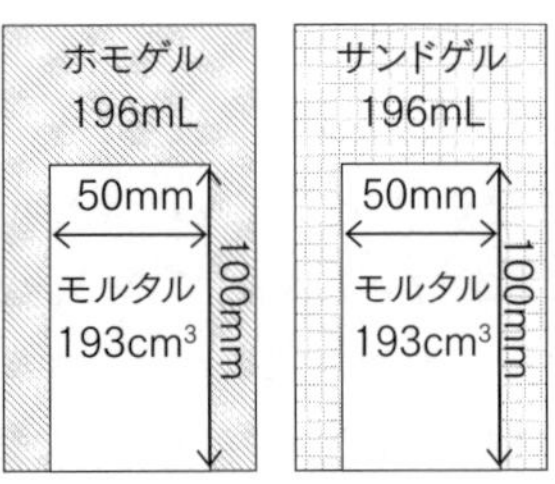

（a）硫酸ナトリウム水溶液中養生　（b）ホモゲル中養生　（c）サンドゲル中養生　（d）サンドゲル中水浸養生

図6.3.4　室内試験の養生方法[149) 173) 255)]

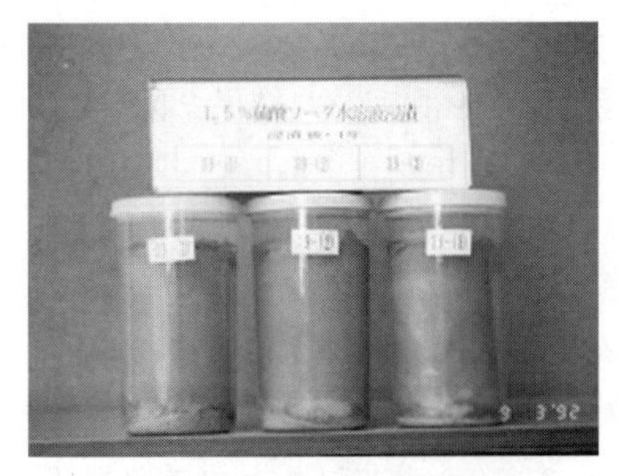

（a）硫酸ナトリウム水溶液中養生
（図6.3.4（a）に対応）

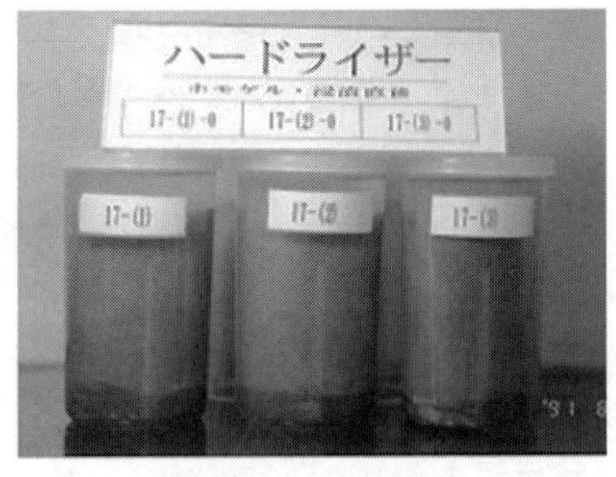

（b）ホモゲル中養生
（図6.3.4（b）に対応）

（c）サンドゲル中養生
（図6.3.4（c）に対応）

（d）サンドゲル中水浸養生
（図6.3.4（d）に対応）

写真6.3.1　養生状況[149) 173) 255)]

養生ゲル	養生方法	養生年数	養生結果	状況
マスキングシリカゾル（中和剤：マスキング中和剤ＭＳ）によるホモゲル	ホモゲル中養生 （図6.3.4 (b) 写真6.3.1 (b)）	1年	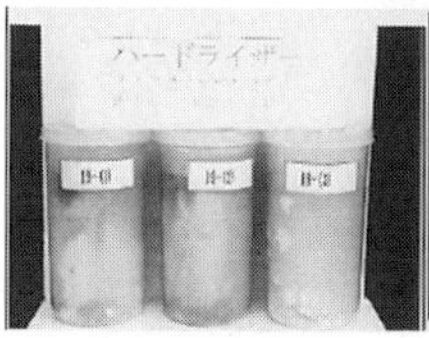 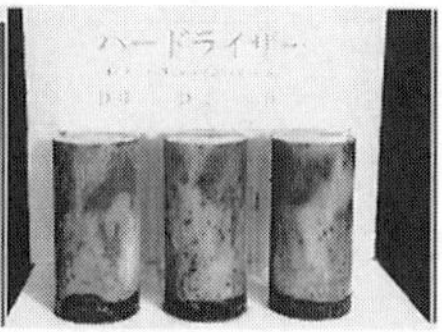 養生状況 1年後にホモゲルを破壊して取り出したモルタル供試体の状況 (a) 浸漬1年	異状なし
		3年	 (b) 3年後にホモゲルを破壊して取り出したモルタル供試体の状況	異状なし
		11年5ヶ月	 (c) ホモゲル中に養生した保存用モルタル供試体を11年5ヶ月後にホモゲルを破壊して取り出したモルタル供試体の状況	異状なし

図6.3.5
マスキングシリカゾルのホモゲル（ハードライザー）に養生したモルタル供試体の状況[149) 173) 255)]

養生ゲル	養生方法	養生年数	養生結果	状況
マスキングシリカゾル（中和剤：マスキング中和剤MS）によるサンドゲル	サンドゲル中水養生 〈図6.3.4（d） 写真6.3.1（d）〉	1年	 1年浸漬養生後のサンドゲルの状態  1年後にサンドゲルを破壊して取り出したモルタル供試体の状態 (a) 浸漬1年	異状なし
		10年1ヶ月	 (b) 保存用モルタル供試体を一度壊したサンドゲルの入った養生水中に養生し続けてのち養生槽から取り出した、10年1ヶ月養生後の保存用モルタル供試体の状態	異状なし

図6.3.6
マスキングシリカゾルのサンドゲル中に埋め込んで水養生した場合のモルタル供試体の状況[149) 173) 255)]

<table>
<tr><th>養生ゲル</th><th>養生方法</th><th>養生年数</th><th>養生結果</th><th>状況</th></tr>
<tr><td rowspan="4">マスキングシリカコロイド（中和剤：マスキング中和剤M）によるホモゲル</td><td rowspan="4">ホモゲル中養生
（図6.3.4（b）
写真6.3.1（b））</td><td>浸透前</td><td> 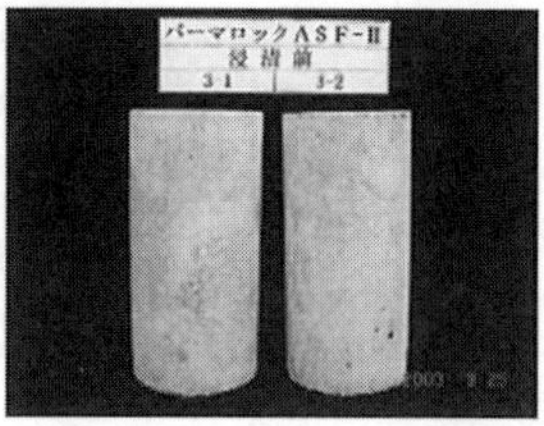(a) ホモゲル中に養生前のモルタル供試体の状況</td><td></td></tr>
<tr><td>1年</td><td> (b) 1年後にホモゲルを破壊して取り出したモルタル供試体の状況</td><td>異状なし</td></tr>
<tr><td>3年以上</td><td> 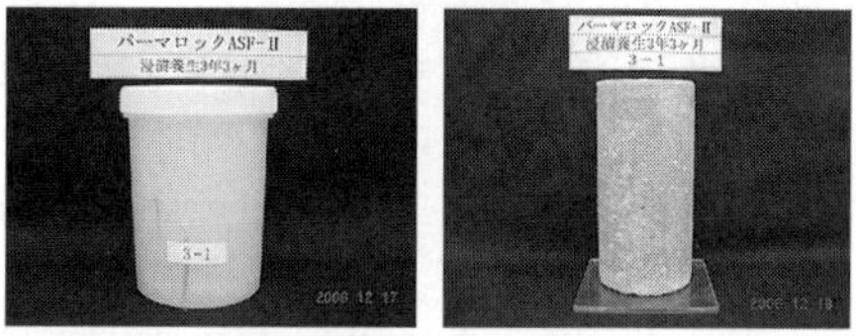(c) 左：ホモゲル中養生3年3ヶ月
右：3年3ヶ月後にホモゲルを破壊して取り出したモルタル供試体の状況</td><td>異状なし</td></tr>
<tr><td>16年以上</td><td> パーマロック・ASF中に養生してマスキングシリカが形成されたモルタル供試体の表面。マスキングシリカの不溶性被膜の形成は16年以上経ても確認されている。
(d) ホモゲル中養生16年（保存用）</td><td>異状なし</td></tr>
</table>

図6.3.7
マスキングシリカコロイドのホモゲル中に養生したモルタル供試体の状況[149) 173) 255)]

養生ゲル	養生方法	養生年数	養生結果	状況
マスキングシリカコロイドによるホモゲル（中和剤：マスキング中和剤ＭＳ）	ホモゲル中養生（図6.3.4 (b)　写真6.3.1(b)）	2年	2年後にホモゲルを崩壊して取り出したモルタル供試体の状況	異状なし

図6.3.8
マスキングシリカコロイドのホモゲル中に養生したモルタル供試体の状況[149)173)255)]

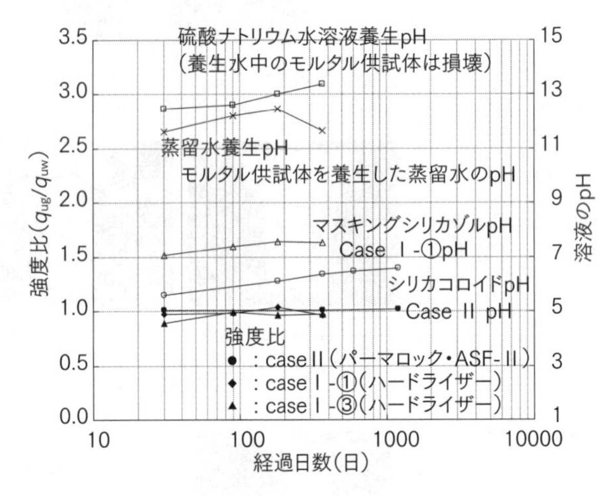

case	分類	中和剤	養生条件
Ⅰ-①	マスキングシリカゾル	マスキング中和剤MS	ホモゲル（図6.3.4（b））
Ⅰ-②			サンドゲル（図6.3.4（c））
Ⅰ-③			サンドゲル＋水（図6.3.4（d））
Ⅱ	マスキングシリカコロイド	マスキング中和剤M	ホモゲル（図6.3.4（b））

図6.3.9
マスキングシリカによる養生条件の違いによるモルタルの強度比（マスキングシリカのゲル中に養生したモルタル供試体の強度の蒸留水中に養生したモルタル供試体の強度に対する比率）とモルタル供試体の養生水のpH、養生水ならびにモルタル供試体を埋め込んだゲルのpHの経時的変化[149)173)255)]

写真6.3.2
11年間金属イオン封鎖剤を含むシリカゾルグラウトのサンドゲルに包んで水養生（水交換養生）したモルタル供試体の状況。マスキングシリカが砂と共に強固な被覆膜を形成している[149) 173) 255)]

(3) マスキングセパレート法[179)]

1）マスキングセパレート法の目的と試験概要

マスキングシリカの機能を応用してコンクリート直近にマスキングシリカを配し、その背後に硫酸系シリカグラウト層を配することで、コンクリートに対する硫酸イオンの影響を遮断するマスキングセパレート法（図6.3.12）の効果確認を行った。

図6.3.10はマスキングシリカグラウトにより形成された被膜の、硫酸イオンに対する防護効果を確認するための試験モデルである。具体的には図6.3.11に示すようモルタル供試体（196cm^3）をマスキングシリカグラウトのサンドゲル（265cm^3）で覆い、その周囲を硫酸系シリカグラウトのホモゲル（679cm^3）で覆って養生した（写真6.3.3）。養生6ヶ月後にマスキングシリカによる保護機能の確認を行った。

2）実験結果

養生6ヶ月後にモルタル供試体を取り出し、白色被膜形成と外観上の変形・変状も認められないことを確認した（写真6.3.4）。また、モルタル表面にフェノールフタレインを噴霧しても赤色反応を生じず、さらにモルタルに傷を付けフェノールフタレインを噴霧したところ、傷部のみがコンクリート内部のアルカリを示す赤色反応を呈した（写真6.3.5）。また取り出したモルタル供試体を水に浸漬したところ、養生水のpHは中性付近を呈した。このことからマスキングシリカ層が硫酸イオンのモルタル内部への侵入を防ぐと共に、モルタル供試体内部からのアルカリの溶出を防いでいることがわかった。

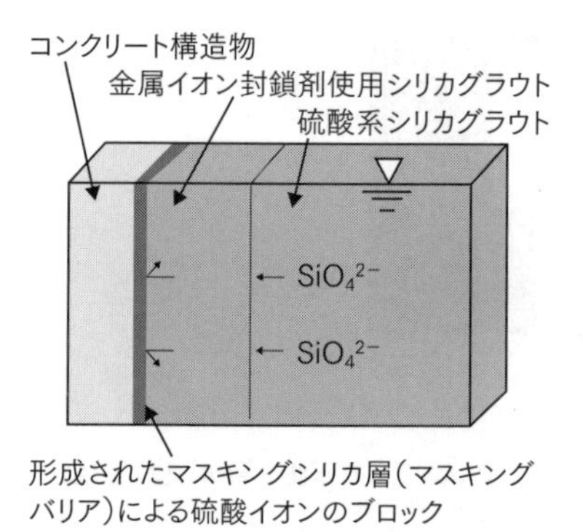

図6.3.10
マスキングシリカによるコンクリート保護効果とマスキングセパレート法[179)]

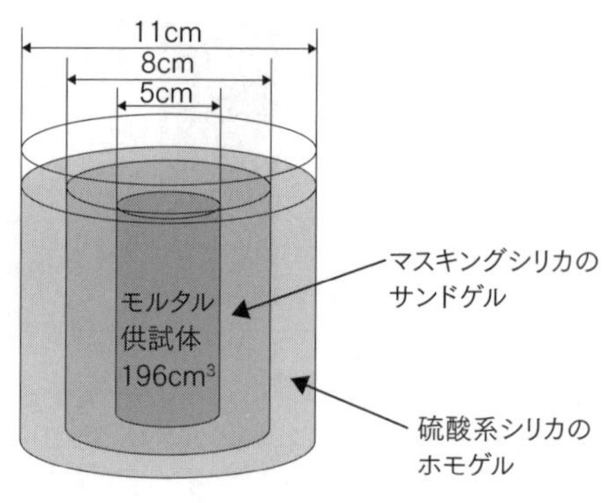

図6.3.11　実験概要[179)]

写真6.3.3
実験状況[179)]

写真6.3.4
試験体解体状況[179)]

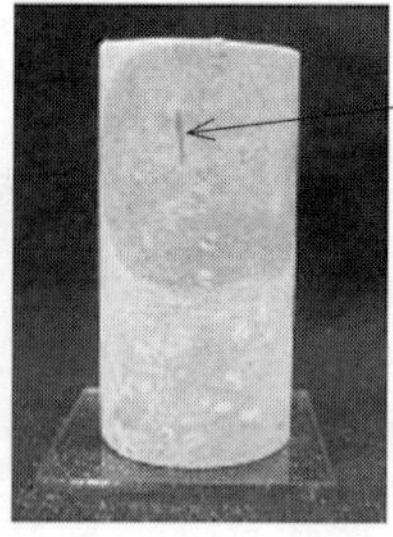

モルタル表面にマスキングシリカの白色被膜が形成されており、フェノールフタレインを吹きかけても変色しないが、表面に傷をつけた部分は赤色に染まり反応がみられる．

写真6.3.5
マスキングシリカの形成確認[179)]

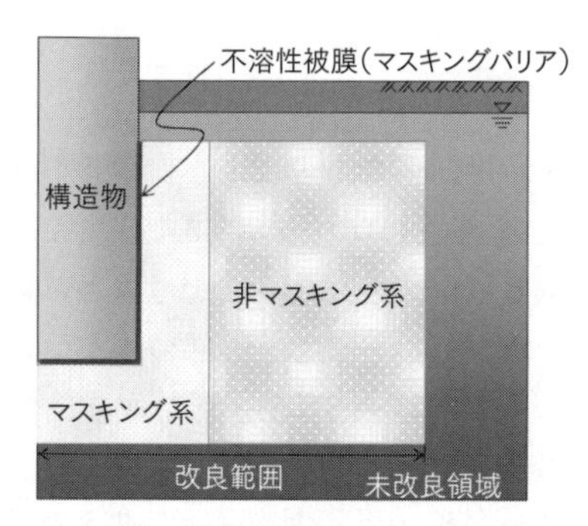

図6.3.12
マスキング系シリカによるマスキングセパレート法の概念図

第7章

恒久グラウト注入工法の種類と特徴

7.1 恒久グラウト注入工法の概要

恒久グラウト注入工法は薬液注入工法の一つであるが、仮設改良目的の注入工法とは異なり、使用する材料は恒久性のある注入材であって、その注入材を地盤の堆積状態（骨格構造）を乱すことなく注入（浸透注入）することが可能な工法を用いる。これは、本工法の改良目的が本設改良であり、改良された地盤改良効果の永続的確保を目的としていることによる。したがって、注入材は恒久性の理論と実証（表4.2.1要件Ⅰ）がなされた「恒久グラウト」を使用する。また注入形態は、図7.1.1に示す浸透注入形態となり、地盤を均質に改良できる工法（表4.2.1要件Ⅱ）を用いることを原則としている。

工法の原理は以下のとおりである（図7.1.2）。

①間隙水をシリカのゲル化物あるいは水和物に置き換えることにより粘着力を付与し、砂の液状化を防止、あるいは補強する。

②粘着力の付加により既設構造物に対する土圧が低減される。

③砂粒子間の間隙水をシリカのゲル化物あるいは水和物に置き換えることにより、地盤が難透水化されると共に負のダイレイタンシーを生じにくくする。

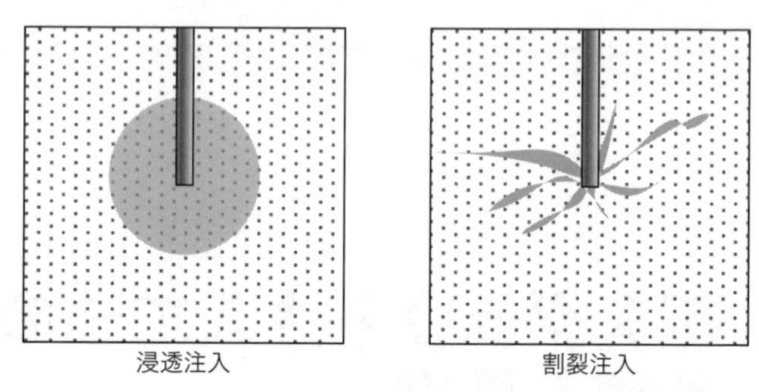

図7.1.1　浸透形態の概念図

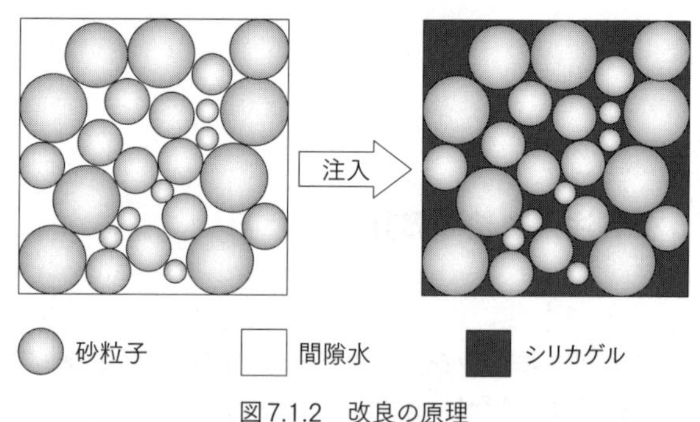

図7.1.2　改良の原理

恒久グラウトの注入は、高強度が要求される仮設注入でも使用されることも多いが、本来は地盤に恒久的改良体を構築するいわゆる本設注入が目的であって、そのためには浸透注入を確実に行って連続的改良体を造成することができる工法を採用しなければならない。そのような注入を行うことのできる注入工法を表7.1.1に示す。

表7.1.1 恒久グラウト注入工法と浸透機構

	注入工法		注入管の構造	浸透機構
浸透注入工法	二重管複合注入工法		二重管と先端特殊モニタ（写真3.7.7（b））	球状浸透
	二重管ダブルパッカ工法		スリーブ付外管とダブルパッカ付内管	球状浸透
急速浸透注入工法	エキスパッカ工法		袋パッカとスリーブ付外管とマルチパッカ付内管	柱状浸透
	エキスパッカ・NEO工法※1		複合注入が可能 エキスパッカ工法と二重管複合注入工法の利点を併せもつ工法	柱状浸透
	エキスパッカ-N工法※2		崩壊性地盤においても確実に浸透源を確保できるエキスパッカ工法	柱状浸透
	マルチストレーナ工法		長尺な浸透源をもつダブルパッカ工法	柱状浸透
	超多点注入工法 多点同時注入工法		スリーブ付結束細管	球状浸透
	スリーPシステム	PART-Ⅰ	複数の注入管	複球状浸透
		PART-Ⅱ	多段袋パッカとスリーブ付注入管	複数柱状浸透
	3Dシステム		複数の注入管	複数球状浸透 複数柱状浸透

※1 エキスパッカ・NEO工法：瞬結材や懸濁液を一次注入できるスリーブ付外管
※2 エキスパッカ-N工法：崩壊性地盤でも確実に浸透源を確保できる特殊外管

7.2 急速浸透注入工法のコンセプト

恒久地盤改良は、注入された地盤の強度、あるいは止水性の永続性を意味するものであるから、注入材そのものの化学的安定性のみならず、土粒子間浸透による経済的施工が可能な注入技術の開発が必要である。恒久地盤改良工法の開発コンセプトを図7.2.1に示す。

急速浸透注入工法は、以下の手法で低圧・大吐出量で注入することにより、土粒子間浸透と経済施工を可能にしたものである。

①低吐出量で球状浸透を多数同時に行う（図7.2.2、図7.3.1、図7.3.2）。

②大吐出量で柱状浸透を低圧で行う（図7.2.3、図7.3.3）。あるいは、さらに柱状浸透の同時注入を行う。

目標
大容量土の急速施工による恒久地盤改良

課題
効果の信頼性：土粒子間浸透（低吐出）
経済性：急速施工（大吐出）
という相反するテーマの解決

課題を解決するための具体的条件
①広い範囲を土粒子間急速浸透注入方式による広範囲の固結
②十数時間の連続注入が可能なゲル化の挙動を有する耐久性と急速浸透注入と浸透性に優れた注入材の適用
③工法と注入材を組み合わせた一括注入管理システム

急速浸透注入工法の開発
三次元同時注入システムの開発
柱状浸透注入工法の開発
多ステージ同時注入工法の開発

図7.2.1　恒久性グラウト注入工法の開発コンセプト

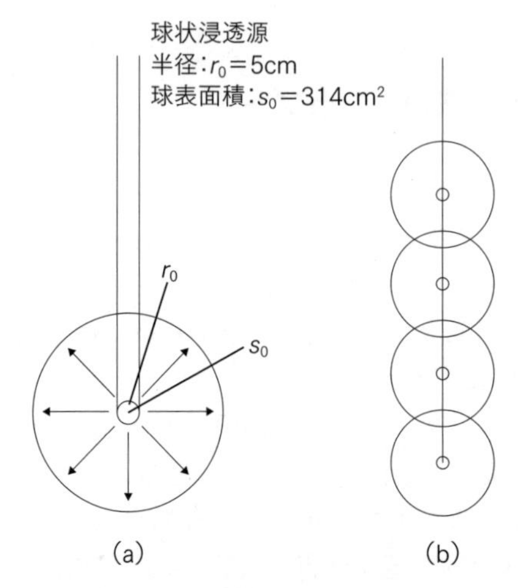

図7.2.2　球状浸透の原理

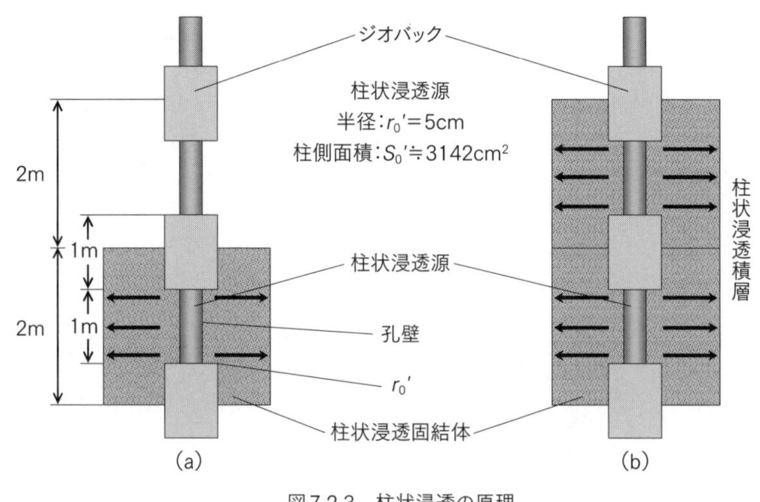

図7.2.3　柱状浸透の原理

7.3 **球状浸透と柱状浸透**

球状浸透源によるグラウトの浸透式としては、一般にMaagの式を使う（図7.3.1）。その式の成立条件は次の通りである。

①グラウトの浸透は層流であり、Darcyの法則に従う。

②地盤は均質で無限に続き、拘束するものはない。

③注入範囲は地下水位以下にあり、地下水は静止している。

④グラウトの比重は水と大差なく、浸透時の重力の項は無視できる。

⑤グラウトの粘性は一定であり、ゲルタイムは無視する。

宮本[242]は、浸透距離に注目して、グラウトの注入外周より外側に、注入圧力が地下水位に等しくなる影響半径Rを設定し、グラウト注入開始時の注入圧力水頭をh_w、浸透源の半径をr_w、グラウト注入終了時の注入圧力水頭をh_b、その時の注入距離をr_b、影響半径Rにおける地下水頭をh_0とおくことで式①②を求め、それからh_bを消去することで、注入圧力算定式③を求めた。ただし、q：グラウトの注入速度、k：地盤の透水係数、μ_w：水の粘度、μ_g：グラウトの粘度である。またこの計算例を図7.3.2に示す。

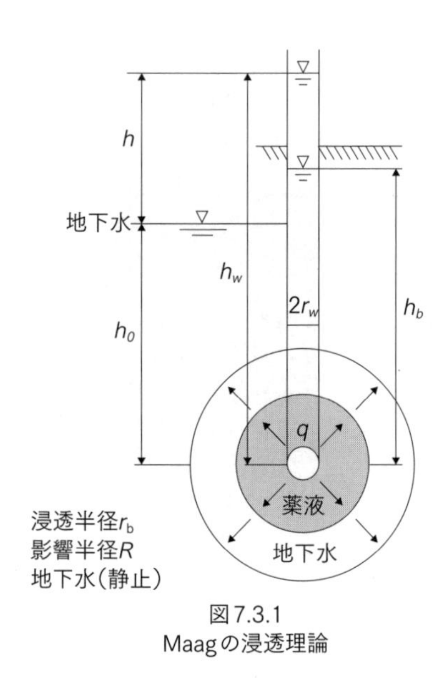

図7.3.1
Maagの浸透理論

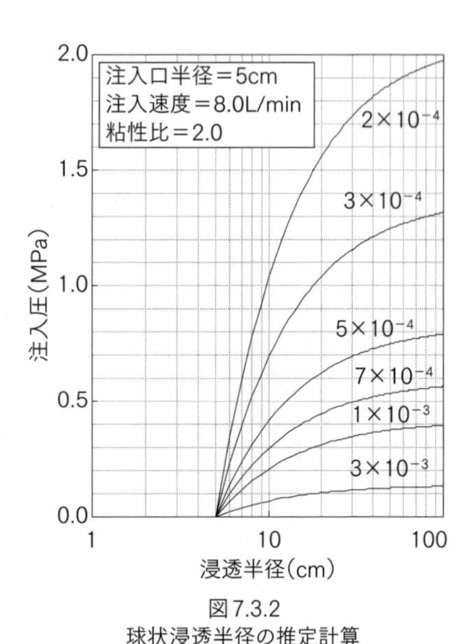

図7.3.2
球状浸透半径の推定計算
(Maagの平衡式)(菊池らによる)

$$h_w - h_b = \frac{q_{\mu g}}{4\pi k_{\mu w}}\left(\frac{1}{r_w} - \frac{1}{r_b}\right) \quad \cdots\cdots ①$$

$$h_b - h_a = \frac{q}{4\pi k}\left(\frac{1}{r_b} - \frac{1}{R}\right) \quad \cdots\cdots ②$$

$$h_w - h_a = \frac{q}{4\pi k}\left\{\frac{\mu_g}{\mu_w}\left(\frac{1}{r_w} - \frac{1}{r_b}\right) + \frac{1}{r_b} - \frac{1}{R}\right\} \quad \cdots\cdots ③$$

柱状浸透によるグラウトの浸透については、同じく宮本は定常状態にある被圧地下水の井戸公式(Theim式)を援用し、グラウト注入開始時および終了時の圧力水頭と距離の関係を球状の場合と同様に考えて式④と式⑤を求め、これからh_bを消去して注入圧力算定式⑥を求めた。ただし、柱状浸透源の高さと半径:D、r_w、注入開始時の注入圧力水頭:h_w、グラウトの注入速度:q、地盤の透水係数:k、水とグラウトの粘度:μ_w、μ_gである。またこの計算例を図7.3.3に示した。

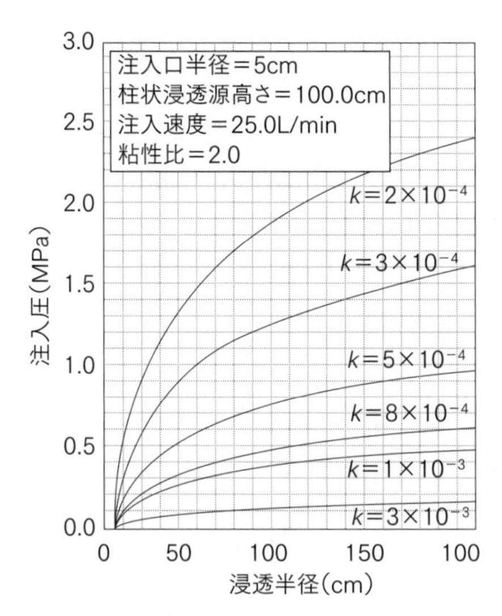

図7.3.3　柱状浸透半径の推定計算（Theimの平衡式）（菊池による）

$$h_w - h_b = \frac{q}{2\pi k D \mu_w} \, ln\left(\frac{r_b}{r_w}\right) \quad \cdots\cdots④$$

$$h_b - h_0 = \frac{q}{2\pi k D} \, ln\left(\frac{R}{r_b}\right) \quad \cdots\cdots⑤$$

$$h_w - h_0 = \frac{q}{2\pi k D} \left\{ \frac{\mu_g}{\mu_b} \, ln\left(\frac{r_b}{r_w}\right) + ln\left(\frac{R}{r_b}\right) \right\} \quad \cdots\cdots⑥$$

7.4 急速浸透注入工法における浸透注入

注入速度と注入圧力の関係を図7.4.1に示す。注入速度が遅い状態では、注入速度と注入圧力は比例関係（第1段階）にあり、このときの注入形態は浸透注入となり、一様な改良体が形成される。注入速度がある速度より速くなると、注入速度と注入圧力の比例関係は保てなくなり（第2段階)、このときの注入形態は割裂・浸透注入となり、浸透注入と比較すると一様な改良体は形成されにくい。この注入速度と注入圧力の関係に影響を及ぼす要因としては、地盤構成、細粒分含有率、密度、土被り圧、地盤の透水係数などがある。

恒久グラウト注入工法は、土粒子間に薬液が浸透し、一様な改良固結体を形成するような浸透注入を行うことが基本であるため、注入対象地盤に対して現場注水試験を実施し、注入速度と注入圧力の関係を把握した上で、適切な注入速度および管理圧力値を決定する必要がある。表7.4.1に恒久グラウト注入工法における標準的な注入速度、図7.4.2に超多点注入工法の施工実績における細粒分含有率と注入速度の関係を示す。

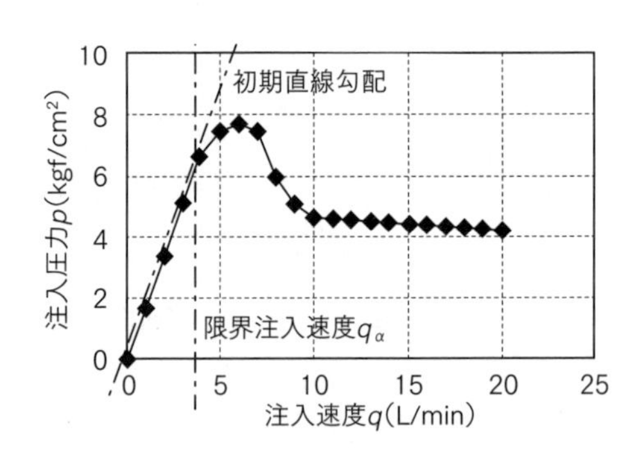

図7.4.1　恒久グラウティングにおけるp-qの関係と限界注入速度の求め方（米倉による）

表7.4.1　恒久グラウト注入工法における標準的な注入速度

工法	超多点注入工法	エキスパッカ工法	3D・EX工法
注入方式	結束細管方式	トリプルパッカ方式	トリプルパッカ方式
注入形態	3次元同時多点 （球状）	柱状浸透	柱状浸透
注入速度	1～6 L/分	10～30L/分	10～30L/分

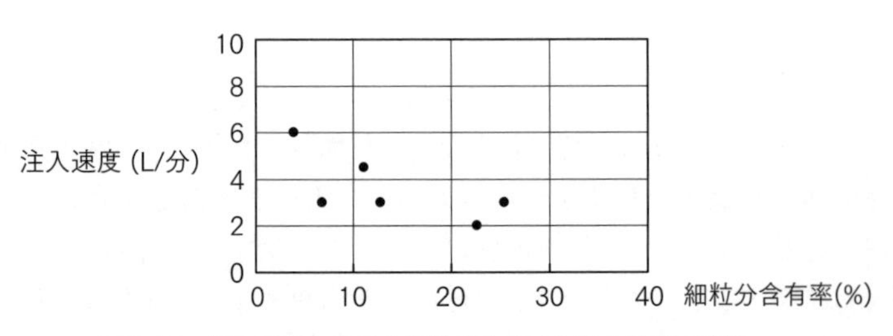

図7.4.2　施工実績における細粒分含有率と注入速度の関係

7.5 恒久グラウト注入工法の適用性

恒久グラウト注入工法の主たる適用対象を表7.5.1に示す。本工法は、注入材に恒久グラウトを使用することにより、図7.5.1に示すような既設構造物や港湾・護岸構造物の液状化対策や基礎補強に適用が可能である。

表7.5.1　恒久グラウト注入工法の適用性

注入工法	注入による地盤改良目的と地盤状況				
	高強度仮設	恒久本設			地盤の状況※2
		液状化防止	恒久遮水	高強度補強	
二重管複合注入工法	○	○	—	○	多層地盤※3
二重管ダブルパッカ工法	○	○	○	○	多層地盤※4
エキスパッカ工法	○	○	○	○	多層地盤※3
超多点注入工法※1 多点同時注入工法	—	○	○	—	多層地盤
マルチストレーナ工法	○	○	○	○	多層地盤※3

※1：溶液型グラウトのみを対象とする。一次注入として瞬結注入することも可能である。
※2：どちらかと言えば表記した地盤に適しているが、いずれの地盤にも適用可能である。
※3：一次注入可能。一次注入は通常懸濁液を用いる。
※4：一次注入として瞬結注入を用いる。

①既設構造物の直下の液状化対策や基礎補強

既設構造物の直下を水平や斜め方向の施工によって地盤改良する場合（図7.5.1（a））。

②作業ヤードが狭い場合の液状化対策や基礎補強

工場などで施設どうしの間隔が狭く、狭隘な作業ヤードの場合（図7.5.1（b））。

③作業ヤードに高さ制限がある場合の液状化対策や基礎補強

橋梁の桁下空間などのように、施工ヤードに高さ制限がある場合（図7.5.1（c））。

④地中構造物の液状化対策や基礎補強

ボックスカルバートなどの地中埋設物の液状化による浮き上がりを防止する場合（図7.5.1（d））。

⑤捨石・玉石層の下部の液状化対策や基礎補強

機械式深層混合処理工法など従来の地盤改良工法で対応できない基礎捨石や玉石層の下部を改良する場合（図7.5.1（e））。

⑥近接構造物に施工中の変位を与えたくない場合の液状化対策や基礎補強

近接した既設構造物に悪影響となる変位を与えたくない場合（図7.5.1（f））。

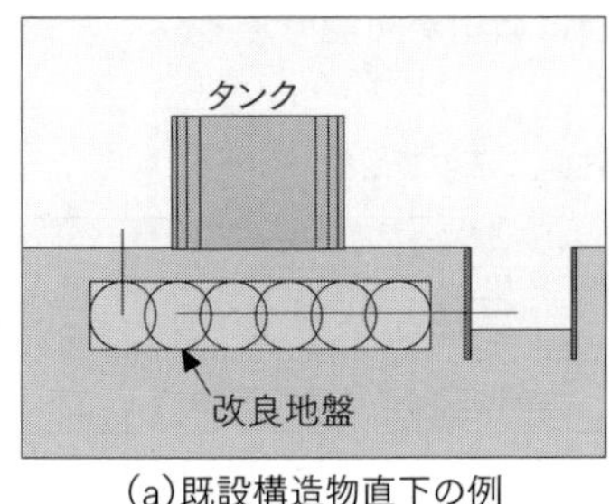

(a)既設構造物直下の例

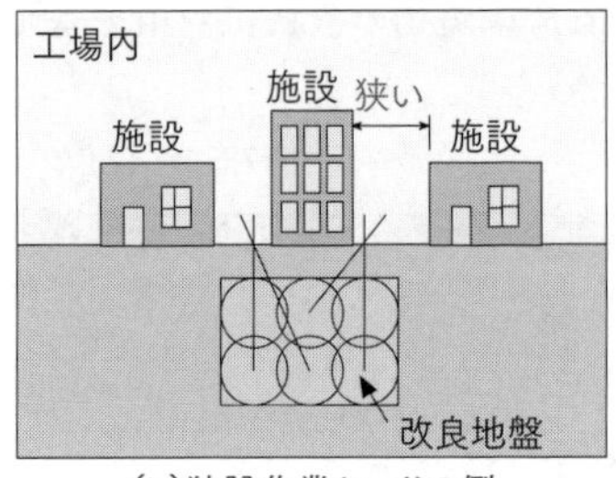

(b)狭隘作業ヤードの例

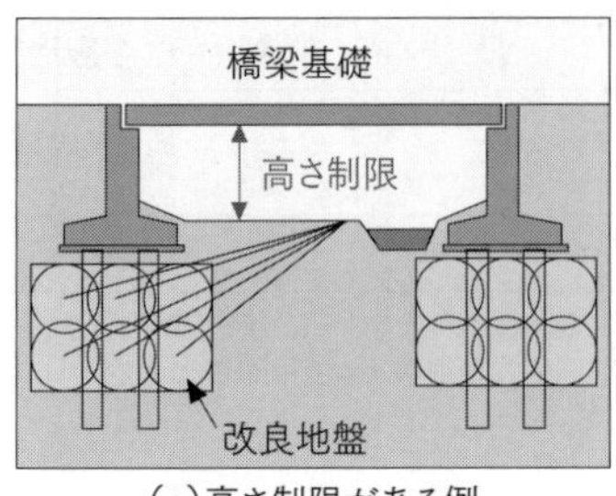

(c)高さ制限がある例

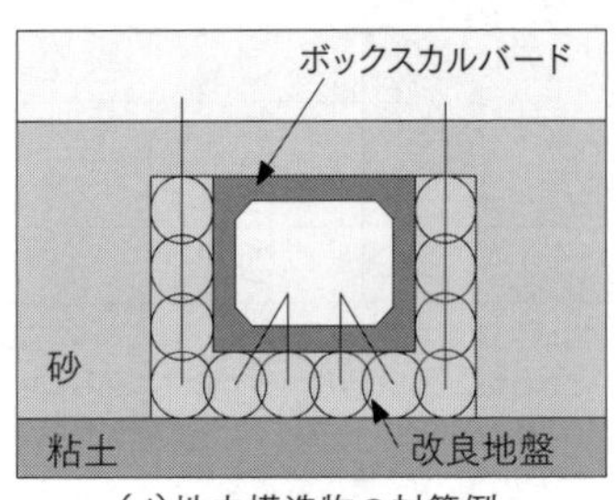

(d)地中構造物の対策例

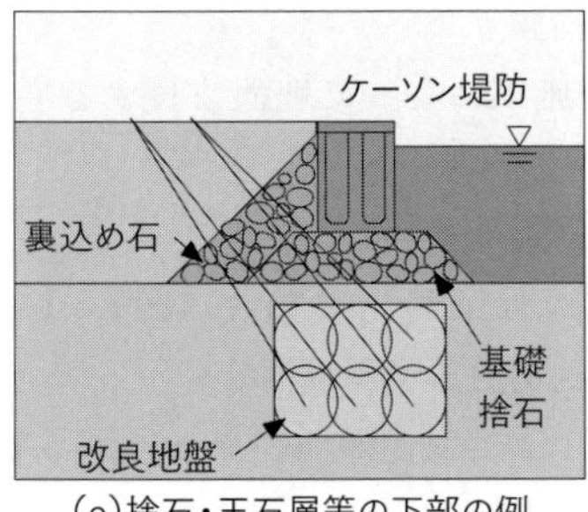

(e)捨石・玉石層等の下部の例

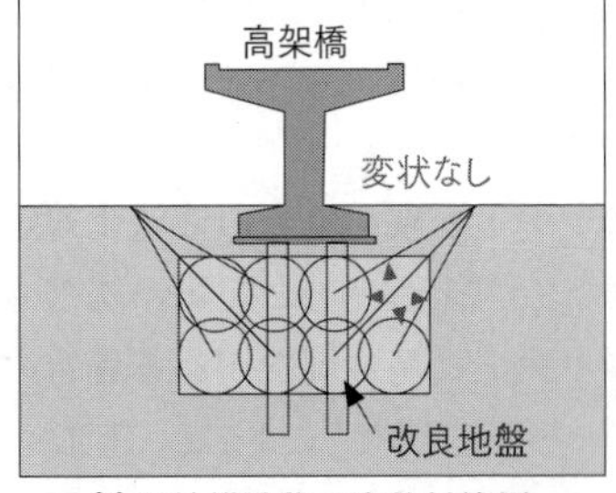

(f)近接構造物の変位対策例

図7.5.1　恒久グラウト注入工法の適用箇所

7.6 急速浸透注入工法の種類と特徴

本工法に使用する注入工法は、地盤の堆積状態を乱すことなく均質に改良できることが原則であるため、低速度あるいは低圧力で注入する必要がある。このような条件下では施工性が低下するため、表7.6.1に示すように、低速度であるが複数箇所を同時に注入する「超多点注入工法」や、大きな柱状浸透源より速い注入速度でも低圧力で注入可能な「エキスパッカ工法シリーズ」や「マルチストレーナ工法」、複数の柱状浸透源より複数箇所同時に注入可能な「スリーPシステム」等の急速浸透注入工法が開発されている。また、エキスパッカ工法やマルチストレーナ工法と組み合わせて、効率良く施工できるシステムとして3Dシステムが開発されている。

注入工法の選定にあたっては、事前調査で得られた地盤の構成や土質特性、後述する各工法の特徴や機能を考慮した上で最も適切なものを選定する必要がある。なお、いずれの工法においても、施工にあたっては、原位置で注水試験

表7.6.1　急速浸透注入工法一覧

<table>
<tr><th>工法・
システム名称</th><th>浸透形態</th><th>施工管理</th><th>注入速度</th><th>削孔間隔</th><th>使用注入材</th></tr>
<tr><td>超多点注入工法</td><td>球状</td><td>一括管理
(1set＝32箇所)</td><td>1～6L/min×
1set=192L/min</td><td>1.0～3.0m</td><td>緩結</td></tr>
<tr><td>エキスパッカ
工法</td><td rowspan="3">柱状</td><td rowspan="3">個別管理</td><td rowspan="3">10～30L/min×
2set＝60L/min</td><td rowspan="3">2.0～3.0m</td><td>緩結</td></tr>
<tr><td>エキスパッカ・NEO
工法</td><td>瞬結または
懸濁・緩結</td></tr>
<tr><td>エキスパッカ-N
工法</td><td>緩結</td></tr>
<tr><td>マルチストレーナ
工法</td><td>柱状</td><td>個別管理</td><td>5～30L/min×
2set＝60L/min</td><td>1.5～3.0m</td><td>瞬結または
懸濁・緩結</td></tr>
<tr><td>スリーPシステム
PART-Ⅰ</td><td>球状</td><td>一括管理
(1set＝10箇所)</td><td>5～10L/min×
1set＝80L/min</td><td>1.0～2.0m</td><td>緩結</td></tr>
<tr><td>スリーPシステム
PART-Ⅱ</td><td>柱状</td><td>一括管理
(1set＝10箇所)</td><td>10～20L/min×
1set＝80L/min</td><td>2.0～3.0m</td><td>緩結</td></tr>
<tr><td>3Dシステム</td><td>使用する
注入管による</td><td>一括管理
(1set＝8箇所)</td><td>使用する
注入管による</td><td>使用する
注入管による</td><td>使用する
注入管による</td></tr>
</table>

を実施し、注入速度qと注入圧力Pの関係より、限界注入速度q_{cr}を求め、注入速度や注入圧力の管理基準値を設定することとする[250) 251)]。

(1) 超多点注入工法

1) 工法概要

超多点注入工法は、図7.6.1に示すように、結束注入細管（写真7.6.1）と1ユニットで32箇所同時注入できるマルチ多連ポンプを接続し、細管の先端に設置した特殊なノズルから低速度で注入するものであり、確実な浸透注入が期待できる工法である。結束注入細管の建て込みは、ϕ96mm程度のケーシング削孔を行い、ケーシング内にシールグラウトを充填し、束ねた細管を挿入する。その後、シールグラウトが固化する前にケーシングパイプを引抜き、地盤に定着する。

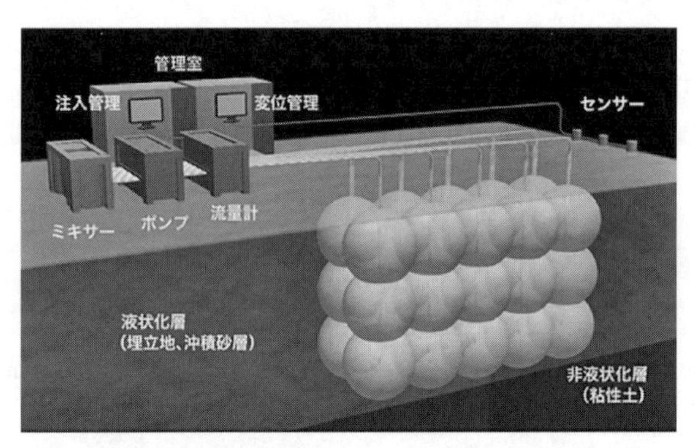

図7.6.1　超多点注入工法概略図

(1)先端ノズル部

(2)建て込み状況

写真7.6.1　超多点注入工法専用注入管

2）特徴

超多点注入工法は、1ポイント当たりの注入速度は低速度であるが、複数箇所を同時注入することにより急速施工が可能である。なお、注入ポンプは、コンパクトにユニット化されたマルチ多連ポンプ（D1,260 × W1,800 × H1,950）を使用するため、狭隘部での施工性に優れる。また、注入圧力、地盤・構造物の変位に応じて各ポイントの注入速度を自動制御できるため、構造物近傍での施工に適している。

なお、地盤条件としては、単層地盤では施工ピッチを大きく、多層地盤ではピッチを狭くすることにより様々な地盤に対応することができる。

(2) エキスパッカ工法シリーズ

1）工法概要

エキスパッカ工法は、図7.6.2に示すように、ジオバッグ（写真7.6.2）とスリーブ付き吐出口を有する注入管（写真7.6.3）を地盤に建て込み、ジオバッグを膨張させることにより地盤に定着し、柱状浸透源を確保した状態から薬液を浸透注入する工法である。

注入管の建て込みは、φ96 ～ 120mmのケーシング削孔を行い、削孔完了後ケーシング内に注入外管を建て込み、その後ジオバッグを膨張させ、未改良土被り部のみシールグラウトを行う。

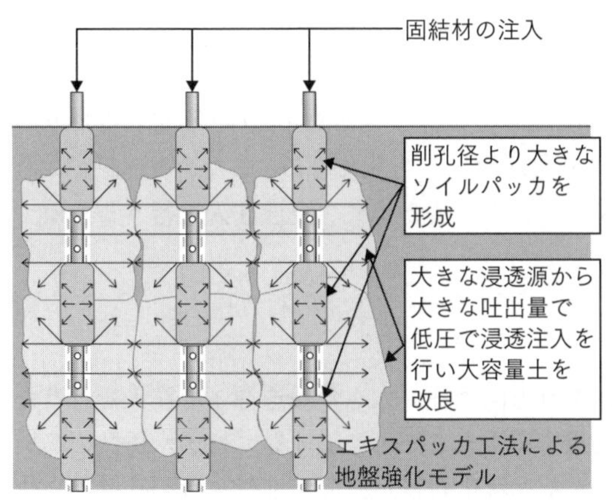

図7.6.2　エキスパッカ工法概略図

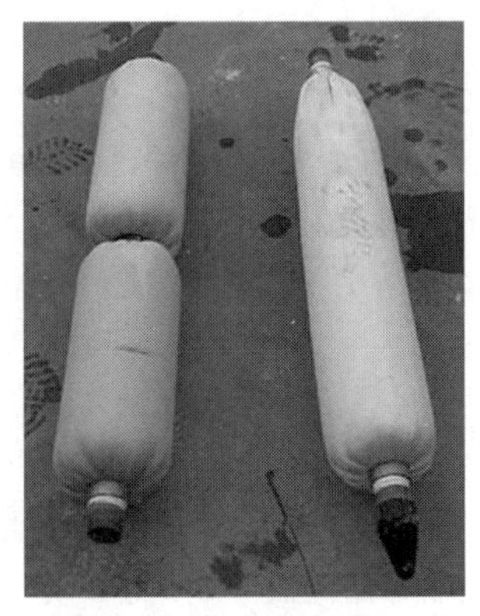

写真7.6.2　地上充填ジオバッグ
（左：エキスパッカ・NEOのジオバッグ、右：エキスパッカのジオバッグ）

(1)ジオバッグ部

(2)注入区間部

写真7.6.3 エキスパッカ工法専用注入管

写真7.6.4
土中のジオバッグとソイルパッカ

ジオバッグは透水性の袋体からなり、ジオバッグ内に懸濁型のグラウト（ジオパック）を圧入して膨張させると、ジオパックの一部が袋体の目から外部に浸出して袋パッカよりも大きなソイルパッカを形成するため、すぐれたパッカ機能をもつ（写真7.6.4)。

注入内管はトリプルパッカを用い、1ステージの柱状浸透源に2箇所の逆止弁から同時に注入液が吐出される。

2）特徴

エキスパッカ工法は、大きな浸透源を確保できるため、1ポイント当たりの注入速度を大きくすることにより急速施工が可能である。また、浸透源が大きいことより、注入速度が大きくても注入圧力が低く、浸透注入を行うことができる。

3）その他

基本のエキスパッカ工法は、垂直方向に長い大きな浸透源より注入を行うため、単層地盤では一様な改良効果を得られるが、多層地盤では透水係数の高い層に浸透しやすい傾向があり、また液状化対策が必要な地盤では削孔壁が自立しづらく、大きな浸透源を確保できない場合もある。そこで、前述のエキス

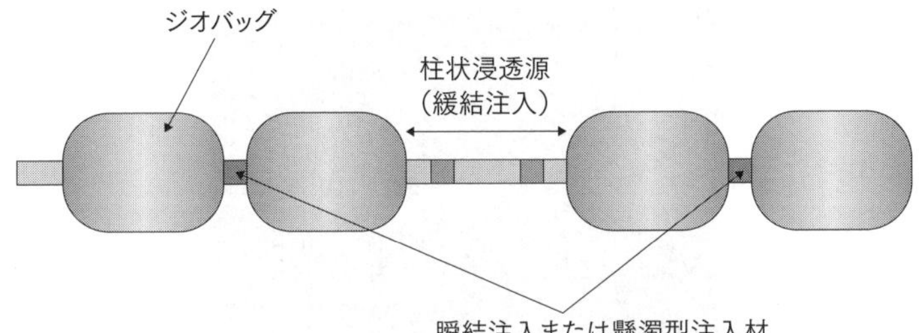

図7.6.3　エキスパッカ・NEO工法専用注入管

写真7.6.5　エキスパッカ-N工法専用注入管

パッカ工法の特徴を有し、さらに改良された工法としてエキスパッカ・NEO工法、エキスパッカ-N工法がある。

エキスパッカ・NEO工法は、図7.6.3に示すように、多層地盤に対応するため、大きな浸透源の間に瞬結注入または懸濁注入できる機能を持たせた工法である。また、エキスパッカ-N工法は、浸透源を確実に確保する目的で、写真7.6.5に示すジオフィルターが取り付けられている。

(3) マルチストレーナ工法

1）工法概要

マルチストレーナ工法は写真7.6.6に示す特殊な注入外管により、図7.6.4に示すように大きな柱状浸透源を確保し、速い注入速度でも浸透注入を急速に行うことができる工法である。

写真7.6.6　マルチストレーナ管

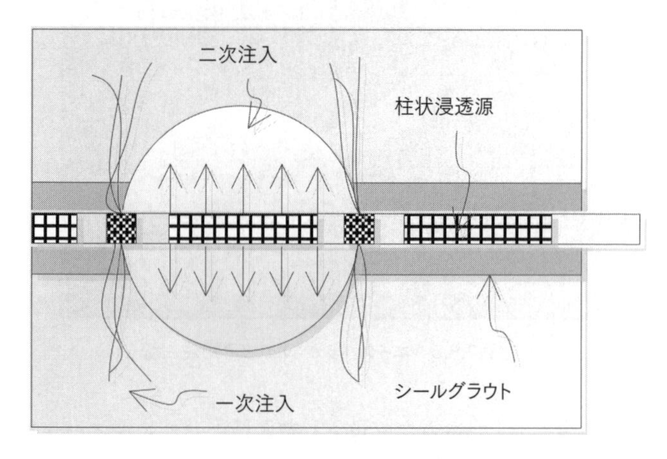

図7.6.4　マルチストレーナ工法概略図

2）特徴

マルチストレーナ管まわりのシールグラウトにより、施工中の削孔壁の崩落を防止し、大きな柱状浸透源を確実に確保するとともに、他の注入ステージにおける注入の影響を防ぐ。また、礫層や互層地盤などでは一次注入を併用することにより、大きな間隙を間詰し、二次注入材の逸脱を防止し、浸透注入による高い改良効果を得ることができる。

(4) スリーPシステム

1) システム概要

スリーPシステムは、1台のグラウトポンプから複数の注入管（10箇所）に分岐送液する機能を持ったハイパーグラウトシステムによって、複数箇所を同時に注入することができるシステムである。なお、この工法に適用する注入管は点注入するタイプ（図7.6.5）と柱状浸透源から柱状注入を行うタイプとある（図7.6.6）。

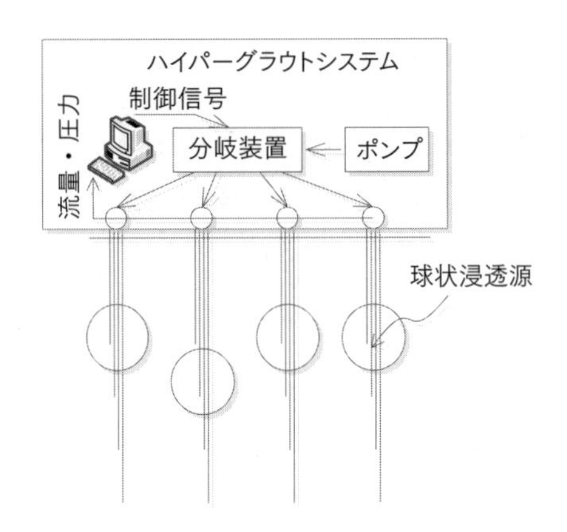

図7.6.5　スリーPシステムPART-Ⅰ概略図

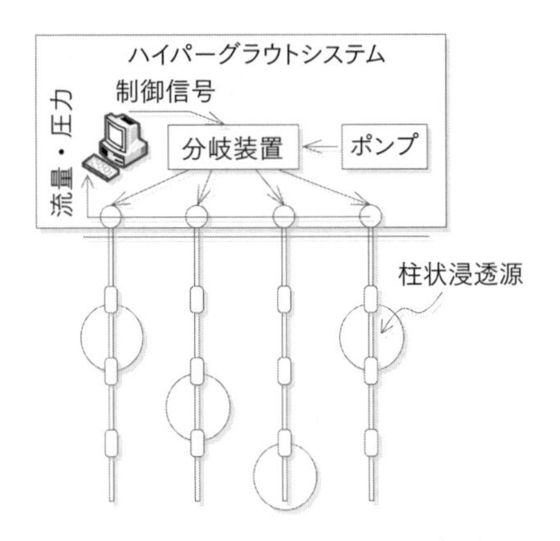

図7.6.6　スリーPシステムPART-Ⅱ概略図

2）特徴

スリーPシステムに使用するポンプは、1台で大きな吐出量が可能なものであり、これを複数箇所に分岐する。PART-Ⅰは球状の浸透源より、PART-Ⅱでは柱状の浸透源より複数箇所を同時に浸透注入することを特徴としている。よって、従来工法より設備が小型化、工期の短縮が図られる工法である。また、施工管理はコンピューター集中制御システムを採用しており、個々の注入ポイントの注入量・注入速度・注入圧力をコントロールすることが可能である。

(5) 3Dシステム

1）システム概要

3Dシステムは、図7.6.7に示すように多連注入ポンプ（写真7.6.7）と一括管理システム（写真7.6.8)、流量・圧力検出器から成り、様々な注入管に対応可能な三次元同時注入装置である。多連注入ポンプは、1ユニットで8箇所同時注入でき、その吐出量はインバーターによってポイントごとに5～30L/minに調整が可能である。

また、検知器より送信された注入量、注入速度、注入圧力は一括注入管理システムに送信され、異常がある場合には、ポイントごとにポンプの制御信号が送信される。

2）特徴

3Dシステムは、二重管ダブルパッカ工法や、エキスパッカ工法、マルチストレーナ工法などの注入管を適用でき、一般的に薬液注入工法で使用するポンプや流量計を用いる場合と比較して、工期の短縮、省人化、品質の良い施工管理を行うことができる。

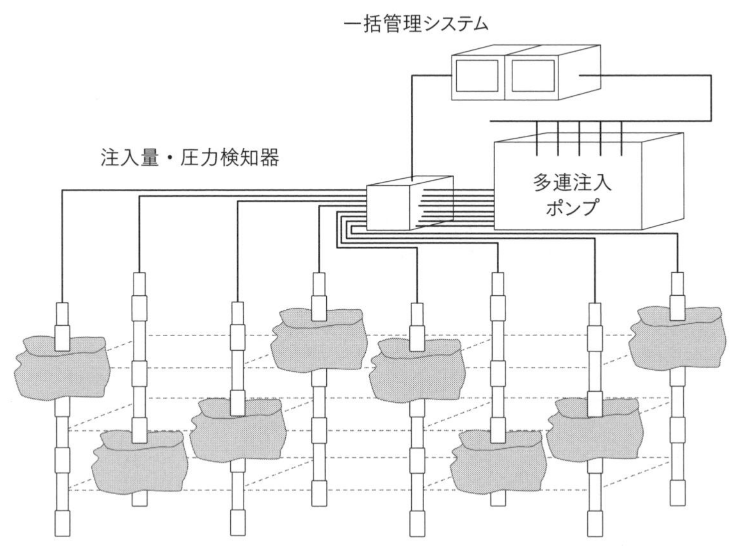

図7.6.7　3D システム概略図（エキスパッカ工法に適用した例）

写真7.6.7　多連注入ポンプ

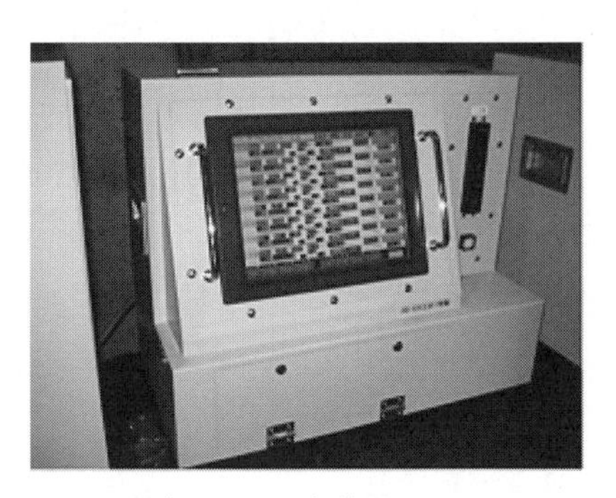

写真7.6.8　一括管理システム

第8章

薬液注入による固結土の耐震的性質と活性複合シリカを用いた改良土の液状化強度と改良効果の確認[103) 104) 105) 106) 113) 114) 118) 126) 127)]

8.1 固結土の耐液状化

水で飽和した砂質土の地盤に地震によってせん断力が加わると、砂質土にダイレイタンシーが生じる。そのとき砂質土の密度が低いと、負のダイレイタンシーとなって液状化が発生するわけである。九州大学の善功企は運輸省港湾技研に在職中、恒久グラウトが出現したことを受けて、これを砂質土の間隙に充填することによって負のダイレイタンシーを防ぎ、砂質土の液状化を防止するということを提案した。そのときは、負のダイレイタンシーの発生を防止することだけを目標として、グラウトの注入による固結土の強度は、一軸圧縮強度で80kPa 以上あれば十分であると考えた。

この液状化防止のための注入工事は、当然のことながら本設注入工事である。したがって恒久グラウトを用いるが、さらに土の間隙にグラウトを適確に充填するために、限界注入速度以下で注入する浸透注入工法を使用しなければならない。

ところで液状化の判定試験は、一般的には繰返し三軸圧縮試験か繰返しねじりせん断試験によって行う。社本らによる繰返し三軸圧縮試験の例を、図8.1.1および図8.1.2 に示した。飽和供試体に非排水状態で繰返し応力をかけると、砂の場合は、間隙水圧が上昇し有効応力が減少していき、それが0に近づくと、

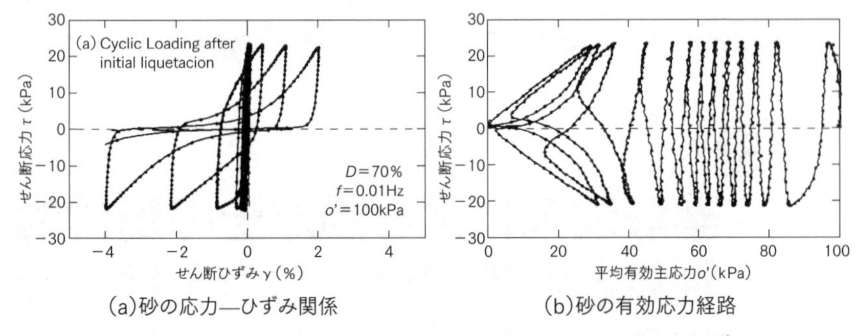

(a)砂の応力―ひずみ関係　　(b)砂の有効応力経路

図8.1.1　繰返し応力による砂のひずみと有効応力（社本らによる）[117)]

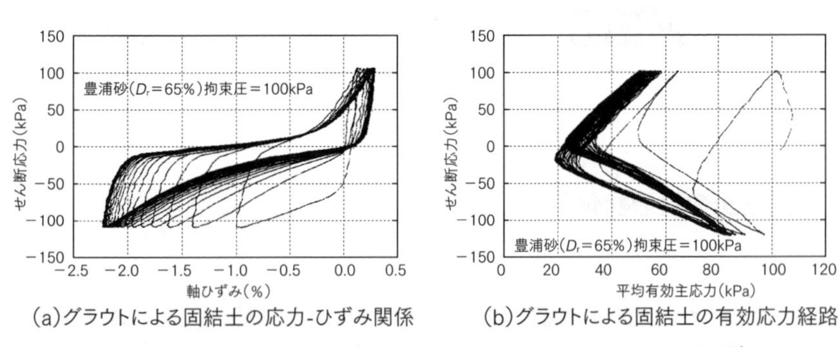

(a)グラウトによる固結土の応力-ひずみ関係　　(b)グラウトによる固結土の有効応力経路

図8.1.2　繰返し応力による固結土のひずみと有効応力（社本らによる）[105)]

急速にひずみが増していって液状化状態になる。一方、グラウトによる固結土では、応力の繰返しにともなってひずみは収斂していき、有効応力も0 にならず、液状化は発生しないことがわかる。

地盤の液状化が完全に起これば、地盤は液体状になって自由に変形する。ただし液状化判定のための試験では、完全液状化の起こる前で、ひずみの両振幅の合計（圧縮ひずみと伸張ひずみの合計）が三軸圧縮試験で5%、ねじりせん断試験で7.5%になったときを、液状化の始まりと見て判断することにしている。

このようにして大野らが行った繰返しねじりせん断試験の例を、図8.1.3に示した。ここで、繰返し応力が20回のときの拘束圧に対して加えたせん断応力の比を液状化強度比という。これが砂に対して、グラウトによる固結砂では2倍になっていて、液状化に対する改良が進んでいることがわかる。

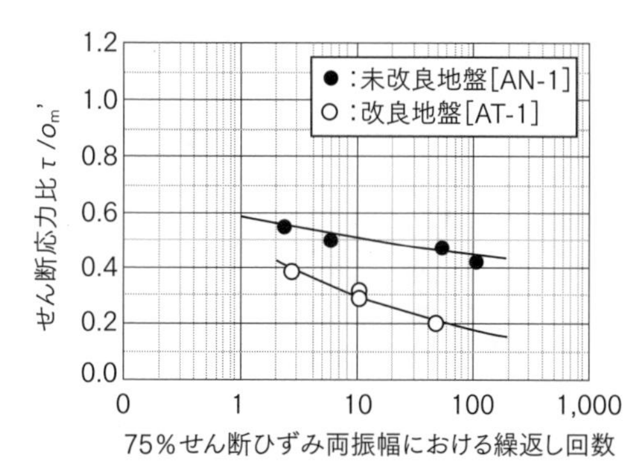

図8.1.3　繰返し回数とせん断応力比（斉藤・大野らによる）[173)]

8.2 繰返し応力に対する固結土の変形

液状化を防止するという意味では、土の間隙にグラウトを注入することでその目的が果たせるが、地震による被害という観点から考えると、地盤の変形が重要な要因となる。しかし、実際の現場でどこまでの変形に耐えられるかは構造物によって異なるので、今のところ明確な限界が定められていない。グラウトによる固結土は、図8.1.2 を見てわかるように細粒土混じりの砂質土に似た様相を示している。したがって固結土は、地震時における大きな変形やクリープが、注意すべき重要な性質になるのである。

そこで今後は、限界変形量やその予測法の研究を進める必要があるのだが、今のところは、液状化試験の繰返し三軸圧縮試験や繰返しねじりせん断試験を援用して、それぞれ5%あるいは7.5%のひずみを基準にした液状化強度比をもちいることにしている。そしてこれに対して、地震によって発生するせん断応力比（拘束圧に対するせん断応力の比）が小さければ、地震に対する変形が安全であると判断するのである。

社本らは、固結土の一軸圧縮強度と液状化強度の関係を求めて、図8.2.1 のような結果を示している。この図を使用すれば、地震によるせん断応力比を知って、必要な固結土強度を求めることができる。

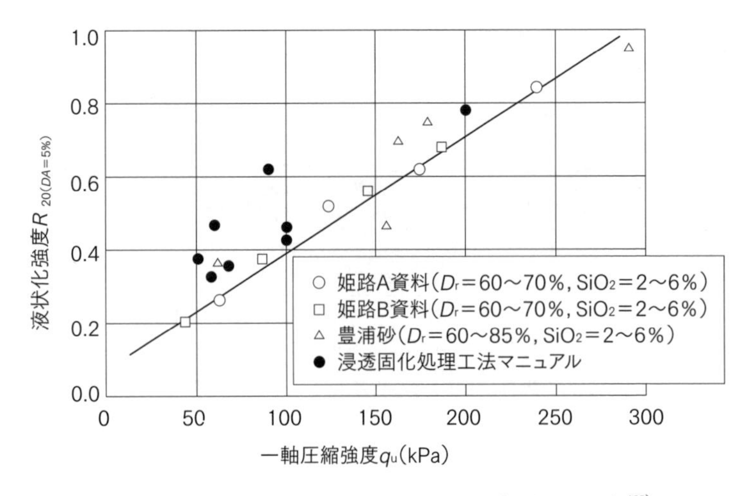

図8.2.1 固結土の一軸圧縮強度と液状化強度比（社本らによる）[105]

8.3 液状化強度

液状化強度比は、繰返し回数20回で両振幅ひずみを5％発生させる応力比とする。図8.3.1に既往事例のシリカ濃度～せん断応力比関係を示す。この図より、シリカ濃度（SiO_2）が大きくなるほど液状化強度比Rが大きくなることがわかる。

改良砂の繰返し三軸試験結果の一例を図8.3.2に示す。薬液改良された地盤の液状化進行過程は、未改良地盤と比較して異なる。未改良地盤の有効応力経路は、繰返し載荷に伴い有効応力が徐々に減少し、液状化の発生とともに急激に有効応力が減少して破壊に至る。しかし、薬液改良された地盤は有効応力が徐々に減少するが0になることはない。

一軸圧縮強さと液状化強度比の関係を図8.3.3に示す。一軸圧縮強さが増加するとともに、液状化強度比も大きくなる傾向を示している。設計基準強度を簡易的に決定する場合は、このq_u ～ $Rl_{20\ (DA=5\%)}$関係を用いて、液状化強度比Rを満足する一軸圧縮強さとする。なお、このときのシリカ濃度は、配合試験によって一軸圧縮強さとシリカ濃度の関係図から決定する（図9.6.9）。図8.2.1、図8.3.5～図8.3.10、に社本らによる液状化強度の試験結果を示す。

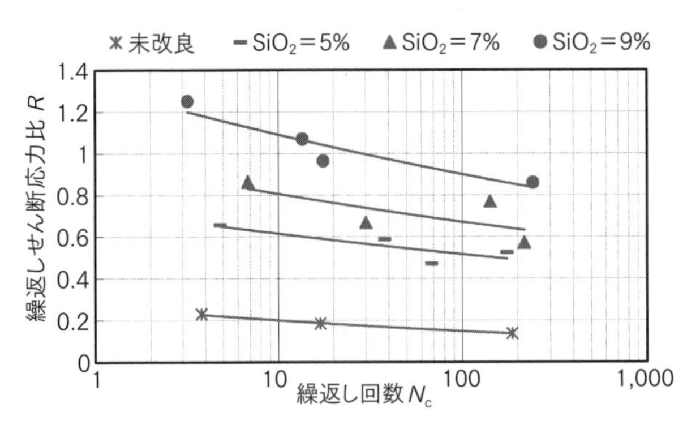

図8.3.1　シリカ濃度〜せん断応力比関係[250)]

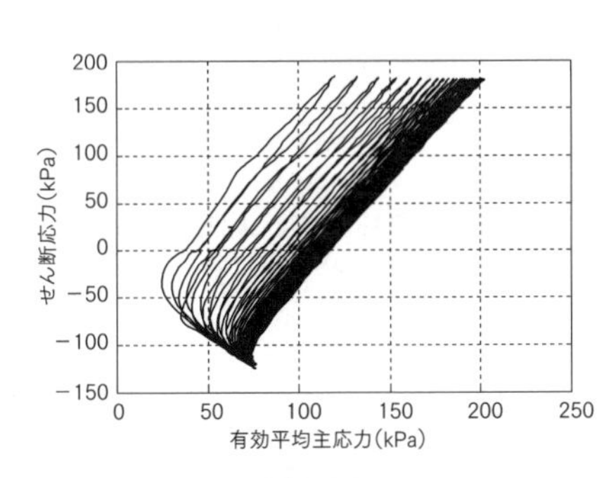

図8.3.2
改良土の有効平均主応力〜
せん断応力関係[250)]

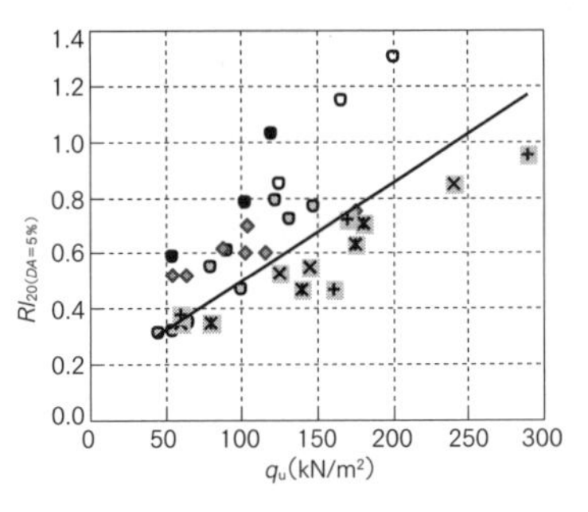

図8.3.3
q_u 〜 $RI_{20\ (DA=5\%)}$ 関係[250)]

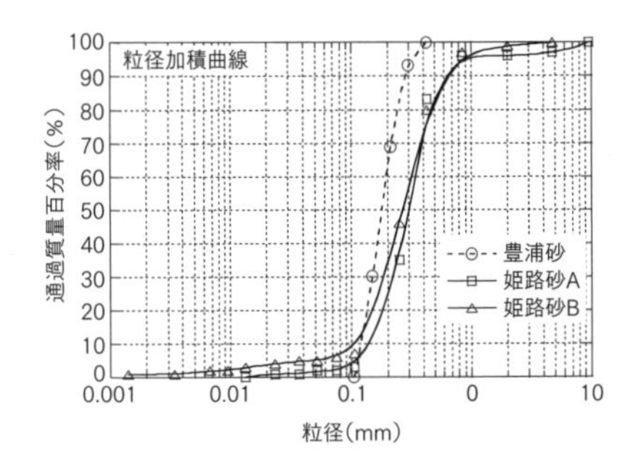

図8.3.4
試験に用いた砂の粒度分布
（社本らによる）[106)]

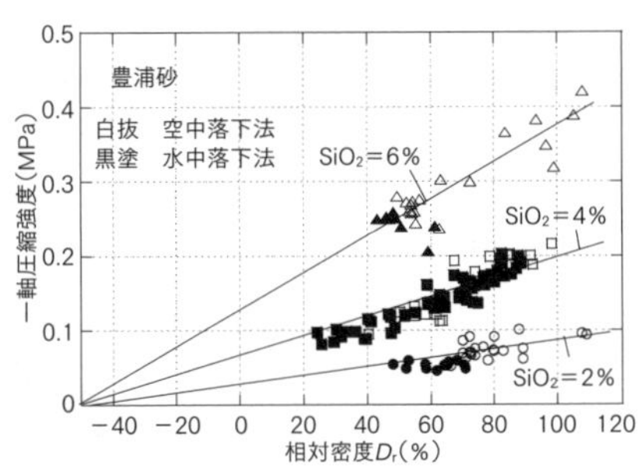

図8.3.5
豊浦砂の一軸圧縮強度と相対密度の関係
（社本らによる）[106)]

表8.3.1 各試料の物理特性（社本らによる）[106)]

試料名	ρ_s（g/cm^3）	ρmax（g/cm^3）	ρmin（g/cm^3）	D_{20}（mm）	U_c
豊浦砂	2.640	1.650	1.334	0.140	1.70
姫路砂A	2.693	1.554	1.235	0.202	2.00
姫路砂B	2.696	1.554	1.237	0.166	2.37

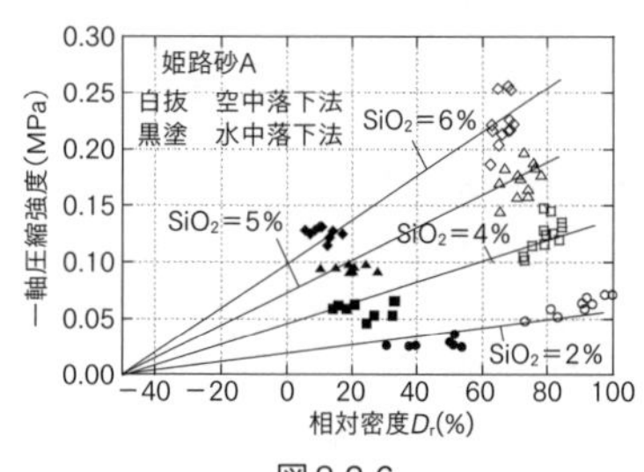

図8.3.6
姫路砂Aの一軸圧縮強度と相対密度の関係（社本らによる）[106)]

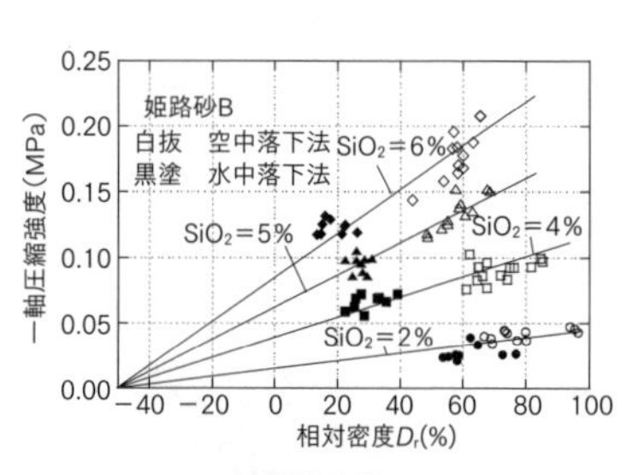

図8.3.7
姫路砂Bの一軸圧縮強度と相対密度の関係（社本らによる）[106)]

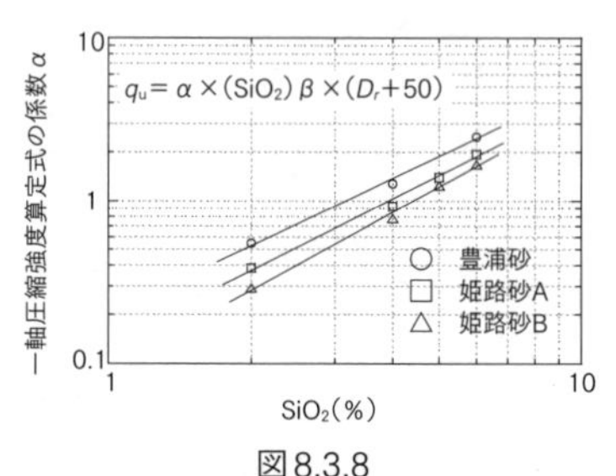

図8.3.8
一軸圧縮強度算定式の傾きαとシリカ濃度の関係（社本らによる）[106)]

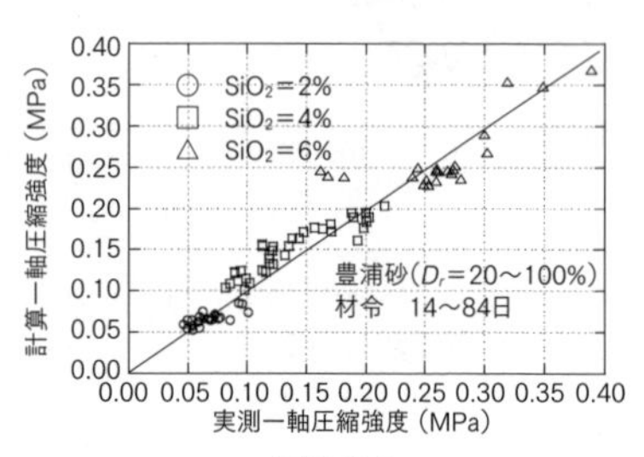

図8.3.9
豊浦砂の一軸圧縮強度の計算値と実測値の比較（社本らによる）[106)]

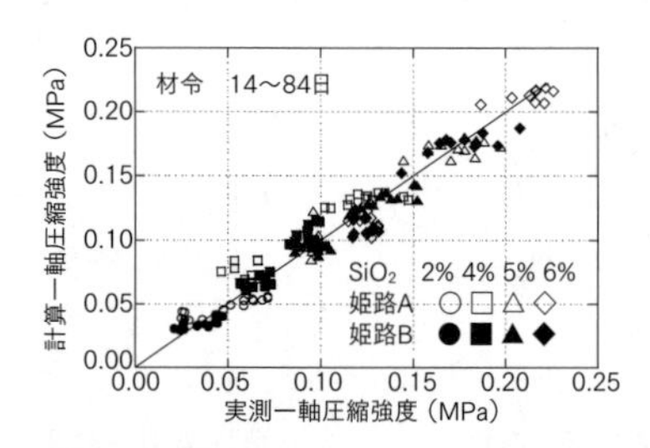

図8.3.10 姫路砂の一軸圧縮強度の計算値と実測値の比較（社本らによる）[106)]

8.4 大規模野外試験における経年固結土の液状化強度と東日本大震災後の液状化強度の持続性の実証

8.4.1 大規模野外試験における経年固結土の液状化強度

以下は、写真3.7.1におけるパーマロック・ASF-IIの3年後のコアサンプリングによって得られた試料を用いた液状化強度試験結果である。

パーマロック・ASF-IIにより固結した経年3年の試料について、非排水繰返し三軸試験を実施した。試験は有効拘束圧 σ_c を50kN/m^{2}とし、繰返し回数 N_c は両振幅ひずみDAが5%に達した状態とした。図8.4.1(a)に繰返し回数とせん断応力比の関係を示す。繰返し回数20回でのせん断応力比を液状化強度

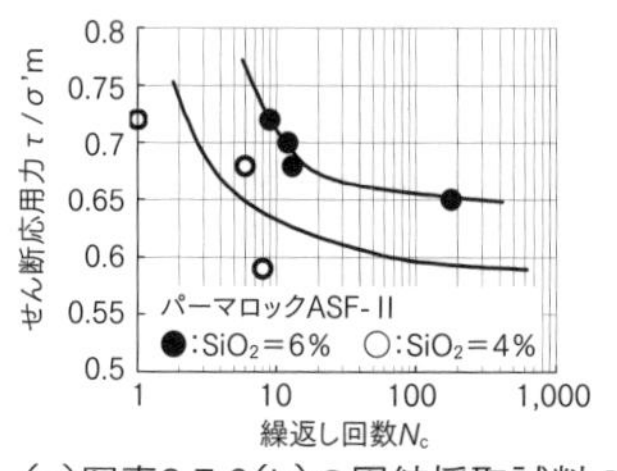

(a)写真3.7.6(b)の固結採取試料の液状化強度試験結果（繰返し回数～せん断応力比関係）

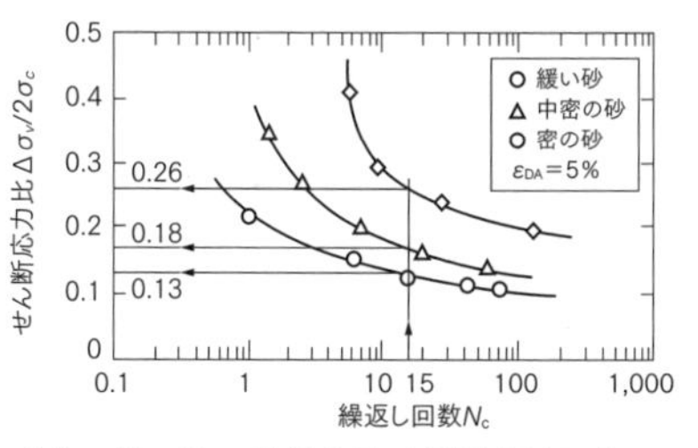

(b)一般の砂の液状化強度試験例（足立による）

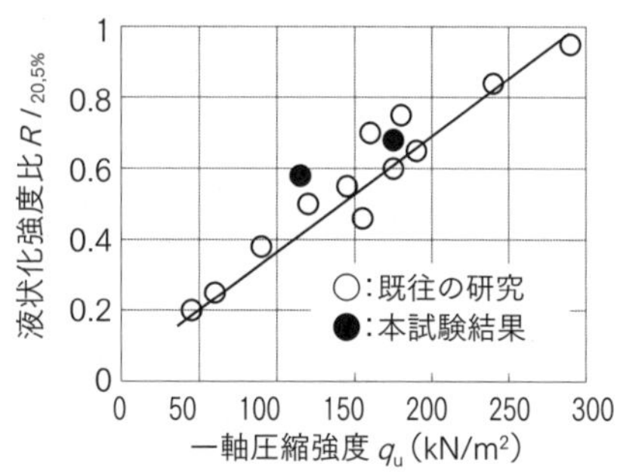

(c)固結試料の一軸圧縮強度と液状化強度比の関係と既往の関係図との対比

図8.4.1
第二次活性シリカコロイドによる
固結地盤の3年経過サンプリングコアの液状化強度試験例[125)]

$Rl_{20\ (DA=5\%)}$とすると、パーマロック・ASF-Ⅱ（SiO_2濃度：6%）の$Rl_{20\ (DA=5\%)}$は0.68となり、パーマロック・ASF-Ⅱ（SiO_2濃度：4%）では0.58となった。なお、現地GL.－3.0m付近における未改良砂の液状化強度は、$Rl_{20\ (DA=5\%)}$は0.22～0.30程度になる。また、一般の例を図8.4.1(b)に示す。いずれの配合も、$Rl_{20\ (DA=5\%)}$は0.4以上となり、十分な液状化抵抗力を有しているといえる。また、図8.4.1（c）から、既往の研究より求められた一軸圧縮強度と液状化強度比の関係に本試験の結果をプロットするとほぼ同一の傾向になることがわかる。したがって、図3.7.3、写真3.7.6より3、6、10年経過後も十分な液状化強度比が継続していることがわかる。

8.4.2 東日本大震災後の液状化強度の持続性の実証

平成11（1999）年に野外注入試験を行った地盤（写真3.7.1）から東日本大震災後の平成23（2011）年9月に採取した改良土の不攪乱試料で、液状化強度試験を行った。

東日本大震災以降に採取した12年目のコアの液状化強度は、いずれの濃度においても3年目（2011年）に実施した結果より強くなる傾向を示していた。これは、3年目以降も若干ではあるが強度が増加する傾向を示し、大地震後も液状化強度が劣化していないことがわかった（図8.4.2）[189]。

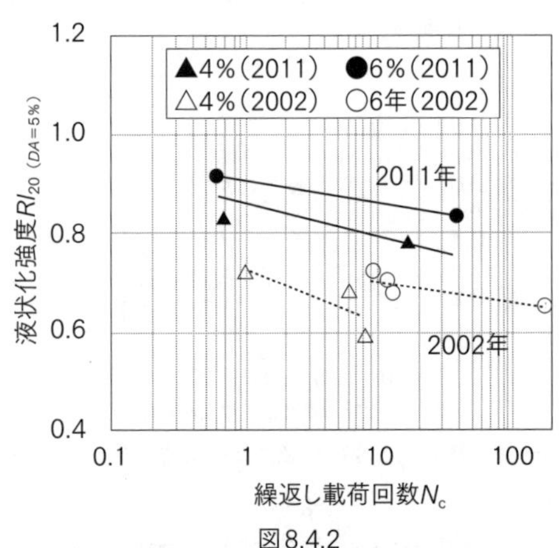

図8.4.2
東日本大震災（2011年3月11日）後の液状化強度曲線（DA＝5%）[189]

8.4.3 液状化対策工における効果確認試験例 [181) 182) 195) 257)]

供用中ターミナル近接部の桟橋式岸壁直下の地盤改良工事、大阪港北港南地区岸壁（－15m）（C-11）改良工事（第二工区）における効果確認試験についてまとめる。本工事の対象地盤は高透水性の玉石混じり砂礫であり、薬液が固化する前に対象範囲外へ散逸するなどして、所定の改良効果が得られない懸念があった。そこで、適切なゲルタイム設定および所定の改良効果が得られることの確認を目的とした試験を実施し、試験施工結果に基づき、注入仕様を決定した。その後薬液の浸透状況の段階確認を行い、施工管理にフィードバックしながら情報化施工を実施した。施工途中において薬液の浸透状況を確認すべく改良土のサンプリングを行い、施工管理にフィードバックしながら注入を行った。既注入域の段階確認では、薬液成分の分析結果から関係式を用いて一軸圧縮強度に換算すると、設計強度を満足し、かつ薬液が十分に浸透している結果となった（本工事の詳細は11.1節施工例2-6を参照）。

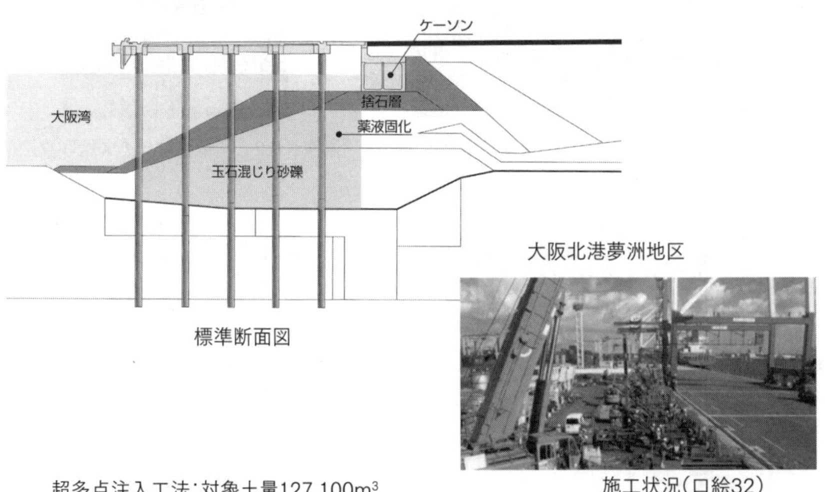

超多点注入工法：対象土量127,100m³
注入材：恒久グラウト「パーマロック・ASF-II α」
施工延長292m、改良土量127,000m³（注入量38,500m³）、削孔本数2,380本

図8.4.3 工事概要 [257)]

主な結果

①一軸圧縮試験による平均強度は111kN/m^{2}であり、設計強度100kN/m^{2}を満足した。

②大径礫の周囲など間隙の大きい箇所には、薬液がホモゲル状態で存在していた。

③力学試験に供した試料のICP発光分光分析により、薬液成分であるSiO_2（シリカ）含有量を確認（地盤ケイ化評価法）したところ、すべての試料において薬液成分の含有が認められた。

④事前に得られた関係式により、シリカ含有量を一軸圧縮強度に換算した結果、平均強度179kN/m^2、中央値131kN/m^{2}であり、ともに設計強度を十分に満足した。

写真8.4.1 不攪乱試料採取直後[257)]

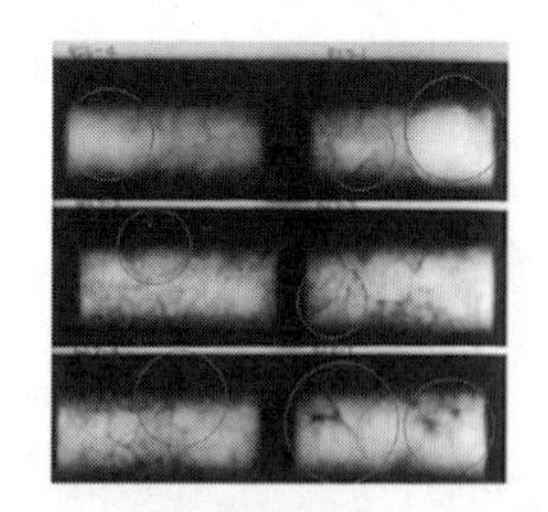

写真8.4.2 不攪乱試料のX線写真[182)]

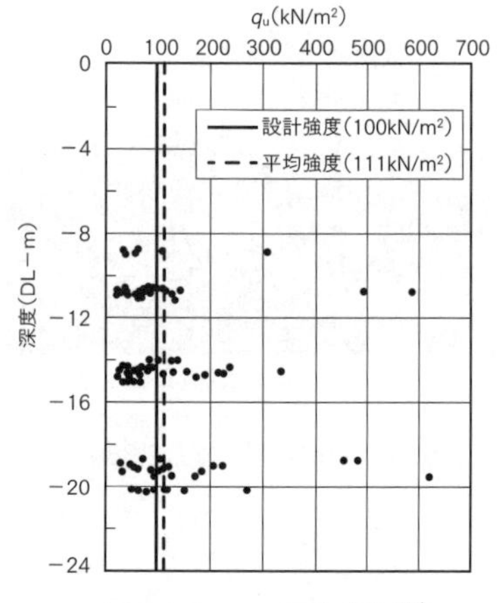

図8.4.4 q_uの深度分布[182)]

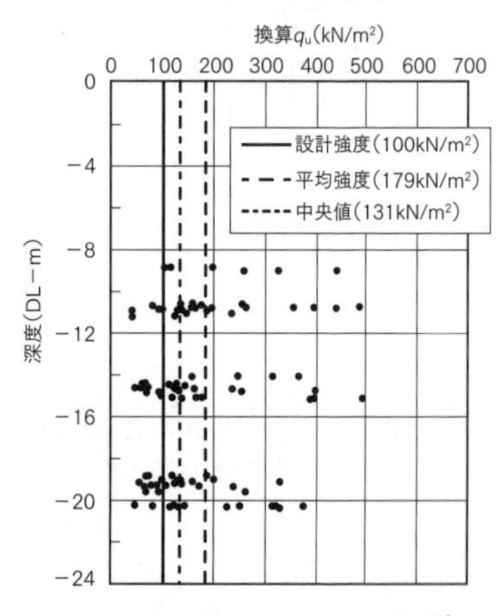

図8.4.5 換算q_uの深度分布[182)]

8.4.4 実物大の空港施設を用いた液状化実験について[246)]

(1) 実験の目的[1]

災害時物資輸送等の役割を担う重要拠点の1つである空港をターゲットとして、液状化が空港施設に与える影響の把握、および合理的な液状化対策設計法の確立を目的に、平成19（2007）年10月に北海道石狩湾新港内埋立地において制御発破を用いた大規模な人工液状化実験が行われた。

本工法の実験目的は、薬液注入改良効果と技術の有用性を原位置において確認・評価することに留まらず、改良厚の違いが沈下をはじめとした液状化現象にどのような影響を与えるかの実験的検証である。この狙いは、液状化層の全領域を改良する従来設計に対し、甚大な被害を軽減させて数日で重要機能を回復する程度の軽微な被害に留める、という対象物に応じた性能設計の概念により、合理的かつ経済的な設計・施工方法の検討を行っていく上での基礎データの取得にある。

(2) 実験概要

- 主　　催：国土交通省航空局、国土交通省国土技術政策総合研究所、（独）港湾空港技術研究所
- 試験日時：平成19年10月27日
- 試験場所：北海道石狩湾新港西地区
- 目　　的：①液状化現象の把握
  ②液状化対策効果およびコスト縮減案の検討
  ③地震発生後の供用の可否判断
- 研究テーマ：サウンディング手法、舗装の供用判断、液状化対策、地下埋設管 その他、挙動計測、盛土補強など30テーマ
- 参加機関：行政1、大学5、独法研究所3、協会8、民間30
- 実験方法：発破による液状化現象の再現
- 超多点注入工法（注入材：活性シリカコロイド、施工：超多点注入工法提案グループ）

1　文献246）より抜粋。

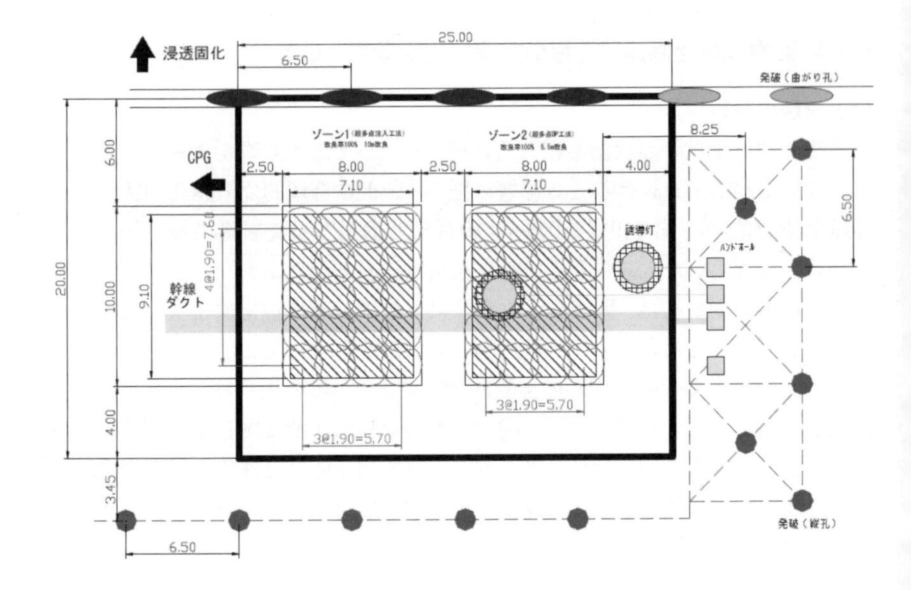

(a)平面図

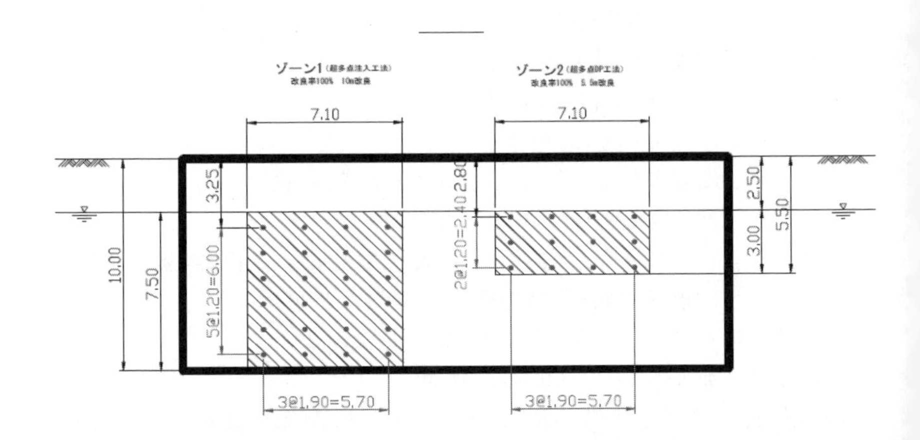

(b)断面

図8.4.6　超多点注入工法改良範囲[246)]

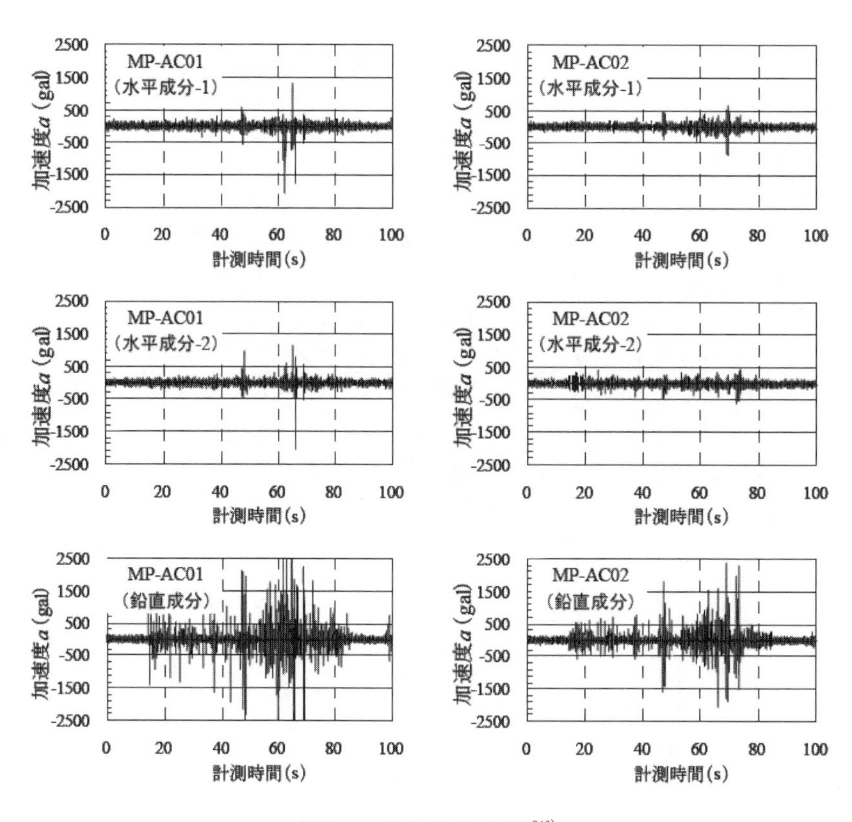

図8.4.7 加速度測定結果[246)]

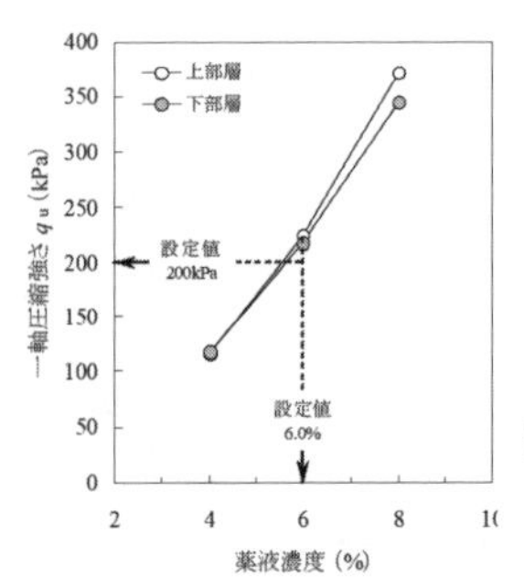

注入材：活性シリカコロイド

(a) 配合試験結果

(b) 液状化判定

深度(m)	土質定数			未改良				10m改良					5.5m改良				
	R	L	FL	F	ω(x)	Fω(x)	PL	FL	F	ω(x)	Fω(x)	PL	FL	F	ω(x)	Fω(x)	PL
1.3	0.361	0.294	1.227	0.000	9.350	0.000	0.000	1.227	0.000	9.350	0.000	0.000	1.227	0.000	9.350	0.000	0.000
2.3	0.224	0.290	0.772	0.228	8.850	2.015	1.008	1.000	0.000	8.850	0.000	0.000	1.000	0.000	8.850	0.000	0.000
3.3	0.090	0.327	0.276	0.724	8.350	6.042	5.036	1.000	0.000	8.350	0.000	0.000	1.000	0.000	8.350	0.000	0.000
4.3	0.090	0.361	0.248	0.752	7.850	5.902	11.008	1.000	0.000	7.850	0.000	0.000	1.000	0.000	7.850	0.000	0.000
5.3	0.276	0.385	0.716	0.284	7.350	2.085	15.001	1.000	0.000	7.350	0.000	0.000	1.000	0.000	7.350	0.000	0.000
6.3	0.139	0.402	0.347	0.653	6.850	4.475	18.281	1.000	0.000	6.850	0.000	0.000	0.347	0.653	6.850	4.475	2.237
7.3	0.363	0.413	0.879	0.121	6.350	0.770	20.903	1.000	0.000	6.350	0.000	0.000	0.879	0.121	6.350	0.770	4.859
8.3	0.302	0.422	0.715	0.285	5.850	1.666	22.121	1.000	0.000	5.850	0.000	0.000	0.715	0.285	5.850	1.666	6.077
9.3	0.418	0.429	0.975	0.025	5.350	0.133	23.021	1.000	0.000	5.350	0.000	0.000	0.975	0.025	5.350	0.133	6.976
10.3	0.501	0.432	1.159	0.000	4.850	0.000	23.087	1.000	0.000	4.850	0.000	0.000	1.159	0.000	4.850	0.000	7.043

k_{hg}=0.3と仮定

(c) 改良条件

条件	ゾーン1（全改良）	ゾーン2（部分改良）
改良領域(m)	7.1 × 9.1	7.1 × 9.1
改良深度 GL. − (m)	2.5 ～ 10.0	2.5 ～ 5.5
改良厚(m)	7.5	3.0
改良体径(m)	2.4	2.4
薬液濃度（%）	6.0	6.0
改良率（%）	100	100

$$P_L = \int_0^{20} (1 - F_L)(10 - 0.5x)\,dx \leqq 5$$

図8.4.8　超多点注入工法施工仕様[246)]

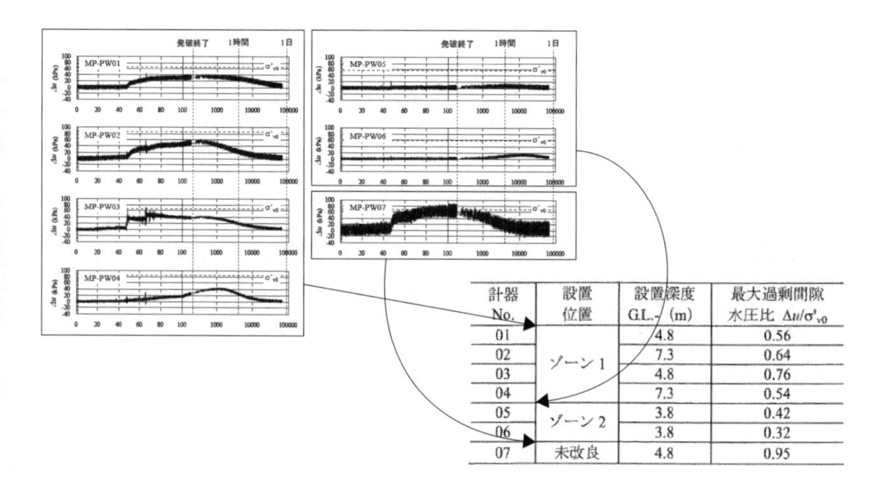

計器 No.	設置 位置	設置深度 G.L.- (m)	最大過剰間隙 水圧比 $\Delta u/\sigma'_{v0}$
01	ゾーン1	4.8	0.56
02		7.3	0.64
03		4.8	0.76
04		7.3	0.54
05	ゾーン2	3.8	0.42
06		3.8	0.32
07	未改良	4.8	0.95

図8.4.9　間隙水圧[246)]

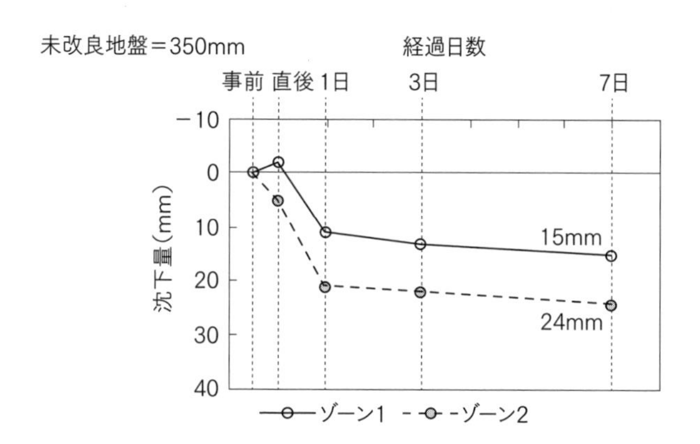

図8.4.10　改良部中央における沈下量経時変化[246)]

表8.4.1　一軸圧縮試験結果[246)]

試料	深度　GL －（m）	一軸圧縮強さ q_u（kPa）	
		設計強度 q_{uck}	現場強度 q_{uf}
発破前	2.65 ～ 3.65	100.0	133.1
	3.65 ～ 4.55		110.1
発破後	3.05 ～ 3.25		110.1
	4.30 ～ 4.45		119.2

(3) まとめ

液状化層に対し、全改良したケース、改良厚を薄くした部分改良のケース、および未改良地盤における液状化時沈下量を比較したが、未改良地盤に比べ、全改良、部分改良ともに沈下量が抑制され、液状化対策効果があることが確認された。

第9章

恒久グラウト注入工法による液状化対策工の設計施工と施工管理

9.1 適用例

恒久グラウトの適用例を図9.1.1に示す。具体的な施工事例については、第10章、第11章を参照されたい。

9.2 参照基準

恒久グラウト注入工法を各構造物に適用する場合は、表9.2.1に示す関連準拠基準や技術マニュアルに従うものとする。

9.3 既往の液状化対策と恒久グラウト注入工法

表9.3.1に代表的な液状化対策工法を示す。液状化対策工法には多くの工法

があるが、対象構造物などの施工条件、N値や細粒分含有率などの地盤特性、改良目標や改良範囲などの設計条件などを考慮し、適切な工法を選定しなければならない。

特に、締固め工法や攪拌固化工法は新設構造物を対象とした適用が多く、使用機械等の設備条件、振動や騒音などの環境性より、既設構造物直下や近接施工などに適用することは一般的に困難な場合が多い。一方、恒久グラウト注入工法は、設備がコンパクトなことや施工方向の自由度から、既設構造物直下や近隣に構造物が存在する場合にも適用することが可能である。

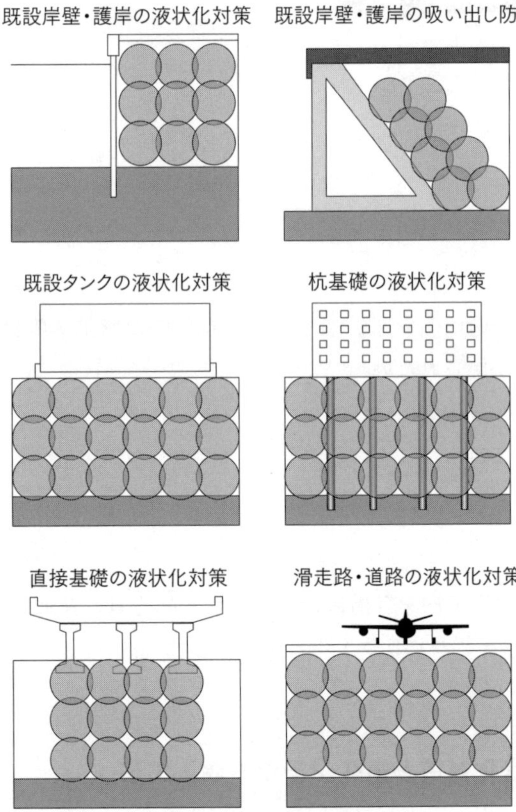

図9.1.1　適用例[249)]

表9.2.1　主な構造物の準拠基準・技術マニュアル等の一覧

対象構造物	基準名	発刊年月	発行元
港湾施設	港湾の施設の技術上の基準・同解説	2007年11月	(社)日本港湾協会
港湾埋立地	埋立地の液状化対策ハンドブック（改訂版）	1997年8月	(財)沿岸開発技術研究センター
空港施設	空港土木施設耐震設計要領及び設計例	2008年10月	(財)港湾空港建設技術サービスセンター
海岸保全施設	海岸保全施設の技術上の基準・同解説	2004年6月	海岸保全施設技術研究会
漁港施設	漁港・漁場の施設の設計の手引き	2003年	(社)全国漁港場協会
河川堤防	河川堤防の液状化対策工設計施工マニュアル（案）	1997年10月	建設省土木研究所
河川構造物	河川構造物の耐震性能照査指針（案）・同解説	2007年3月	国土交通省河川局治水課
盛土、線状構造物、面状構造物	液状化対策工法設計・施工マニュアル（案） 共同研究報告書　第186号	1999年	建設省土木研究所
橋脚・橋台基礎	道路橋示方書・同解説 V耐震設計編	2002年3月	(社)日本道路協会
建築基礎	建築基礎構造設計指針	2001年10月	(社)日本建築学会
宅地	宅地防災マニュアル	2007年12月	宅地防災研究会
鉄道施設	鉄道構造物等設計標準・同解説　耐震設計	1999年10月	(財)鉄道総合技術研究所
旧法タンク基礎	旧法タンクの液状化対策工法に関する自主研究報告書（注入固化工法）	2000年3月	危険物保安技術協会
高圧ガス設備	高圧ガス設備等耐震設計指針	2007年3月	高圧ガス保安協会
水道施設	水道施設耐震工法指針・解説	2009年	(社)日本水道協会
下水道施設	下水道施設の耐震対策指針と解説	2006年	(社)日本下水道協会
ガス施設	製造設備等耐震設計	2001年8月	(社)日本ガス協会
共同溝	共同溝設計指針	1986年	(社)日本道路協会

表9.3.1 代表的な液状化対策工法

手法	効果（目的）	工法	備考
締固め	密度増大	サンドコンパクション パイル工法 重錘落下締固め工法 など	①大深度、高密度化が可能 ②振動・変形があるため既設構造物付近では施工が困難
圧入 締固め	密度増大	コンパクション グラウチング工法など	①振動・騒音が少ない ②地盤隆起に注意する必要がある
排水	地下水低下 間隙水圧消散	ディープウェル工法 グラベルドレーン工法 人工排水材工法など	①振動・騒音が少ない ②地盤沈下が生じる恐れがある
仕切り	せん断変形抑止	シートパイル工法 柱列杭工法など	①周辺地盤に及ぼす影響が少ない ②埋設管などの地下構造物がある場合、施工が困難である
固結 （機械式攪拌）	せん断強度増加 せん断変形抑止	深層混合処理工法 消石灰パイル工法など	①振動・騒音が少ない ②地盤変位が生じる恐れがある
固結 （高圧噴射）	せん断強度増加 せん断変形抑止	ジェットグラウト工法	①振動・騒音が少ない ②排泥が生じる
恒久グラウト 注入工法 （急速浸透 注入工法）	過剰間隙水圧 抑止 粘着力付加	代表的施工法 • 超多点注入工法 • エキスパッカ工法 • 3D・EX工法	①狭隘な場所での施工が可能 ②振動・騒音が少なく、変位が少ない ③細粒分が多い地盤では適用が困難 ④薬液注入工事に関する暫定指針に基づき、水質検査を実施する

9.4 液状化対策工の設計施工

9.4.1 液状化の発生メカニズム

恒久注入工事のうち、特に最近注目を集めるようになったのが、地盤の液状化防止工事である。そこで、液状化はどのようにして起こるのかをここで考えてみよう。

土にせん断変形が加わると、それに伴って体積変化すなわちダイレイタンシーが生じる。そして密度の高い土では正のダイレイタンシー（体積膨張）が生じ、密度の低い土では負のダイレイタンシー（体積収縮）が生じる。間隙が水で飽和しているときに負のダイレイタンシーを起こすと、間隙水によって体積収縮が妨げられ、そのために間隙水圧が上昇し、この間隙水圧の上昇に伴い、その分だけ有効応力が減少する。このようにして発生した間隙水圧が消散しないうちに、次々とせん断応力が繰り返し加わると、間隙水圧はだんだん上昇していって有効応力が0になり、土の粒子は完全に水中に浮いた状態になる。これを液状化現象というのである（図9.4.1）。

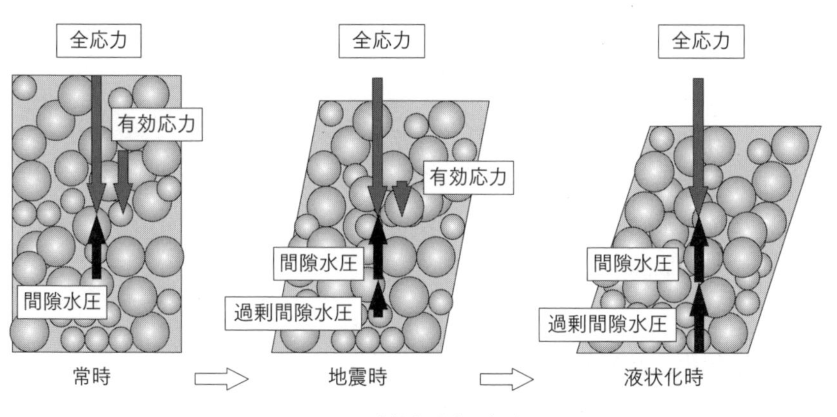

図9.4.1　液状化現象の概念図

液状化現象を呈するようになったときの間隙水圧は、その位置における最初の有効応力に等しい。地盤が液状化現象を起こすと、深い位置における発生間隙水圧は、浅い位置における発生間隙水圧より高くなり、したがって水は上方に向かって移動することになる。このときの水頭差は、土の水中単位体積重量をγ'、水の単位体積重量をγ_w、考えている位置の深さをzとすれば、$(\gamma' \cdot z/\gamma_w)$であるので、動水勾配$i$は、

$$i = (\gamma' \cdot z/\gamma_w)/z = \gamma'/\gamma_w \cdots\cdots ①$$

となる。これは地盤がボイリングを起こすときの限界動水勾配である。したがって地盤が液状化を起こすと、ボイリングを起こして水が地上に噴出することになる。

- 地盤を構成している材料については、間隙水圧の消散速度に関わる粒径と、ダイレイタンシーの正負に関わる相対密度。
- 地盤に働く力については、その位置における拘束圧と加えられるせん断応力の大きさおよびそのパターンと繰返し回数。

これらの要因間の関係を踏まえた液状化予測手法が後述のように提案されている。

〔常時〕 $\sigma_z' = \sigma_z - u \cdots\cdots ②$

〔地震時〕 繰返しせん断応力による過剰間隙水圧の上昇

$\sigma_z' = \sigma_z - u - \delta u \cdots\cdots ③$

〔液状化時〕 $\sigma_z' = \sigma_z - u - \delta u = 0 \cdots\cdots ④$

すなわち $(u + \delta u) = \sigma_z$

ここで、

σ_z'：有効応力

σ_z ：全応力

u ：間隙水圧

δu：過剰間隙水圧

9.4.2 液状化による被害

過剰間隙水圧の上昇は、地盤の強度を著しく低下させる。その結果、常時には見られない現象が生じる。ここに、液状化に伴う被害を分類し例示する。

(1) 墳砂

地盤内に生じた過剰間隙水圧は、圧力勾配に従って上向きの浸透流を引き起こし、ボイリングが生じる。写真9.4.1に示すように地表に土粒子を含む水が噴出する。

写真9.4.1　鳥取県西部地震 竹内工業団地 噴砂(2000年)(提供:東京大学 東畑郁生名誉教授)

(2) 構造物の不等沈下

地盤内の間隙水の一部が噴出されると、液状化した層は圧縮され、地表面が沈下する。通常、一様な沈下をせず、構造物には不等沈下の影響が生じる（写真9.4.2)。

写真9.4.2　フィリピン地震 ダグパン市内建物沈下(1990年)(提供:東京大学 東畑郁生名誉教授)

(3) 側方流動

液状化に伴い有効応力が失われた地盤は、非常に緩やかな地表面勾配であっても斜面下方に水平に変位する。このような側方流動現象が生じると、杭や埋設管に大きな損傷を与える。

(4) 地震揺動

液状化層の側方や下方に非液状化層や地下構造物がある場合、液状化層は長振幅の揺れを生じ、水槽の液体のように境界付近でお互いに水平衝突し、地下構造物等が損傷する。

(5) 斜面の流動的破壊

斜面内の土が液状化すると流動的な崩壊を生じ、崩壊土砂は遠くまで到達する。

(6) 支持力低下

有効応力が低下すると基礎地盤の支持力が低下する。これにより、構造物が転倒するなどの被害が生じる（写真9.4.3）。

写真9.4.3 新潟地震 東大通町 ビルの傾斜（1964年）（東京大学教官調査団撮影）

(7) 護岸・擁壁の破壊

土留め構造物の背後地盤が液状化すると水平土圧が増大し、これら構造物に損傷をもたらす（写真9.4.4）。

写真9.4.4　兵庫県南部地震 神戸PI 護岸の変状(1995年)(提供:東京大学 東畑郁生名誉教授)

(8) 埋設管の浮上がり

周辺地盤の飽和密度より見掛け比重の小さい埋設管構造物は、液体状になった周辺地盤の浮力によって浮き上がる（写真9.4.5）。

写真9.4.5　十勝沖地震 マンホールの浮上り（2003年）（提供：東京大学 東畑郁生名誉教授）

このように液状化による被害は多岐にわたり、地盤条件や構造物の種類によってその程度は大きく異なる。このため、液状化対策を行う場合は被害の発生機構や形態を想定し、これに応じた効果的な方法を選定することが大切である。人命の保護はもとより、水や電気などのライフラインの確保や支援物資の輸送経路、輸送基地の確保など二次災害に対しても十分に考慮する必要がある。

9.4.3 液状化の予測および判定

液状化の予測・判定は、対象とする構造物に応じて定められた基準（表9.2.1参照）に従って実施することを基本とする。ここでは、『港湾の施設の技術上の基準・同解説』[237] および『建築基礎構造設計指針』[238] を例に、液状化の予測および判定法を解説する。

(1) 港湾の施設の技術上の基準・同解説[237]

以下に、レベル1地震動に対する液状化の判定法を示す。レベル2地震動に対する地盤の液状化の検討においては、対象施設の周辺の施設の状況等を考慮した総合的な検討に基づき、液状化対策の手法および実施の必要性について判断する必要がある。液状化の予測・判定法には、粒度とN値による方法や繰返し三軸試験結果を用いる方法がある。

1）粒度とN値による液状化の予測および判定

①粒度による判定

図9.4.2を用いて、粒度による土の分類を行う。図9.4.2は均等係数の大小に応じて使い分ける。粒径加積曲線が「液状化の可能性あり」の範囲にまたがった場合など、分類が困難である場合には、粘土分側については繰返し三軸試験による予測・判定法を用いる等の適切な対応が必要である。礫分側については、透水係数が3cm/s以上であることを確認した場合に液状化しないと判定することができる。ただし、対象土層の上に粘土やシルトのような透水性の悪い土層がある場合には、「液状化の可能性あり」の範囲の土として扱う。

②等価N値、等価加速度による液状化の予測・判定

図9.4.3の「液状化の可能性あり」の範囲に含まれる粒度の土層については以下の検討を行う。

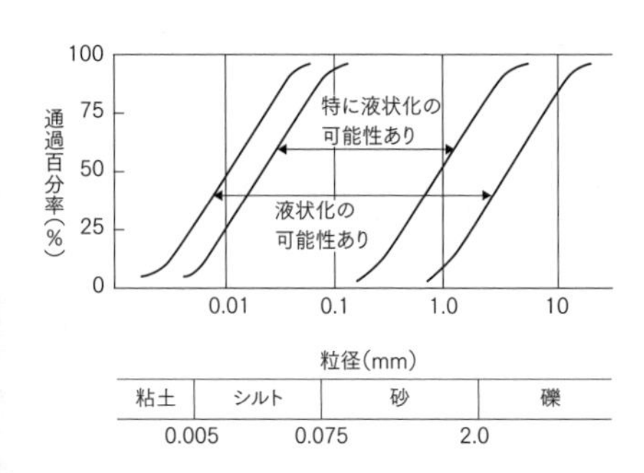

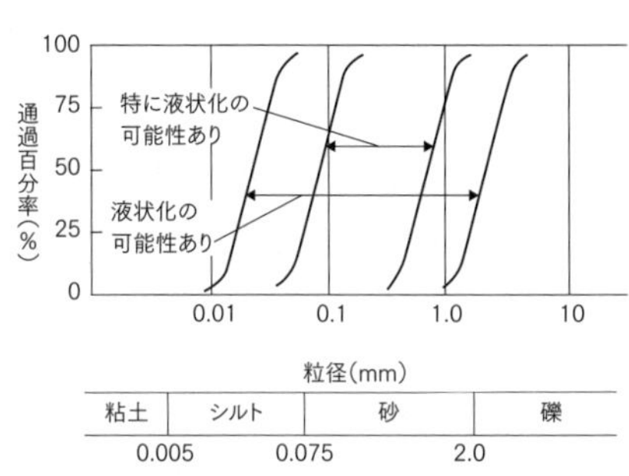

図9.4.2 液状化の可能性がある範囲[237)]

(a) 等価N値

式⑤により等価N値の算定を行う。

$$(N)_{65}=\frac{N-0.019(\sigma'_{v}-65)}{0.0041(\sigma'_{v}-65)+1.0} \quad \cdots\cdots⑤$$

ここで、

$(N)_{65}$：等価N値

N　：土層のN値

σ'_{v}　：土層の有効上載圧力 (kN/m²)

(等価N値の算定における有効上載圧力は、標準貫入試験を行った時点での地盤高に基づいて求めることに注意する)

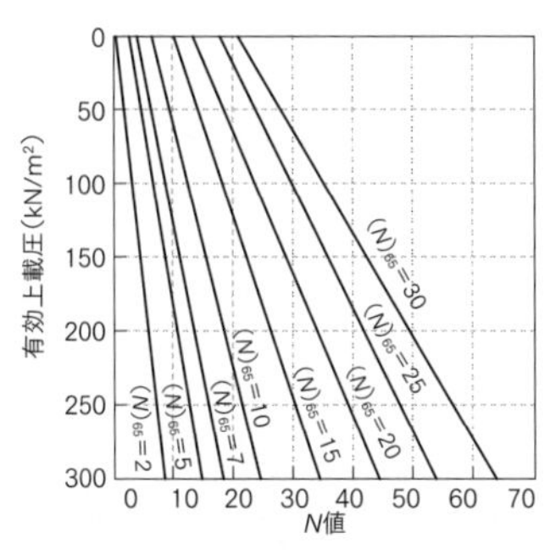

図9.4.3 等価N値算定用チャート[237)]

図9.4.3に式⑤の関係を図示する。なお、後述の式⑦を用いる場合には、その土層のN値そのものを等価N値とする。

(b) 等価加速度

式⑥により等価加速度の算定を行う。これは、地盤の地震応答計算により求まる最大せん断応力を用いて各土層について算定する。

$$\alpha_{eq}=0.7\ \frac{\tau_{max}}{\sigma'_{v}}\ g \quad \cdots\cdots ⑥$$

ここで、

α_{eq}：等価加速度（Gal）

τ_{max}：最大せん断応力（kN/m^2）

σ'_{v}：有効上載圧力（kN/m^2）

（等価加速度の算定における有効上載圧力は、地震時の地盤高に基づいて求めることに注意する）

g　：重力加速度（980Gal）

(c) 等価N値と等価加速度による予測・判定

対象土層の等価N値と等価加速度が、図9.4.4に示したⅠ～Ⅳのどの範囲にあるかを判断する。

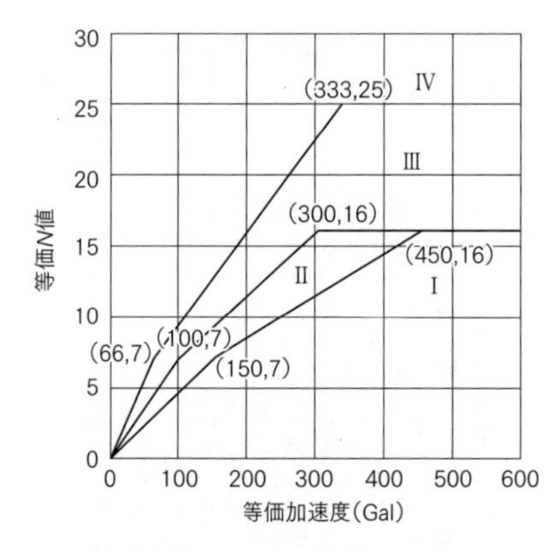

図9.4.4　等価N値と等価加速度による土層の区分[237)]

③細粒分を多く含む場合のN値の補正と予測・判定

細粒分（粒径が75μm以下の成分）を5%以上含むものについては、等価N値の補正を行い、補正後の等価N値を用いて対象土層が図9.4.4に示したⅠ～Ⅳのどの範囲にあるかを判定する。

等価N値の補正は、下記の3ケースの場合に分けて行う。

ケース1：塑性指数が10未満または得られていない場合、あるいは細粒分含有率が15%未満

ケース2：塑性指数が10以上20未満、かつ、細粒分含有率が15%以上

ケース3：塑性指数が20以上、かつ、細粒分含有率が15%以上

(a) ケース1：塑性指数が10未満または得られていない場合、あるいは細粒分含有率が15%未満

等価N値（補正後）＝$(N)_{65}/c_N$とする。補正係数c_Nは図9.4.5で与えられる。得られた等価N値（補正後）と等価加速度から図9.4.4を用いて判定する。

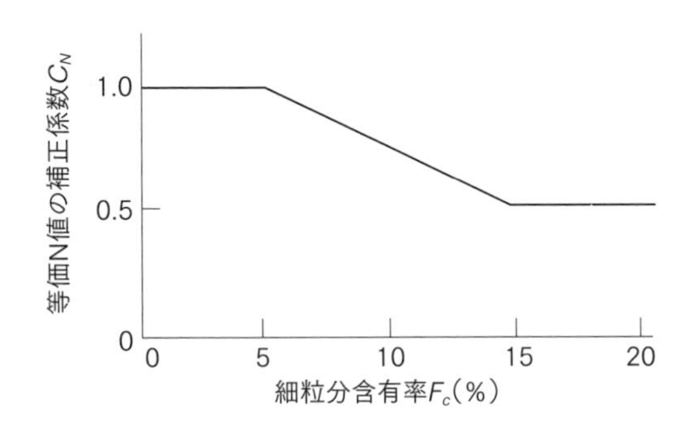

図9.4.5 細粒分含有率に応じた等価N値の補正係数[237)]

(b) ケース2：塑性指数が10以上20未満、かつ、細粒分含有率が15%以上

等価N値（補正後）＝ $\{(N)_{65}/0.5\}$ および $\{N+\Delta N\}$ とし、以下の場合に応じて判定する。ここで、ΔNは以下のように与えられる。

$$\Delta N = 8 + 0.4(I_P - 10) \quad \cdots\cdots ⑦$$

$\{N+\Delta N\}$ がⅠの範囲にある場合：Ⅰと判定する。

$\{N+\Delta N\}$ がⅡの範囲にある場合：Ⅱと判定する。

$\{N+\Delta N\}$ がⅢまたはⅣの範囲にあり、かつ $\{(N)_{65}/0.5\}$ がⅠ、ⅡまたはⅢの範囲にある場合：Ⅲと判定する。

$\{N+\Delta N\}$ がⅢまたはⅣの範囲にあり、かつ $\{(N)_{65}/0.5\}$ がⅣの範囲にある場合：Ⅳと判定する。

(c) ケース3：塑性指数が20以上かつ細粒分含有率が15%以上

等価 N 値（補正後）＝ $\{N+\Delta N\}$ とする。等価 N 値（補正後）、等価加速度により判定する。

(d) 総括

図9.4.6および表9.4.1～表9.4.3は、上記（a）～（c）で示したことを図と表で表したものである。なお、表9.4.1～9.4.3は、細粒分含有率で N 値の補正を行った予測と、塑性指数で補正を行った予測の組み合わせによる標準的な予測結果を示している。

④液状化の予測・判定

②、③において行ったⅠ～Ⅳの土層の分類に応じて、各土層について表9.4.4により液状化の予測・判定を行う。液状化の判定は、対象とする施設にどの程度の安全を見込むか等、物理的な現象以外の要素も考慮されるので、それぞれの予測結果に対する判定を一義的に設定することはできない。表9.4.4には、各予測結果に対する標準的と考えられる判定を示す。

ここで「液状化の予測」とは、物理的な現象としての液状化の可能性の大小を示すことを言う。これに対し「液状化の判定」とは、液状化の可能性の大小を考慮して、対象地盤が液状化すると見なすか否かを決定することを言う。したがって液状化の判定においては、対象とする施設に対しどの程度の安全を見込むか等、物理的な現象以外の要素も考慮する必要がある。

2）繰返し三軸試験結果による予測・判定

①粒度と N 値により検討対象地盤が液状化するか否かを予測した結果、液状化の有無が予測・判定できない場合には、地盤の地震応答計算および乱さない試料の繰返し三軸試験を実施し、地盤の液状化を予測・判定する必要がある。

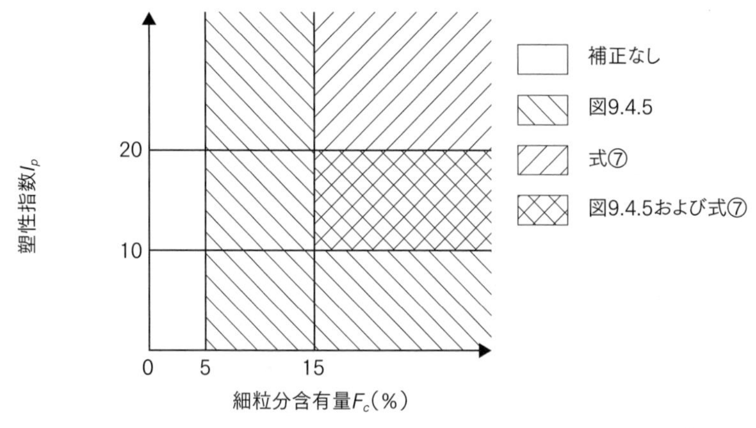

図9.4.6　N値の補正方法と細粒分含有率及び塑性指数の関係[237]

表9.4.1　塑性指数が10未満または得られていない場合、あるいは細粒分含有率が15%未満[237]

		細粒分含有率による補正			
		Ⅰ	Ⅱ	Ⅲ	Ⅳ
塑性指数による補正	—	Ⅰ	Ⅱ	Ⅲ	Ⅳ
	—				
	—				
	—				

表9.4.2　塑性指数が10以上20未満かつ細粒分含有率が15%以上[237]

		細粒分含有率による補正			
		Ⅰ	Ⅱ	Ⅲ	Ⅳ
塑性指数による補正	Ⅰ	Ⅰ	Ⅰ	Ⅰ	Ⅰ
	Ⅱ	Ⅱ	Ⅱ	Ⅱ	Ⅱ
	Ⅲ	Ⅲ	Ⅲ	Ⅲ	Ⅳ
	Ⅳ	Ⅲ	Ⅲ	Ⅲ	Ⅳ

表9.4.3　塑性指数が20以上かつ細粒分含有率が15%以上[237]

		細粒分含有率による補正			
		—	—	—	—
塑性指数による補正	Ⅰ	Ⅰ			
	Ⅱ	Ⅱ			
	Ⅲ	Ⅲ			
	Ⅳ	Ⅲ			

表9.4.4 粒度とN値による土層ごとの液状化の予測・判定[237)]

図9.4.4に示す範囲	粒度とN値による液状化の予測	粒度とN値による液状化の判定
I	液状化する。	液状化すると判定する。
II	液状化する可能性が大きい。	液状化すると判定するか、繰返し三軸試験により判定する。
III	液状化しない可能性が大きい。	液状化しないと判定するか、繰返し三軸試験により判定する。施設に特に安全を見込む場合には、液状化すると判定するか、繰返し三軸試験により判定する。
IV	液状化しない。	液状化しないと判定する。

②地盤の地震応答計算結果および繰返し三軸試験結果が実際の地盤内の現象を表すよう、地中の応力状態や地震動による作用の不規則性などを適切に考慮することが重要である。

(2) 建築基礎構造設計指針[238)]

1) 対象とする土層

- 20m程度以浅の沖積層
- 飽和土層
- 細粒分含有率F_cが35%以下
- 細粒分含有率F_cが35%以上の場合、粘土分含有率が10%以下あるいは塑性指数I_pが15%以下

2) 等価な繰返しせん断応力比の算出

検討地点の各深度における等価な繰返しせん断応力比を、次式より求める。

$$\frac{\tau_d}{\sigma'_z} = r_n \frac{\alpha_{max}}{g} \frac{\sigma_z}{\sigma'_z} r_d \quad \cdots\cdots ⑧$$

ここで、

τ_d：水平面に生じる等価な一定繰返しせん断応力（kN/m^2）

σ'_z：検討深さzにおける有効土被り圧（kN/m^2）

r_n：等価の繰返し回数に関する補正係数（0.1（M-1））
M：マグニチュード
α_{max}：地表面における設計水平加速度（cm/s²）
g：重力加速度（980cm/s²）
σ_z：検討深さzにおける全応力（kN/m²）
r_d：地盤が剛体でない事による低減係数（(1-0.015z)）

3）動的せん断強度比の算出

拘束圧に関する換算係数C_Nと、図9.4.7より求められる細粒分含有率F_cに応じた補正値ΔN_fを導き出し、補正N値（N_a）を算出する。この値を用いて、図9.4.8のせん断ひずみ振幅5%に対応する液状化抵抗比$R = \tau_l / \sigma'_z$を求める。

$$N_1 = C_N \cdot N \quad \cdots⑨$$

$$C_N = \sqrt{98/\sigma'_z} \quad \cdots⑩$$

$$N_a = N_1 + \Delta N_f \quad \cdots⑪$$

ここで、

N_1：換算N値
C_N：拘束圧に関する換算係数
ΔN_f：細粒分含有率F_cに応じた補正N値増分
N_a：補正N値

4）安全率

各深さにおける液状化発生に対する安全率F_lを式⑫より計算する。F_l値が1より大きくなる層については液状化する可能性は極めて低く、1以下になる場合には液状化する可能性があり、その値が小さくなるほど液状化発生の危険性は大きくなる。

$$F_l = \frac{\tau_l/\sigma'_z}{\tau_d/\sigma'_z} \quad \cdots⑫$$

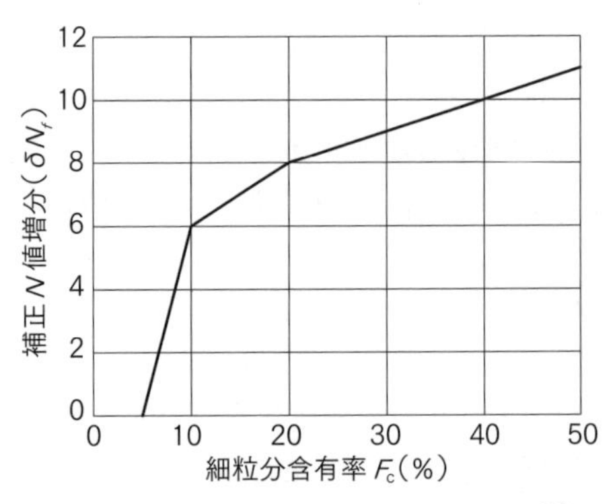

図9.4.7　細粒分含有率による補正値[238)]

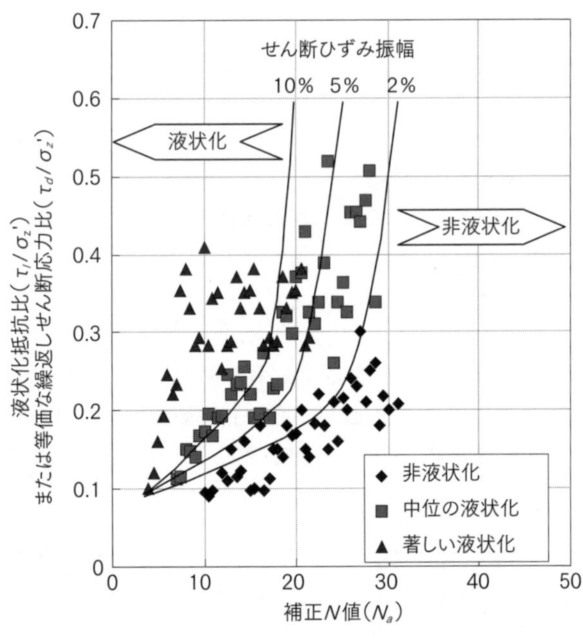

図9.4.8　補正N値〜液状化抵抗比の関係[238)]

9.5 調査・試験について

9.5.1 設計・施工に関する調査・試験項目の概要

恒久グラウト注入工法の設計・施工に先立ち、調査・試験を行い、現地対象地盤の特性や施工性を把握する。事前調査は、工法の適用性や効果を十分に把握することを目的に行う。また、液状化については9.4.3項に記す方法で判定し、改良強度・範囲を決定する。表9.5.1に恒久グラウト注入工法に関する調査項目の一覧を示す。

なお、本工法に用いる注入材「パーマロックシリーズ」はケイ酸ナトリウムから製造された活性シリカコロイドで、劇物、フッ素化合物および毒物を含んでいないことから、『薬液注入工法による建設工事の施工に関する暫定指針』に適合する。

9.5.2 事前調査

(1) 原位置調査

事前調査に先立ち、現地周辺地盤における既往の土質調査に関する資料の収集を行い、土質特性の把握をする。なお、既往の資料により工法の適用性を検討する場合は、土の密度、粒径、地下水位に留意し、原地盤の特性を把握する。

また、恒久グラウト注入工法は地盤を乱すことなく間隙をシリカで充填・固結させる工法であることから、地盤特性が改良効果や施工性に与える影響が大きい。よって、詳細に下記の調査を行う必要がある。なお、調査数量の目安としては、改良対象土量5,000m^{3}未満は3箇所、5,000m^{3}以上は2,500m^{3}増えるごとに1箇所追加することを目安とする。

- 標準貫入試験：原地盤の液状化強度の予測
- 孔内水平載荷試験：事後調査との比較
- 現場透水試験：事後調査との比較

表9.5.1　事前・事後調査項目

種別		種類	試験項目	内容	重要度	試験方法
事前調査（施工前）	原位置	原位置調査	標準貫入試験	N値	◎	JIS A 1219
			孔内水平載荷試験	降伏圧	△	JGS 1412
			電気式静的コーン貫入試験	先端抵抗、周面摩擦、間隙水圧	△	JGS 1435
			現場透水試験	透水係数	△	JGS 1314
	室内	現地砂の調査	土粒子の密度試験	土粒子の密度	◎	JIS A 1202
			土の含水比試験	含水比	◎	JIS A 1203
			土の粒度試験	F_c、D_{10}、D_{30}、D_{60}、U_c	◎	JIS A 1204
			土の湿潤密度試験	湿潤密度	◎	JIS A 1225
			最大・最少密度試験	最大・最小密度	○	JIS A 1224
			$\overline{CU}$試験	c'、ϕ'	△	JGS 0523
			CD試験	c_d、ϕ_d	△	JGS 0524
			繰返し非排水三軸試験	Rl_{20} ($DA=5\%$)	△	JGS 0541
			シリカ含有量試験	シリカ含有量	○	本書9.6.6項
			土懸濁液のpH試験	pH	○	JGS 0211
			カルシウム含有量試験	カルシウム含有量	○	S63環水管 127-II-6.1
		室内配合試験	一軸圧縮試験	一軸圧縮強さ	◎	JIS A 1216
			$\overline{CU}$試験	c'、ϕ'	△	JGS 0523
			CD試験	c_d、ϕ_d	△	JGS 0524
			繰返し非排水三軸試験	Rl_{20} ($DA=5\%$)	○	JGS 0541
			土中ゲルタイム試験	土中ゲルタイム	○	本書9.6.5項（5）
			シリカ含有量試験	シリカ含有量	◎	本書9.6.6項
			浸透試験	浸透距離	△	-
事後調査（施工後）	原位置	原位置調査	標準貫入試験	N値	△	JIS A 1219
			孔内水平載荷試験	降伏圧	△	JGS 1412
			電気式静的コーン貫入試験	先端抵抗、周面摩擦、間隙水圧	△	JGS 1435
			現場透水試験	透水係数	△	JGS 1314
			電気検層、電気探査	比抵抗分布	△	JGS 1121、
	室内	サンプリング	一軸圧縮試験	一軸圧縮強さ	◎	JIS A 1216
			$\overline{CU}$試験	c'、ϕ'	△	JGS 0523
			CD試験	c_d、ϕ_d	△	JGS 0524
			繰返し非排水三軸試験	Rl_{20} ($DA=5\%$)	△	JGS 0541
			シリカ含有量試験	シリカ含有量	○	本書9.8.1項（6）
環境調査（施工前、中、後）			地下水のpH試験	水素イオン濃度（pH）	○	ガラス電極法または比色法

※重要度の凡例　◎：必ず実施、○：原則的に実施、△：必要に応じて実施

(2) 現地砂の調査

室内配合試験に先立ち、原地盤試料の物理特性・力学特性を把握することを目的に行う。基本的に、力学試験に用いる供試体は、不攪乱試料を用いることが望ましい。

- 土粒子密度試験：供試体密度の設定（改良砂の調査）
- 含水比試験：供試体密度の設定（改良砂の調査）
- 粒度試験：供試体密度の設定（改良砂の調査、適用性の検討、改良強度の推定）
- 湿潤密度試験：供試体密度の設定（改良砂の調査）
- 最大・最小密度試験：供試体密度の設定（改良砂の調査）
- 三軸圧縮試験CD、$\overline{\mathrm{CU}}$：未改良地盤のc_d、ϕ_dまたはc'、ϕ'の確認
- 繰返し非排水三軸試験：未改良地盤の液状化強度の確認
- シリカ含有量試験：未改良地盤に含まれるシリカ含有量の測定
- カルシウム含有量試験：未改良地盤に含まれるカルシウム含有量の測定（ゲルタイムへの影響があるため、改良砂の調査（室内配合試験）に先立ち行う）

(3) 改良砂の調査（室内配合試験）

基本的には、採取された不攪乱試料を用い改良供試体を作成する。これを用いて各種力学試験を行い、薬液の種類、シリカ濃度、配合などを決定することを目的に行う。なお、不攪乱試料の採取が困難な場合、試料を原地盤と同程度となる状態に再現し、試験を行うこととする。

- 三軸圧縮試験CD、$\overline{\mathrm{CU}}$：未改良地盤のc_d、ϕ_dまたはc'、ϕ'の確認
- 繰返し非排水三軸試験：改良地盤の液状化強度の確認
- 一軸圧縮試験：改良体の一軸圧縮強度
  非排水せん断強度の算定、液状化強度の予測
- 土中ゲルタイム試験：ゲルタイムの調整、現場配合の決定
- 浸透試験：浸透距離の確認、注入孔間隔の決定
- シリカ含有量試験：改良効果の確認、一軸圧縮強度との相関

9.5.3 事後調査

(1) 原位置調査

基本的には不攪乱試料を採取し、各種力学試験を実施することが望ましい。しかし、現地試料が礫混じり土などで不攪乱試料を採取する事が困難な場合や、改良範囲が大規模である場合は、以下の試験を行い改良効果の確認を行う。ただし、以下の試験からでは改良強度を正確に推定する事が難しいこともある。

- 現場透水試験：改良効果の確認
- 孔内水平載荷試験：改良効果の確認

(2) サンプリング調査

改良効果の確認は、不攪乱試料を採取し、以下の力学試験を行い確認する。特に、一軸圧縮試験はその結果から簡易的に液状化強度を予測することが可能なため、重要な試験となる。ただし不攪乱試料が採取できない場合には、攪乱試料のシリカ含有量を測定し、その改良効果を予測することができる。

- 一軸圧縮試験：改良原地盤の一軸圧縮強度、非排水せん断強度の算定、改良された原地盤の液状化強度の予測
- 三軸圧縮試験CD、$\overline{\mathrm{CU}}$：未改良地盤のc_d、ϕ_dまたはc'、ϕ'の確認
- 繰返し非排水三軸試験：改良された地盤の液状化強度の確認
- シリカ含有量試験（9.6.6項参照）：注入率の確認、改良強度の予測

9.6 注入設計

9.6.1 設計の手順

恒久グラウトを注入した砂質土は、間隙水がシリカゲルに置換されたことにより、砂粒子間に粘着力が発生するとともに、透水性が低下する。よって、改良砂は砂と粘性土との中間土的な挙動を示す。また、シリカゲルそのものの強度が弱いことや、シリカゲルが原地盤を乱すことなく浸透注入されることより、内部摩擦角は改良前後でほとんど変わらない。したがって、設計においては内部安定の検討をする必要は特にない。恒久グラウト注入工法の設計手順は図9.6.1に示す設計フローに従って行う。

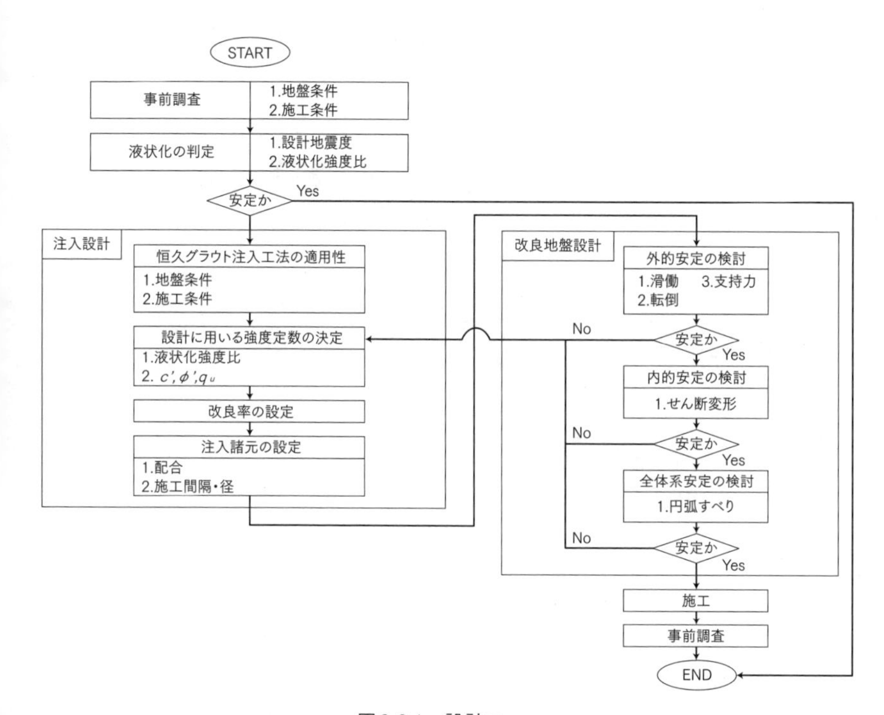

図9.6.1 設計フロー

9.6.2 恒久グラウト注入工法の適用性の検討

恒久グラウト注入工法の適用性の検討は、事前調査結果と施工実績に基づき判断するものとする。また、施工性などの諸条件に関してもあわせて検討するものとする。

(1) 地盤特性

1）細粒分含有率

恒久グラウト注入工法は、低吐出で地盤を乱すことなく大容量土に浸透することを特徴としている。特に対象地盤の細粒分含有率が大きい場合、注入圧力が上昇し浸透注入が行えない（割裂注入状態）可能性があり、所定の浸透距離や改良強度を得ることが困難となる。

上記の理由より、基本的に恒久グラウト注入工法の適用限界は細粒分含有率を$F_c \leqq 40\%$とする。ただし、$20\% \leqq F_c \leqq 40\%$となる場合は、注入径や注入速度などの注入諸元の設定を十分に検討する必要がある。これまでの施工実績を図9.6.2に示す。

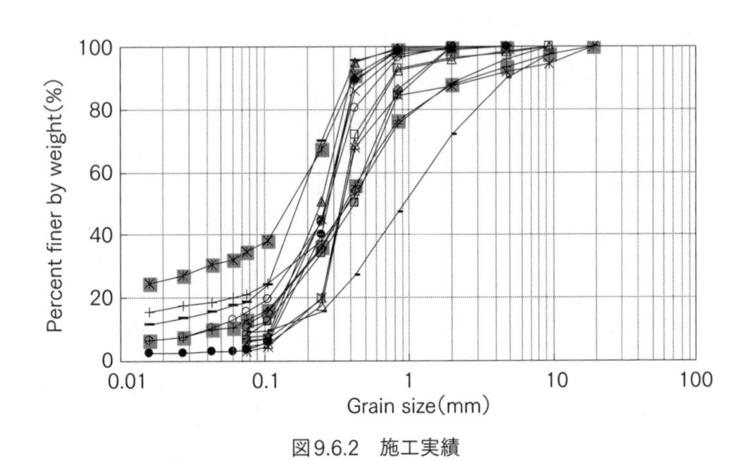

図9.6.2 施工実績

2）カルシウム含有率

恒久グラウト注入工法に用いる注入材は、中性から酸性領域においてシリカコロイドがシロキサン結合することによりゆっくりと固化する。よって十分な施工時間を確保することができる。

しかし、対象地盤に貝殻などのアルカリ成分が多く含まれる場合、ゲルタイム調整剤とアルカリ成分が反応することによりゲル化が促進される。その結果、十分な施工時間を確保することが困難となる可能性がある。

以上より、貝殻等が多く含まれる地盤では、アルカリ成分を厳密に測定する必要はないが、室内においてゲルタイムの測定を行い、配合を決定する必要がある。

3）粘土層や礫層の混在

図9.6.3に地盤構成と注入形態を示す。対象地盤が一様な砂質土層であるならば、注入形態は浸透注入となる。しかし、粘土層や礫層では割裂注入の注入形態となり、均質に地盤を改良することができなくなる可能性がある。よって、施工に当たって十分に地盤構成を把握する必要がある。

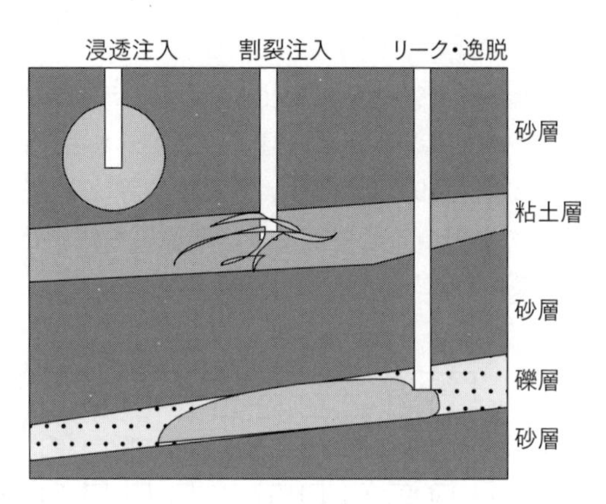

図9.6.3　地盤構成と注入形態

4）地下水流

対象地盤の地下水流が速い場合、注入材が所定の位置に留まらず対象範囲より流出する可能性がある。特に河川や井戸など水環境近傍での施工を行う場合にはこれに留意しなければならない。よって、このような条件下では、ゲルタイムを短くすることや、一次注入（大きな空隙を充填）を行うなどの検討を行う必要がある。

(2) 施工性

1) 施工工法に関する検討

施工性の検討においては、構造物の特徴や周辺状況によって超多点注入工法やエキスパッカ工法などの施工方法を選択しなければならない。両工法は基本的に低吐出で大容量土に浸透し、改良する目的で開発された工法ではあるが、毎分積算注入量や使用可能な注入材が異なる（表9.6.1)。よって施工にあたっては、いずれの工法が適切であるか総合的に検討する必要がある。

表9.6.1 施工方法の比較

工法	標準速度	ユニット／セット	管理	注入材
超多点注入工法	1～5L/min	32	一括	溶液
エキスパッカ工法	10～30L/min	1	個別	懸濁・溶液
3D-エキスパッカ工法	10～30L/min	8	一括	懸濁・溶液

2) 既設構造物基礎

既設構造物直下にはガス管や上・下水道管などが埋設されている場合があるため、これら埋設管の位置を十分に把握する必要がある。また、既設構造物直下を改良する場合には、図9.6.4に示すように立抗等の準備工を用いるか、あるいは曲線ボーリングを用いる必要があり、準備工の選択は、規模や用地幅によって検討する必要がある。

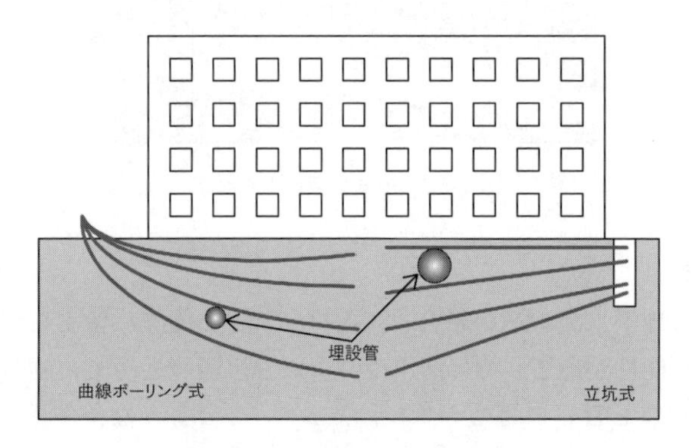

図9.6.4 既設構造物直下の地盤改良

9.6.3 設計に用いる強度定数の決定

対象地盤の改良強度は、各基準に準ずる地震力に対し液状化に対する安定性が確保できるように設定する。図9.6.5に、設計に用いる強度定数の決定フローを示す。

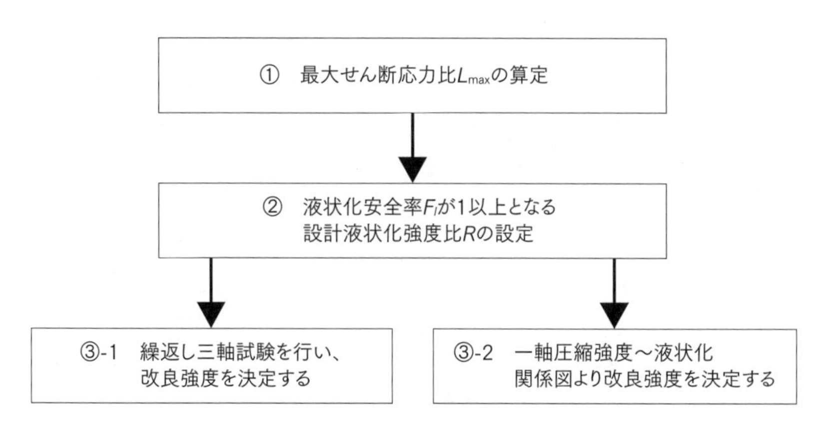

図9.6.5 改良強度定数の決定フロー

① 最大せん断応力比L_{max}の算定

対象構造物の設計指針やマニュアルにのっとり、最大せん断応力比L_{max}を決定する。なお、詳細な土質調査を行っている場合には地震時応答解析を実施し、地震時せん断応力を求めるのが望ましい。

② 液状化強度比Rの設定

算出した地震時最大せん断応力比L_{max}に対し、液状化安全率F_lが1以上となる液状化抵抗比Rを設計基準強度とする。

$$F_l = \frac{R}{L_{max}} \quad \cdots\cdots ⑬$$

③-1 繰返し三軸試験による設計基準強度の設定方法

(a) 設計基準強度の設定

繰返し三軸試験を実施し、②で求められた液状化強度比Rになるシリカ濃度を決定する。なお液状化強度比は、繰返し回数20回で両振幅ひずみが5%を発生させる応力比とする。図9.6.6に既往の研究結果を示す。これより、シリカ濃度が大きくなるほど液状化強度比が大きくなることがわかる。

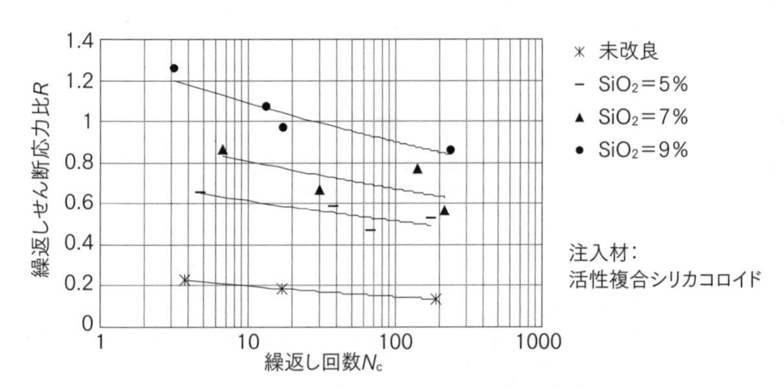

図9.6.6 シリカ濃度～せん断応力比関係[250)]

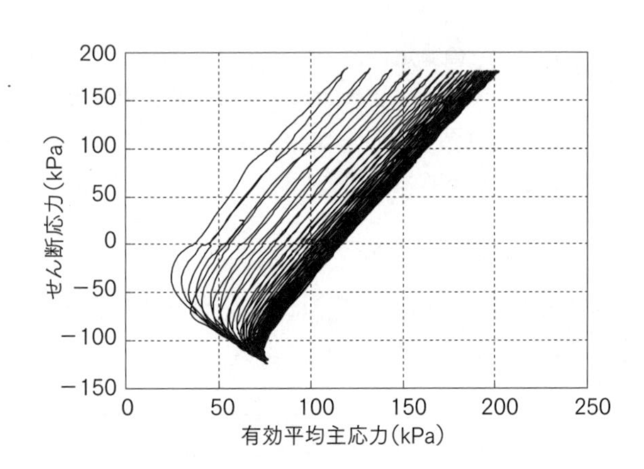

図9.6.7
改良土の有効平均主応力～せん断応力関係の例[250)]

(b) 改良土の特性

改良砂の繰返し三軸試験結果の一例を図9.6.7に示す。薬液改良された地盤の液状化進行過程は、未改良地盤と比較して異なる。未改良地盤の有効応力経路は、繰返し載荷に伴い有効応力が徐々に減少し、液状化の発生とともに急激に有効応力が減少し破壊に至る。しかし、薬液改良された地盤は有効応力が徐々に減少するが0になることはない。

③-2 一軸圧縮試験による設計基準強度の設定方法

(a) 一軸圧縮強度と液状化強度比

既往の試験結果として、一軸圧縮強度と液状化強度比の関係を図9.6.8に示す。一軸圧縮強度が増加するとともに液状化強度比も大きくなる傾向を示している。設計基準強度を簡易的に決定する場合、この $q_u \sim Rl_{20\ (DA=5\%)}$ 関係を用いて、液状化強度比 R を満足する一軸圧縮強度とすることができる。なお、このときシリカ濃度は配合試験によって一軸圧縮強度とシリカ濃度の関係図から決定する。

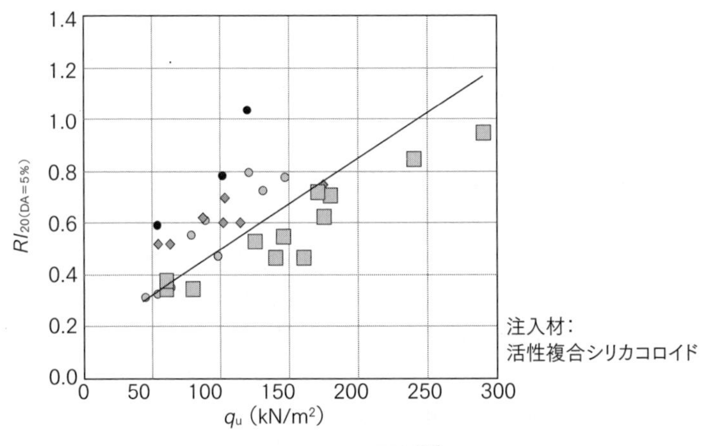

図9.6.8 $q_u \sim Rl_{20\ (DA=5\%)}$ 関係[250)]

(b) 一軸圧縮強度とシリカ濃度

既往事例における各種砂の一軸圧縮強度とシリカ濃度の関係を図9.6.9に示す。図より、シリカ濃度が増加すると一軸圧縮強度が大きくなる事がわかる。

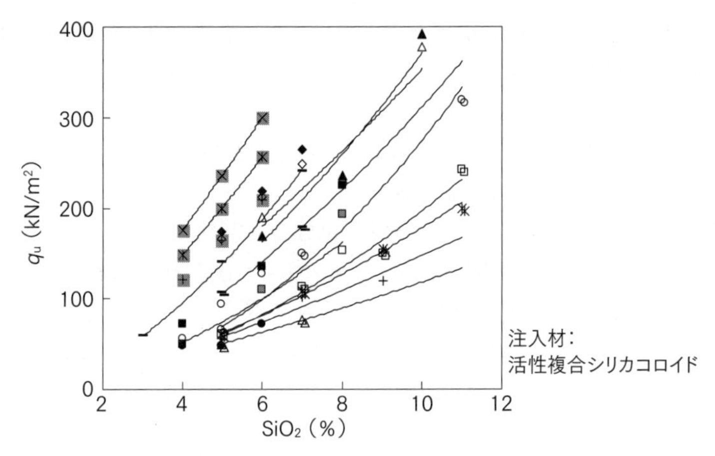

図9.6.9 各種砂に対するq_u～SiO_2濃度関係[250)]

④改良土のせん断強度の設定方法

(a) 改良土のせん断強さの取り扱い

恒久グラウト注入工法による改良土のせん断強さは、粘着力cを持つ材料（c材）あるいは粘着力cおよび内部摩擦角ϕを持つ材料（c-ϕ材）として評価し、載荷条件を考慮して適切な値を採用するものとする。

例えば、動的解析などを用いた安定解析や短期安定問題では、地盤は非排水状態で破壊すると考えられるため、非排水せん断強さS_uを用いた検討を行う必要がある。このS_uは現地の圧密圧力で圧密したのち、非排水せん断試験を行う三軸$\overline{CU}$試験から得られる強度定数に対応する。また、非排水か排水かどちらの挙動が支配的かを判断できない場合は、排水せん断強さπを用いた計算についても実施し、安全側の値で判断する。この排水せん断強さπは、三軸CD試験から得られる強度定数c_d、ϕ_dから求めることができる。

改良土の三軸圧縮試験は現状では多く実施されていない。したがって、現地で採取された砂試料を用いて改良土供試体を作製し、三軸CU試験あるいは三軸$\overline{CU}$試験を実施してせん断強さを確認するのが望ましい。

(b)非排水せん断強さ

非排水せん断強さで検討する場合、以下の式を用いて算定する。

$S_u = c' + \sigma' \tan\phi'$ ……………………………………⑭

ここで、

S_u：改良土の非排水せん断強さ（kN/m²）

c'：粘着力（kN/m²）

σ'：有効拘束圧（kN/m²）$\sigma' = \sigma - u$

ϕ'：内部摩擦角（度）

(c) 排水せん断強さ

排水せん断強さで検討する場合、以下の式を用いて算定する。

$\tau_f = c_d + \sigma' \tan\phi_d$ ……………………………………⑮

ここで、

τ_f：改良土の排水せん断強さ（kN/m²）

c_d：粘着力（kN/m²）

σ'：有効拘束圧（kN/m²）$\sigma' = \sigma - u$

ϕ_d：内部摩擦角（度）

(d) 一軸圧縮強さからせん断強さを推定する場合

一軸圧縮強さq_uから粘着力cを推定する方法は、破壊基準線が直線の場合には次式により推定できる。

$$c = \frac{q_u}{2}\tan(45° - \phi/2)$$ ……………………………………⑯

9.6.4 注入諸元の設定

(1) 改良率の設定

改良率と改良形状を示す（図9.6.10）。恒久グラウト注入工法では、改良率は原則的に100%としている。改良率を減じる場合には、模型実験や数値解析などを行い、構造物や周辺地盤に影響が生じないことを確認し、これを決定する必要がある。

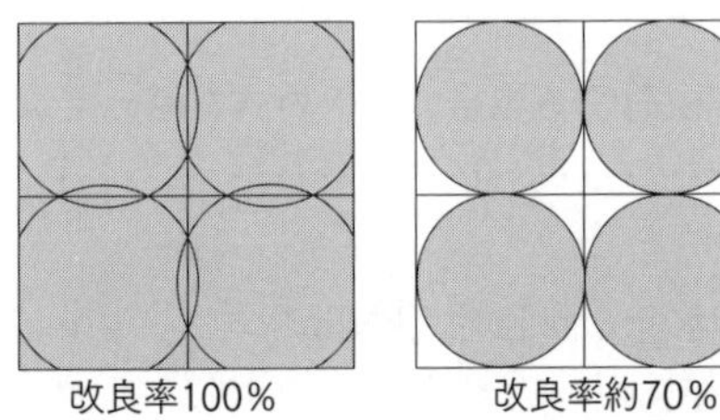

改良率100%：改良範囲の土は全面的に改良されており、未改良部は存在しない。
改良率　70%：隣り合う球状の改良土はお互いに接円状態となる。ただし、改良土間には未改良部が存在する状態となる。

図9.6.10　改良率と改良形状

(2) 注入率の設定

注入率λは、地盤の単位体積当たりに注入する薬液量を百分率で示したものであり、式⑰で算定する。

$$\lambda = n \times \alpha / 100 \quad \cdots⑰$$

ここで、

λ：注入率（%）

n：間隙率（%）

α：充填率（%）

注入率は注入対象地盤の土質調査に基づき決定する。特に間隙率は、原地盤より不攪乱試料を採取し、物理試験を実施して求めることが望ましい。一般の砂の間隙率はおよそ30～45%の範囲にあり、液状化の危険性が高い砂では40～45%の範囲にある場合が多い。なお概略設計については、表9.6.2に示す土質別の注入率を参考値とする。

表9.6.2　概略設計値

土質		N値	間隙率（%）	充填率（%）	注入率（%）
砂礫	緩い～中位	0～50	40	100%	40.0
	中位～締った	50以上	35		35.0
砂	緩い～中位	0～30	45		45.0
	中位～締った	30以上	35		35.0

(3) 改良径と注入量

改良径は一般的な細砂の場合、1.0 ～ 3.0mを標準としている。しかし、透水係数が小さい、細粒分含有率が大きい、アルカリ成分が多く含まれるなどの条件によっては、浸透距離が短くなる場合がある。この場合、室内で浸透試験を行い、十分な浸透距離を確保できることを確認し、改良径を決定する必要がある。

また、吐出口一箇所当たりの注入量は、注入率および改良径、改良鉛直高さを決定し、式⑱より算出する。

$$Q=\frac{(D/2)^2\times\pi\times h(\lambda/100)}{1000} \quad \cdots⑱$$

ここで、

Q：注入量（L）

D：改良径（m）

h：改良鉛直高さ（m）

λ：注入率（%）

(4) 注入速度の設定

注入速度と注入圧力の関係を図9.6.11に示す。注入速度が遅い状態では、注入速度と注入圧力は比例関係にある。このときの注入形態は浸透注入となり、一様な改良体が形成される。また、注入速度がある一定値より速くなると、注入速度と注入圧力の比例関係が保てなくなる。このときの注入形態は、割裂あ

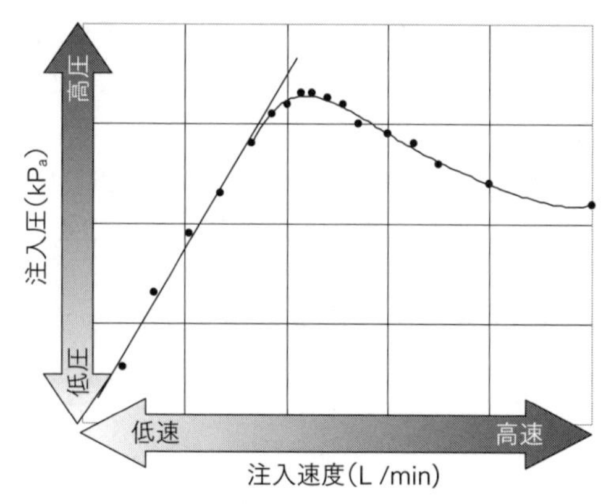

図9.6.11　注入速度～注入圧力関係

るいは割裂浸透注入となり、一様な改良を行うことができない。なお、注入速度と注入圧力の関係に与える要因としては、地盤構成や細粒分含有率、土被り圧、間隙水圧などが挙げられる。

恒久グラウト注入工法では、土粒子間に薬液が浸透し、一様な改良固結体を形成するよう浸透注入を行う。よって、注入対象地盤の各層で注水試験を行い、注入速度と注入圧力の関係を把握し、注入速度を決定する必要がある。

9.6.5　現場採取土注入液配合設計法（本設注入試験センターによる）

液状化対策工は、注入対象土層毎に異なる地盤条件や採用する急速浸透注入工法に対応して、注入設計、配合設計を行う。配合設計は、注入設計における注入諸元と設計液状化強度を満たすように設計しなくてはならない。このため、現場採取土を用いて室内実験を行い、注入時間、目標強度に合った配合を決定する。例えば、従来の仮設用注入ではせいぜい直径1.0m程度の固結径しか得られなかったが、液状化対策工で直径1.5～4.0mの固結径を低圧浸透注入で形成するとなると、1ステージ当たり十数時間の連続注入を必要とする。その注入時間中、土と接触しながら浸透していくわけであるから、土中に含まれる成分との反応や土中水の希釈の影響を受ける。注入材のゲル化時間は、注入材そのもののゲル化時間可能範囲、現地盤の土性、1ステージ当たりの連続注入時間と関係する。注入時間は毎分吐出量と関係しており、毎分吐出量は、適用する注入工法と地盤条件と土粒子間浸透限界注入圧によって決まる。これらに今までの経験と蓄積されたデータとノウハウを加えて、注入設計、配合設計を行う。現場採取土を用いた浸透固結実験によって得られた供試体により、設計液状化強度を満足するシリカ濃度を決定し、注入設計に対応した配合設計を行わなくてはならない。また、注入に先立つ土質試験で、Ca分の含有量の測定、注入後の効果の判定に当たってSiO_2分の分析等を必要とする場合もある(9.6.6項参照)。

このように液状化対策工は、恒久要件に示す本設注入工法を構成する要素技術と実績で蓄積したノウハウを用いて、現場ごとに採取土による配合設計を本設注入試験センターで行っている。

(1) 配合試験フロー

配合は、目標強度・ゲルタイムを満足するように現場採取試料を用いた室内配合試験を実施して、シリカ濃度・反応剤添加量を設定する。図9.6.12に配合設計のフローを示す。

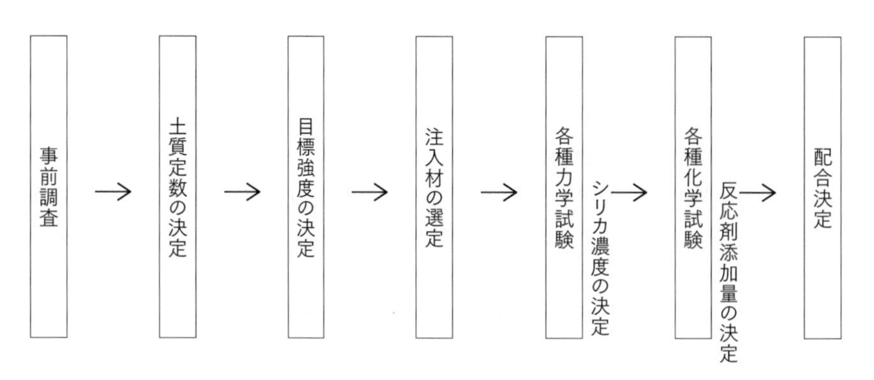

図9.6.12　配合設計フロー

1）事前調査および土質定数の決定

前記事前調査に記載の試験項目を実施し、設計に用いる土質定数を決定する。なお、改良土の強度は図9.6.9に示すように現地土の土質特性により大きく異なるため、十分に検討を行う必要がある。

2）設計強度と室内配合強度の決定

設計改良強度q_{uD}は、決定した土質定数を用い各構造物に応じた設計マニュアルに準拠し決定する。なお、原位置改良強度q_{uF}は、『旧法タンクの液状化対策工法に関する自主研究報告書』[240]によると室内改良強度の50～80％とあることや、地盤の不均一性を考慮して、室内改良強度は一般的に式⑲で決定されている。

$$q_{uL} = \alpha \cdot q_{uD} \quad ⑲$$

ここで、

q_{uL}：室内改良強度（kN/m^2）

q_{uD}：設計改良強度（kN/m^2）

α ：安全率（2.0）

3）配合の決定

配合は室内改良強度となるようなシリカ濃度を決定したのち、施工方法や地盤状況に応じて必要なゲルタイムとなるように反応剤の量を決定する。

(2) 室内配合試験

1）注入材の配合

表5.1.2にパーマロック・ASF-Ⅱシリーズの種類と特性を示す。現場土を用いた注入材の配合においては、現場採取土の改良強度が現場土の土質条件、すなわち粒径分布、平均粒径、細粒分含有率によって異なり（図9.6.26～図9.6.28)、また炭酸カルシウム等にも影響される（図9.6.31)。このため実際の配合試験においては、シリカ濃度と配合構成は現場採取土による事前配合試験により決定する。パーマロック・ASF-Ⅱシリーズのシリカ濃度はASFシリカ-30とPRシリカの添加量によって決まり、これが多く含まれるほど改良強度は大きくなる。また、ゲルタイムはASFアクターMあるいはASFアクターMSの添加量によって左右され、この添加量が多いほどゲルタイムは長くなる。

2）供試体の作製

①試料の調整

①試料を炉乾燥する。

②2mmまたは9.5mmふるい通過分を試料とする。

③事前に行った不撹乱試料の湿潤密度と含水比より乾燥密度ρ_dを求めるか、N値と相対密度より算定する（必要に応じて礫混じり砂の場合、礫補正を行う)。

④③より投入土量を算出し、砂を計量する（$m_s = \rho_d \times D^2/4 \times h \times \pi$）

②供試体作製

図9.6.8に示すように、一軸圧縮強度～液状化強度比の関係より設計改良強度を決定することができるが、供試体の作成方法によって改良効果が異なるためその手法が重要となる（表9.6.3)。図9.6.15、写真9.6.1は、現場採取土を用いた上載圧（拘束圧）を考慮した、浸透固結体の供試体作成装置を示す。この装置を用いることにより、現場採取土による従来の混合法（図9.6.13）や浸透法（図9.6.14）よりも正確に現場状況に近い供試体を作成し、強度試験を行い、設計強度に必要なシリカ濃度を決定することができる。

表9.6.3 供試体作製手法

手法	特徴	欠点
混合法 （図9.6.13）	作製が容易である	密度調整が難しい 貝殻など炭酸カルシウムを多く含む試料では供試体が膨張する 細粒分が多い場合、細粒分が流出する場合がある
空中落下浸透法 （図9.6.14）	密度調整が容易である 間隙を完全に薬液に置き換えることができる	貝殻など炭酸カルシウムを多く含む試料では供試体が膨張する場合がある 細粒分が多い場合、注入が困難となる場合がある
拘束圧下浸透法 （図9.6.15） （写真9.6.1）	実地盤の応力状態と浸透注入による改良を再現できる 貝殻など炭酸カルシウムを多く含む試料において供試体の膨張を抑える 細粒分がある程度多い場合でも浸透注入を行うことができる	作製に手間がかかる

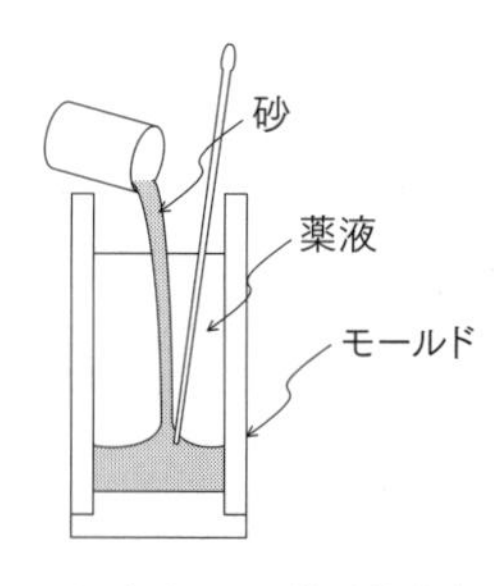

図9.6.13 混合法による供試体作製

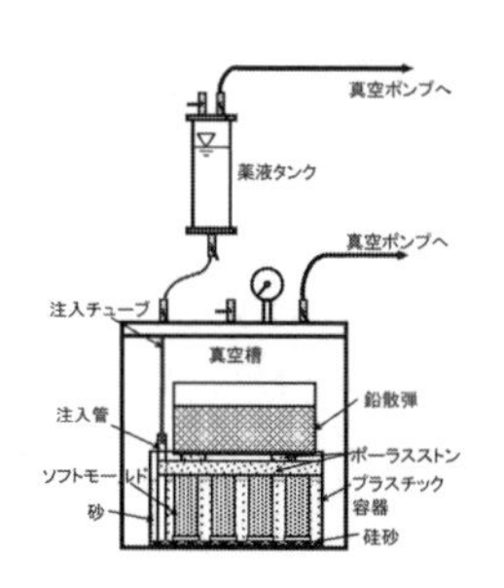

図9.6.14 空中落下浸透法（社本による）

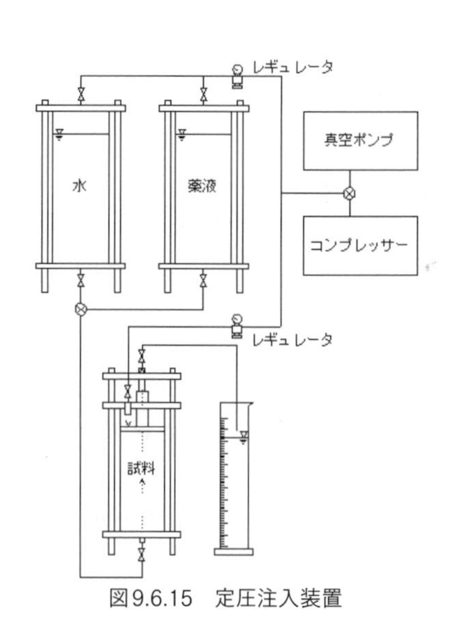

図9.6.15 定圧注入装置

(a)(口絵23)現場採取土を用いた注入供試体作業装置

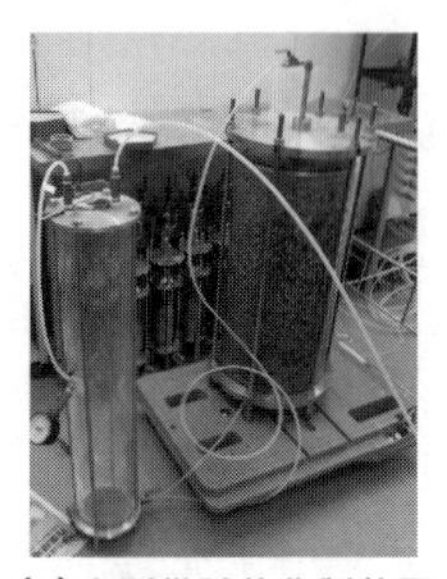

(b)大型供試体作製装置

写真9.6.1
本設注入試験センターでの現場採取土を用いた
浸透固結試験

(3) 土の成分分析

1) Ca含有量

貝殻（Ca分）が多く含まれる地盤では、注入材の酸とCaが反応することにより炭酸ガスが発生する場合がある。これにより、シリカ濃度が増加したにもかかわらず強度発現性が低くなることや、ゲル化時間が短くなることがある。したがって、Ca分が与える影響を定量的に把握し、適切な配合設計を行うことを目的として実施する。

[測定方法]

①試料10g＋200mL（1N HCl）にて、2時間攪拌する。

②ろ紙でろ過を行い、得られたろ液を供試液とする。

③供試液はICP-AES（ICP発光分光分析）にて測定する。

2) SiO_2含有量の測定

未改良砂と改良砂の可溶性SiO_2を測定することにより、注入により増加したSiO_2量から改良強度を評価する目的で行う。

[測定方法]

①試料5g＋70mL（10% NaOH＋純水）にて、1時間攪拌する。

②ろ紙でろ過を行い、ろ過をしながら沈殿した砂を水で数回洗う。

③得られたろ液に純水を加え、250mLとした供試液とする。

④供試液はICP-AESにて測定する。

(4) 供試体作製方法

1) モールド作製

①円筒アクリルにグリースを塗り、円筒アクリルを注入機能の付いた装置に取付ける。

②円筒アクリル内にアクリルプレート・ろ紙を下部に設置し、ガイドパイプを挿入する(写真9.6.2 (a))。

③ロートの先端が下部の濾紙に接触するまで下ろし、規定量の砂をロートに入れ、ロートをゆっくり引き上げる(写真9.6.2 (b) (c))。

④砂表面を平らにし、締固め用の棒を挿入し、木槌で叩きながら締め固める(写真9.6.2 (d))。

⑤供試体上部にろ紙・アクリルプレートを設置し、載荷・排水機能が付いた装置上部を取付ける(写真9.6.2 (e) (f))。

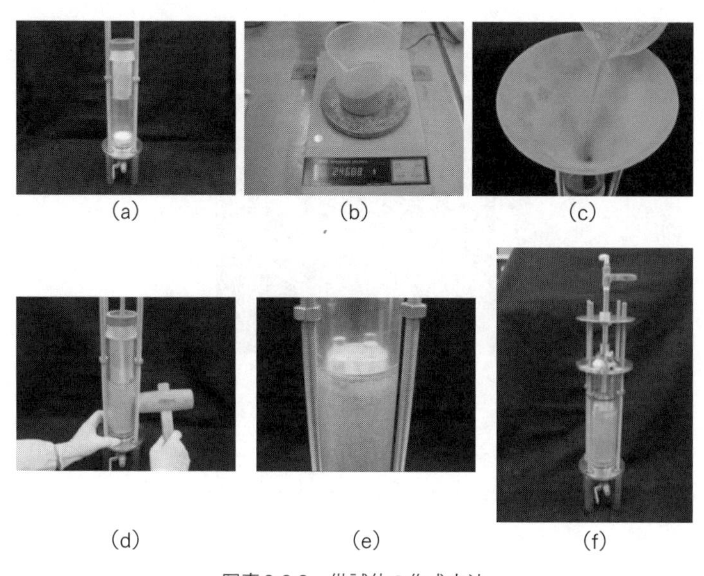

(a) (b) (c)

(d) (e) (f)

写真9.6.2 供試体の作成方法

2）注入工程

①タンクAに水を入れ脱気する。

②タンクBに所定の濃度に調整した薬液を入れ脱気する。

③供試体に上載圧を加える。

④タンクA・Bと供試体作製装置の注入バルブを3方弁で接続する。

⑤水を注入し、供試体を飽和する。

⑥3方弁を切り替え、薬液を注入する。

⑦廃液量より注入完了を確認し、注入を終了する。

3）養生方法

作製した供試体は拘束圧を加えた状態で室温（20～25℃）にて所定期間養生する（写真9.6.3）。供試体の強度は図9.6.16に示すように通常で1～2週まで増加し、その後一定の値となる。したがって、4週の強度を室内配合強度とすることが望ましい。

写真9.6.3　養生状況

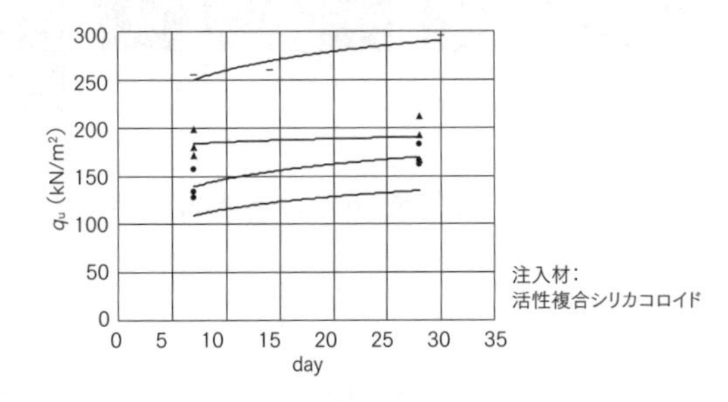

図9.6.16　養生期間と圧縮強度

(5) ゲルタイムの設定

気中でのゲルタイムは施工時間より長くなるように設定し、なおかつ現地土の土に混合した際の土中ゲルタイムは、数十分から施工時間と同程度となるように設定する。なお、ゲルタイムは薬液のシリカ濃度やpHによって異なる。また、練混ぜ水によってもゲルタイムが異なるため、特に現場で使用する水が特殊な場合にはこれを用いた配合試験を実施することとする。

1）活性複合シリカコロイドゲル化時間と粘度

活性複合シリカコロイドの粘性の経時変化を図9.6.17に示す。粘性は写真9.6.4に示す音叉型粘度計によりインターバル計測を行い、その経時変化を観察した。練り上がり時の粘性は1～4mPa・sであり、ゲル化直前まで低粘度である。なお、粘度が20mPa・sとなった時点をゲルタイムの目安としている。

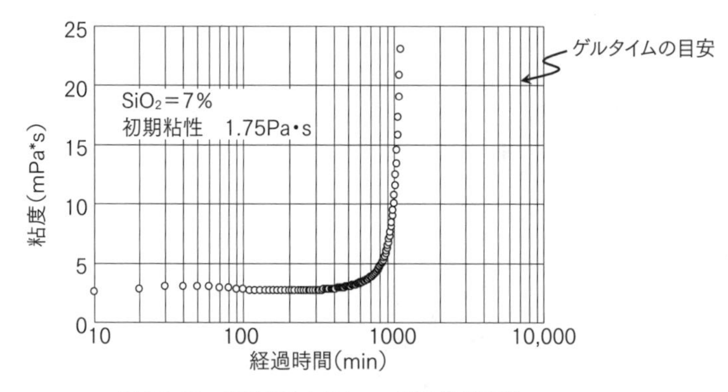

図9.6.17　活性複合シリカコロイドの粘度変化

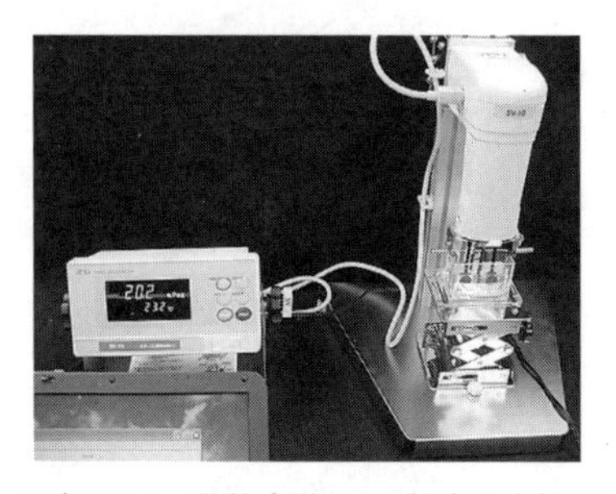

写真9.6.4　動粘度計による粘度測定状況

2）薬液pHと土中ゲルタイム

土中ゲルタイムの測定方法では、乾燥した砂をカップに50g計り取り、これに配合した薬液を20mL入れ、よく混合したものを測定試料とする。これに所定時間ごとにくしを刺し、引抜いたときに孔が塞がらない状態になった時点をもって土中ゲルタイムとする。測定例として、pHと気中ゲルタイム・土中ゲルタイムの関係を図9.6.18に示す。

豊浦砂のようにきれいな砂の場合、土中ゲルタイムは薬液のゲルタイムと同程度であるが、改良対象となる地盤にはアルカリ金属塩などが多く含まれるため、薬液の酸とこれが反応し、注入された薬液のpHが中性方向へ移行することにより、ゲルタイムが短くなる傾向を示す。ただし、薬液のpHを低下させることにより所定のゲルタイムを確保することは容易である。

土のpHと土中ゲルタイムの関係を図9.6.19に示す。土のpHが高くなるほど土中ゲルタイムは短くなる傾向にある。ただし貝殻などが含まれる地盤においては、貝殻自体は結晶化しているため土のpHに影響を及ぼさないが、注入された酸性成分により貝殻からアルカリ成分が溶出し、ゲルタイムが短くなる結果となる。その傾向として、Ca含有量と土中ゲルタイムの関係を図9.6.20に示す。

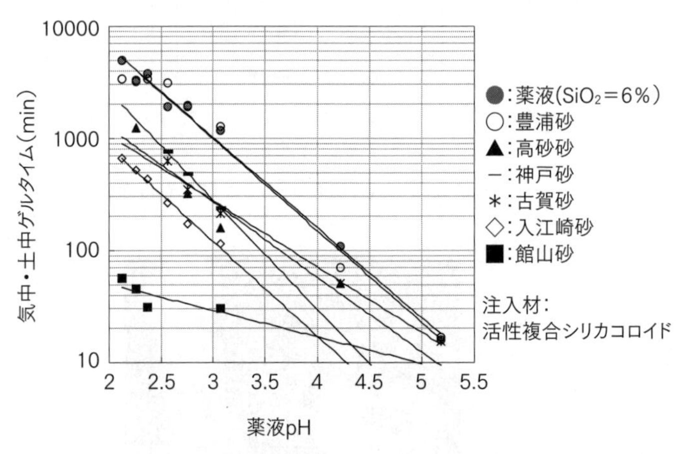

図9.6.18 薬液pHと気中・土中ゲルタイム

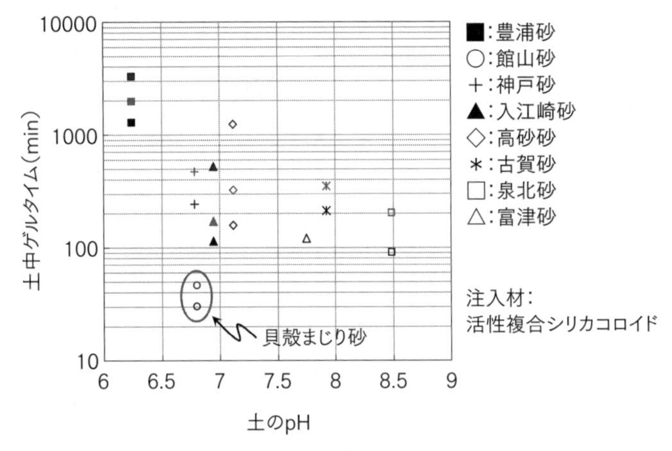

図9.6.19 土のpHとゲルタイム

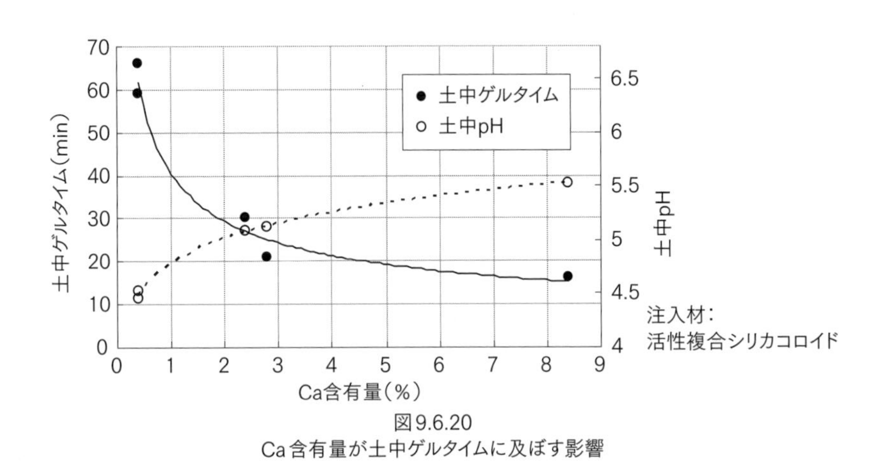

図9.6.20
Ca含有量が土中ゲルタイムに及ぼす影響

3) 諸条件がゲルタイムに及ぼす影響

活性シリカコロイドのゲルタイムは、薬液のpHを低下させることにより長いゲルタイムを確保することができる(図9.6.21)。ただし、同一のpHであってもシリカ濃度が高い場合、ゲルタイムは短くなる傾向にある。

また、ゲルタイムは液温によっても異なり、液温が低下するほどゲルタイムは長くなる傾向を示す(図9.6.22)。したがって、施工時期に応じてゲルタイムを調整する必要がある場合もある。

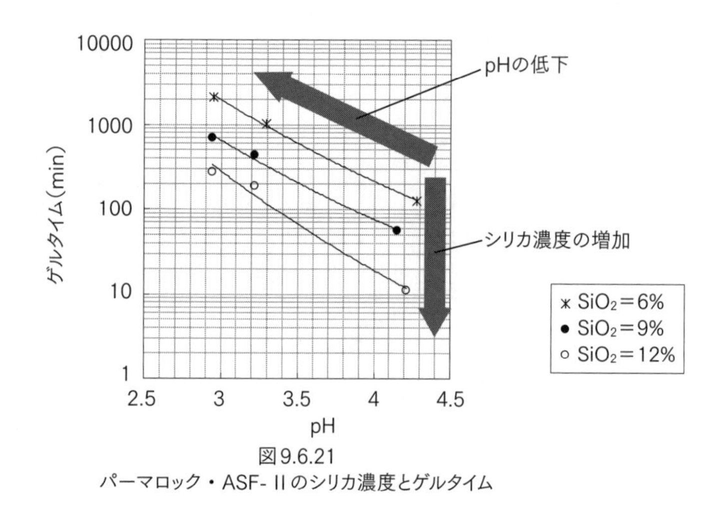

図9.6.21
パーマロック・ASF-Ⅱのシリカ濃度とゲルタイム

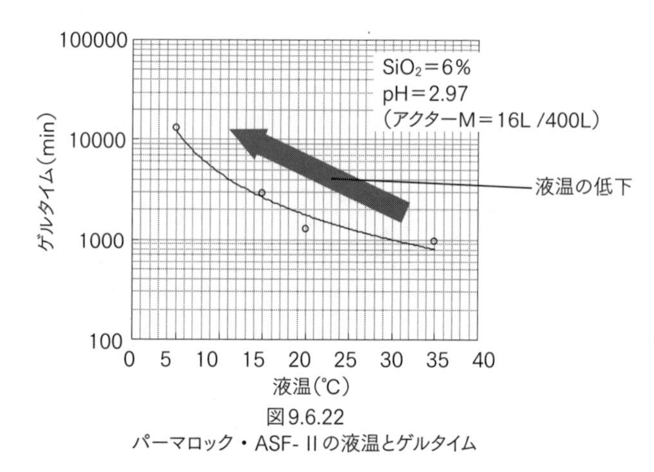

図9.6.22
パーマロック・ASF-Ⅱの液温とゲルタイム

(6) 改良強度の基本的傾向

改良強度の基本的傾向として、豊浦砂を用いた改良強度試験結果を図9.6.23、図9.6.24に示す。改良強度はシリカ濃度が高いほど強くなる傾向を示し、同一のシリカ濃度であっても相対密度が高いほど強くなる傾向を示す（図9.6.23)。また、その強度変化は養生初期より1ヶ月にかけて急激に、その後緩やかに増加する傾向を示す（図9.6.24)。

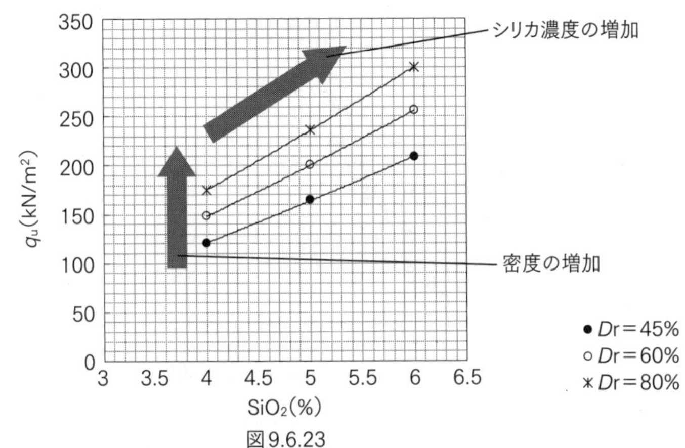

図9.6.23
パーマロック・ASF-Ⅱの一軸圧縮強度（シリカ濃度および相対密度）

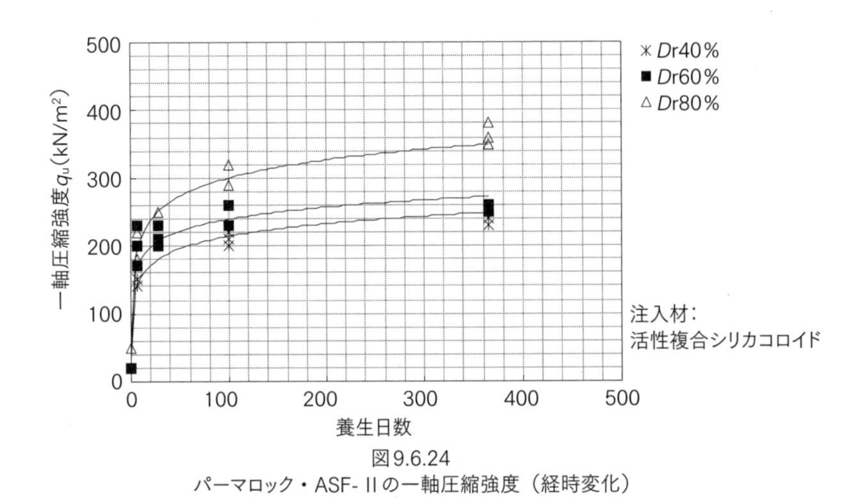

図9.6.24
パーマロック・ASF-Ⅱの一軸圧縮強度（経時変化）

(7) 現場採取土の改良強度

1) 試験結果一覧

現場採取土の粒径加積曲線を図9.6.25に示す。この砂を用い、各シリカ濃度のパーマロック・ASF-Ⅱを注入した供試体の圧縮強度を図9.6.26に示す。改良強度は現場によって粒径や相対密度などが異なるため、その発現割合が異なる傾向にある。

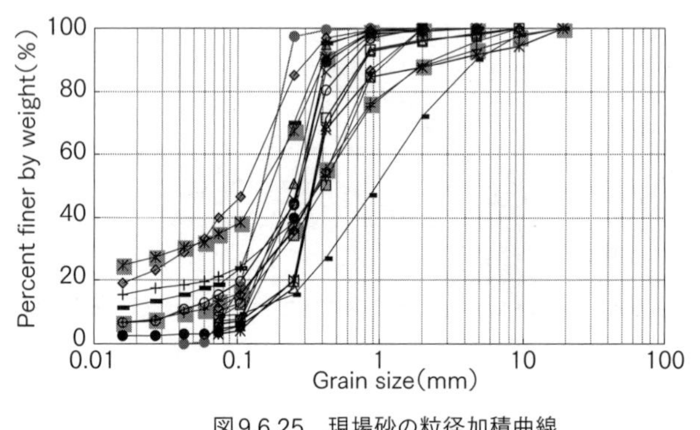

図9.6.25　現場砂の粒径加積曲線

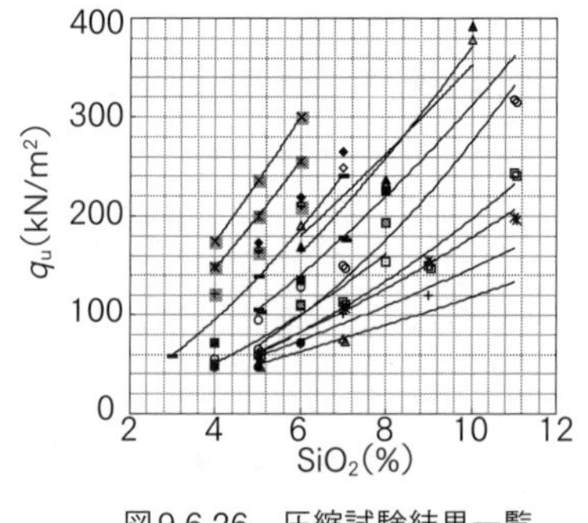

図9.6.26　圧縮試験結果一覧

2）平均粒径が改良強度に与える影響

相対密度が約60％の試験条件で行われた現場砂の配合試験について、平均粒径D_{50}と一軸圧縮強度との関係を図9.6.27に示す。同程度の相対密度で同一のシリカ濃度を注入した場合、平均粒径が小さいほど改良強度は強くなる傾向を示す。これは、平均粒径が小さくなるほど砂の比表面積が大きくなるため、薬液シリカと砂の接着面積が大きくなることによる。

3）細粒分含有率が改良強度に及ぼす影響

図9.6.27では平均粒径が小さいほど改良強度が強くなる傾向が示されたが、単純に細かければ良いわけではない。薬液注入による改良メカニズムとして、注入材のシリカと砂が接着することにより改良強度が発揮されるのであり、非結晶性（ペースト状）の粘土などではその効果が発揮されないため、平均粒径

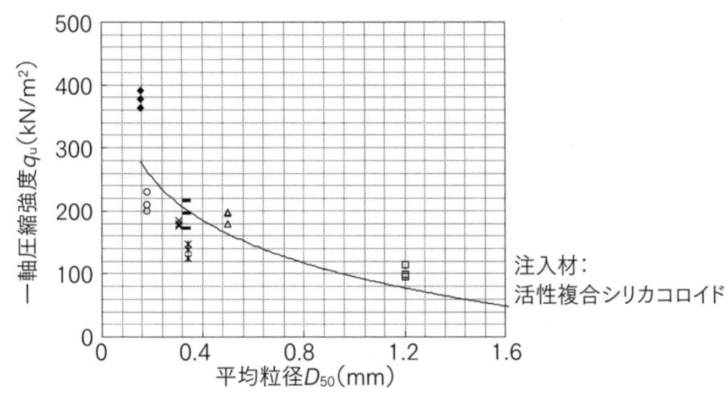

図9.6.27　平均粒径と一軸圧縮強度

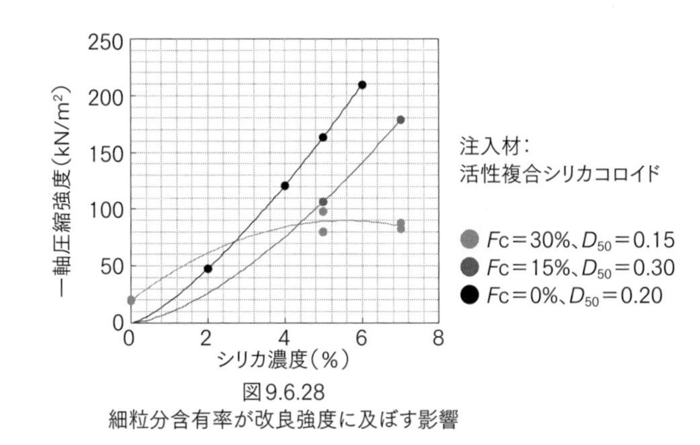

図9.6.28
細粒分含有率が改良強度に及ぼす影響

が小さい場合でも改良強度の発現割合が低くなる場合がある（図9.6.28）。

4）炭酸カルシウム（珊瑚、貝殻）が改良強度に及ぼす影響

液状化対策対象となる地盤には珊瑚や貝殻が混じる場合がある。このような地盤では注入材の酸性成分と地盤に含まれる炭酸カルシウムが反応し、炭酸ガスが発生する（図9.6.29）。したがって、供試体作製方法によっては供試体が膨張し、改良強度が異なる結果となる（図9.6.30）。

このような場合、拘束圧下での浸透注入による供試体作製が有効であるが、供試体の間隙を完全に薬液に置き換えられないため、改良強度の発現割合が低下する傾向にある（図9.6.31）。

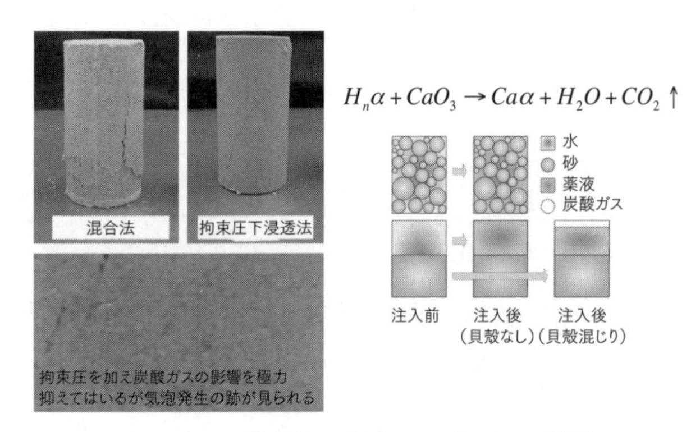

図9.6.29　炭酸ガスの発生メカニズムとその影響

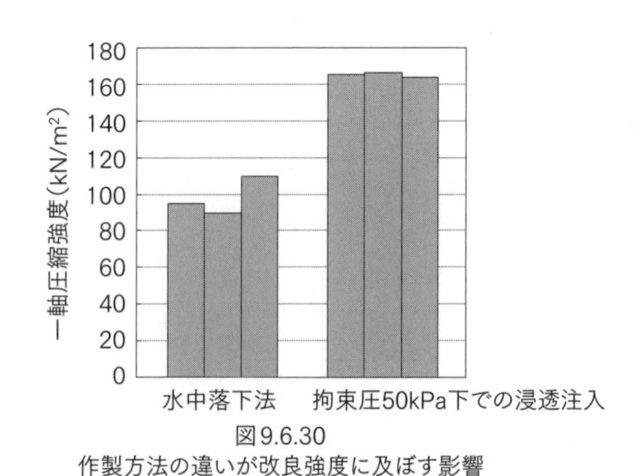

図9.6.30
作製方法の違いが改良強度に及ぼす影響

一軸圧縮強度（kN/m²）

シリカ濃度（%）

注入材：
活性複合シリカコロイド

●：Dr＝60%、Ca=0.0%
●：Dr＝59.5%、Ca＝2.4%
●：Dr＝61.1%、Ca＝2.8%

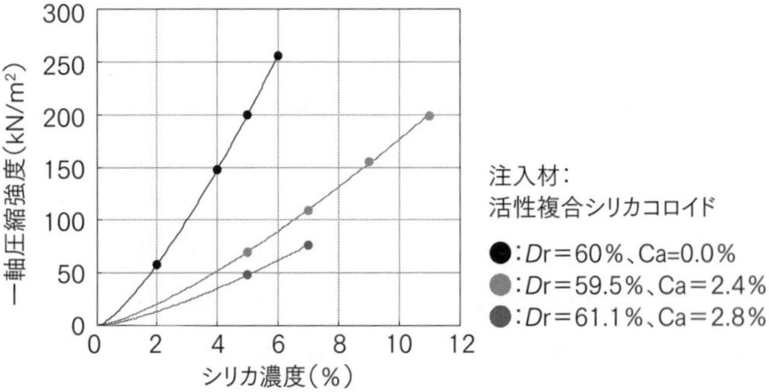

図9.6.31
炭酸ガス発生が改良強度に及ぼす影響

9.6.6 シリカ量分析による改良効果の評価法 ― 地盤ケイ化評価法 ―

（4.2節、9.8.1項（6）参照）

仮設目的において注入後の注入材の有無を知るために、サンプリングした試料のフェノール反応による判定がよく行われてきた。しかし、液状化対策工法のような本設注入では、目的とする強度が得られているかどうかを知ることが必要である。この場合、通常コアボーリングによって供試体の強度を測定することになるが、実際の地盤では礫が含まれていたり、細粒分が多い場合、不攪乱試料の採取が難しい場合が多い。このような目的のためにシリカ量分析による改良効果の評価法（地盤ケイ化評価法）が開発され、施工現場における種々のデータが蓄積されつつある。

この試験法は薬液注入後の評価方法の一つで、注入地盤のSiO_2濃度の測定値から薬液のSiO_2濃度を求めて、注入地盤の強度を推定する方法である。事前に現場採取土を用いて現場と同一密度の供試体を作製し、そこに種々のシリカ濃度の注入液を浸透させて固結供試体を作製して、強度試験を行う。その供試体のシリカ濃度を分析し、シリカ濃度と強度の関係を求めておき、注入地盤の採取土のシリカ濃度の分析結果から注入地盤の強度を推定する。今後、改良地盤からSiO_2濃度を測定し、改良地盤に含まれる薬液のSiO_2濃度を求める方法は、品質管理の一つとして、薬液注入後の評価方法として有用と思われる(9.8.1項（6）参照)。

可溶性シリカの分析はICP-AES法（誘導結合プラズマ発光分光分析）や原子吸光法が用いられる。

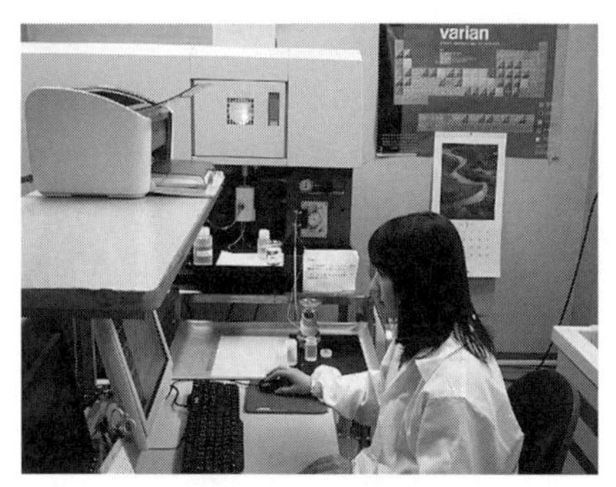

写真9.6.5（口絵24）
ICP-AESを用いたシリカ量分析による地盤ケイ化評価法

(1) SiO_2含有量の測定

①試料5g＋70mL（10% NaOH＋純水）にて、1時間攪拌する。
②ろ紙でろ過をしながら沈殿した砂を水で数回洗う。
③得られたろ液に純水を加え、250mLとした供試液とする。
④供試液はICP-AESにて測定する。

(2) 改良後の地盤ケイ化評価例

1）事前試験

施工に当たり、設計強度を満足する配合（シリカ濃度）を決定する目的で室内配合試験を実施し、シリカ濃度SiO_{2h}と一軸圧縮強度の関係を求める。なお、室内配合強度は、安全率を考慮し設計強度の2倍となる。

某工事における試験結果を図9.6.32に示す。この現場における設計強度は50kN/m^{2}であり、室内配合強度は安全率を加え100kN/m^{2}となるため、現場配合シリカ濃度は6%を採用した。また、この試験結果より注入材のシリカ濃度SiO_{2h}と一軸圧縮強度の関係（式⑳）を求める。

なお、一軸圧縮試験に用いた供試体は前述の可溶性シリカ量の測定を行い、注入材のシリカ濃度SiO_{2h}と注入された土からの可溶性シリカ量SiO_{2S}の関係を求める（図9.6.33、式㉑）。

$$q_u = 8.656 \times SiO_2^{1.5234} \quad ⑳$$

$$SiO_{2h} = \frac{SiO_{2s} - 3467}{1400} \quad ㉑$$

2）事後評価

施工後に礫の影響により不攪乱試料が取れなかったため、事前に行ったシリカ含有量と一軸圧縮強度の関係を用い、現地改良後の強度の予測を行った。その予測手法は、改良後に採取した攪乱試料のシリカ含有量測定を行い、式㉑によりシリカ濃度を求め、その濃度と式⑳を用い改良強度の予測を行った（表9.6.4）。この結果より、設計強度50kN/m^{2}を満たしている事がわかった。

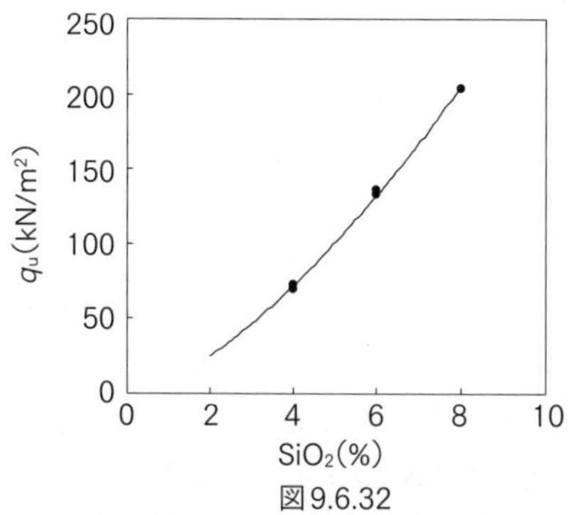

図9.6.32
注入材シリカ濃度と一軸圧縮強度の関係

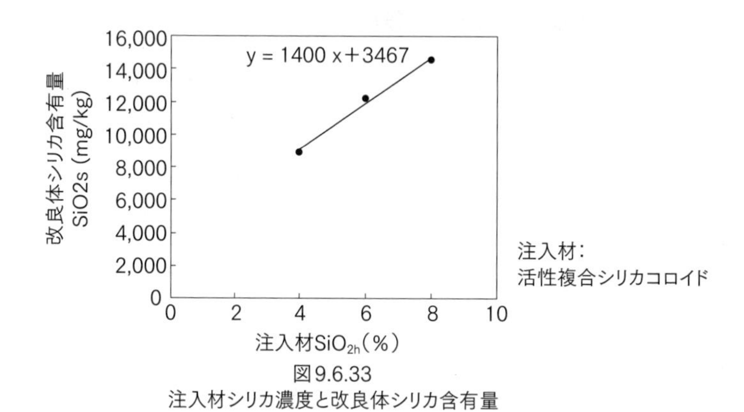

図9.6.33
注入材シリカ濃度と改良体シリカ含有量

表9.6.4
一軸圧縮強度の推定（注入材：活性複合シリカコロイド）

試料	シリカ含有量（mg/kg）	注入材濃度（%）	推定一軸圧縮強度（kN/m^2）
No.1	8,500	3.6	61
No.2	8,000	3.24	52
No.3	8,700	3.74	65

9.7 改良地盤の設計

恒久グラウト注入工法による液状化対策としての改良地盤の設計法は、いまだ確立したものはほとんどないのが現状である。しかしながら近年、各研究会や大学で恒久グラウトを用いた改良地盤の模型実験や解析が行われており、様々な設計法が提案されている。本節では各協会・研究会が提案している改良地盤の設計法や基本的な設計の考え方を構造物のタイプ別に紹介し、恒久グラウト注入工法による液状化対策の設計法をとりまとめて示す。

9.7.1 港湾構造物を対象とした設計[237)]

ここでは、岸壁・護岸等の港湾構造物および滑走路を対象とし、液状化対策として恒久グラウト注入工法を用い、地盤改良を行う場合の設計に適用するものとする。

(1) 対象構造物

ケーソン式および矢板式の岸壁・護岸の港湾構造物を対象とする。

(2) 改良率の設定

改良率は100%を標準とする。ただし、改良率を下げても地盤全体として液状化に対する十分な抵抗力があると判断される場合には、改良率を下げることができるものとする。

(3) 改良深度の設定

改良深度は、地下水位面から液状化層の最深部までとする。

(4) 改良幅の設定

護岸や岸壁といった港湾構造物に対する改良幅は、改良地盤背後の未改良地盤の液状化による土と水の静的・動的圧力に対して、構造物や改良地盤が安定する範囲とする。

ここで、締固め工法や排水工法の場合には、改良地盤に近接する未改良地盤の液状化に伴って改良地盤にも過剰間隙水圧が伝播することから、あらかじめ地盤が軟化する範囲を含めて、改良範囲を図9.7.1に示す△ACDと設定する。一方、恒久グラウト注入工法では地盤の間隙水がシリカゲルに置き換えられることから、過剰間隙水圧の伝播による地盤の軟化を考慮する必要がない。すなわち、改良範囲は図9.7.1に示す線ABまでとなる。

土圧や水圧といった水平力の作用が支配的な岸壁や護岸における改良範囲の例を、図9.7.2に示す。ここで示した改良範囲について、本体構造物の安定性、地盤改良体の滑動などの安定検討を行い、設定した改良幅が所要の安全率を満たすことを確認する。

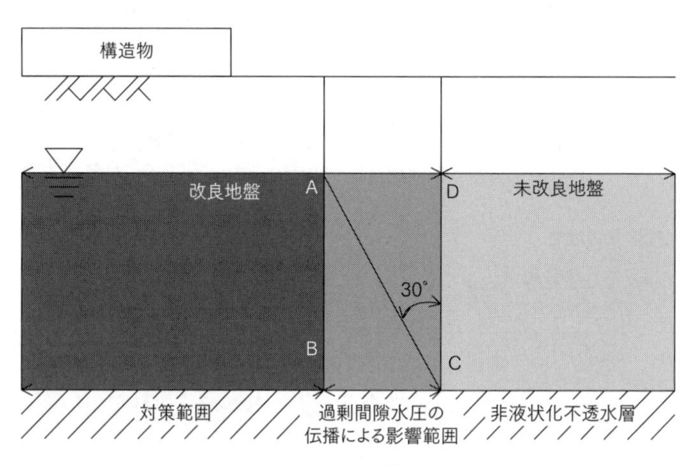

図9.7.1　改良地盤が軟化する範囲

ケーソン式岸壁の場合

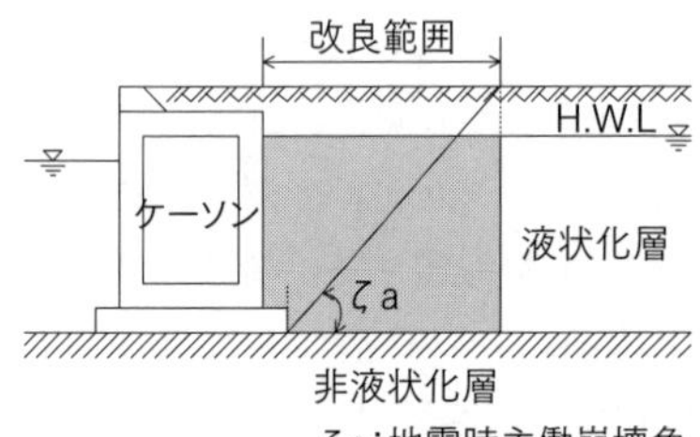

控え直杭式矢板岸壁の場合

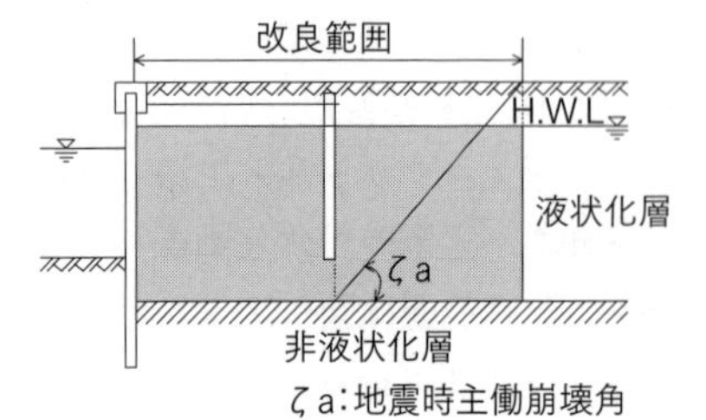

自立矢板式岸壁の場合

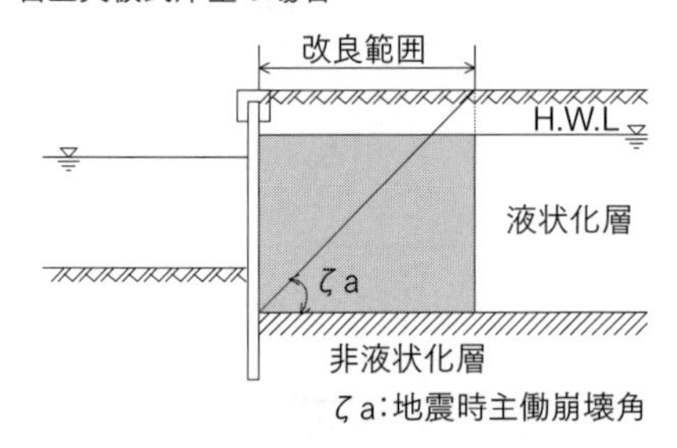

控え組杭式矢板岸壁の場合

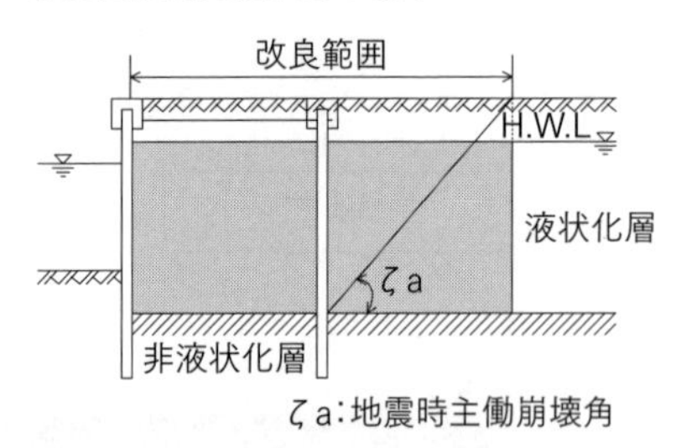

控え版式矢板岸壁の場合

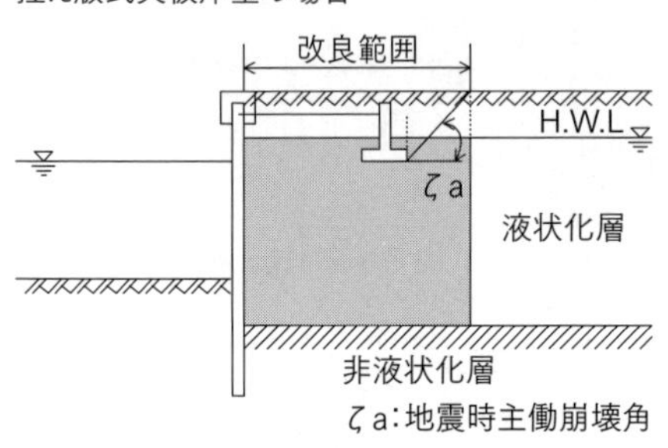

二重矢板式岸壁の場合

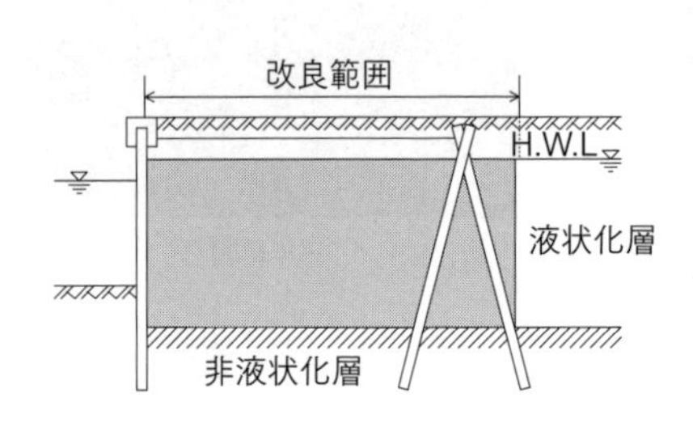

図9.7.2 岸壁・護岸に対する改良範囲の例

(5) 本体構造物の検討

既設の護岸や岸壁の背後を恒久グラウト注入工法で地盤改良する場合、通常裏込め材として用いられるϕ材としてのせん断強度に加えて、粘着力が付加されることによるc材としてのせん断強度も期待される。こうしたことから、ケーソンや矢板壁といった構造物に作用する主働土圧は、改良地盤を$c-\phi$材として扱い、式㉒により算出することを標準とする[237]。

$$p_{ai}=\left\{\frac{(\Sigma\gamma_i\cdot h_i)\cdot\cos(\varphi-\beta)}{\cos\varphi}+\omega\right\}\cdot\frac{\sin(\zeta_i-\phi_i+\theta)\cdot\cos(\varphi-\zeta_i)}{\cos\theta\cdot\cos(\varphi-\zeta_i+\phi_i+\delta)\cdot\sin(\zeta_i-\beta)}-\frac{c_i\cdot\cos(\varphi-\beta)\cdot\cos\phi_i}{\cos(\varphi-\zeta_i+\phi_i+\delta)\cdot\sin(\zeta_i-\beta)}$$

$$2\zeta_i=\varphi+\phi_i-\mu_i+90^\circ$$

$$\mu_i=\tan^{-1}\left(\frac{B_i C_i+A_i\sqrt{B_i^2-A_i^2+C_i^2}}{B_i^2-A_i^2}\right)$$

$$A_i=\sin(\delta+\beta+\theta) \qquad \cdots\cdots\cdots\cdots ㉒$$

$$B_i=\sin(\varphi+\phi_i+\delta-\beta)\cdot\cos\theta-\sin(\varphi-\phi_i+\theta)\cdot\cos(\delta+\beta)+\frac{2c_i\cdot\cos(\varphi-\beta)\cdot\cos\phi_i\cdot\cos(\delta+\beta)\cdot\cos\theta}{\dfrac{(\Sigma\gamma_i\cdot h_i)\cdot\cos(\varphi-\beta)}{2\cos\varphi}+\omega}$$

$$C_i=\sin(\varphi+\phi_i+\delta-\beta)\cdot\sin\theta+\sin(\varphi-\phi_i+\theta)\cdot\sin(\delta+\beta)-\frac{2c_i\cdot\cos(\varphi-\beta)\cdot\cos\phi_i\cdot\sin(\delta+\beta)\cdot\cos\theta}{\dfrac{(\Sigma\gamma_i\cdot h_i)\cdot\cos(\varphi-\beta)}{2\cos\varphi}+\omega}$$

ここで、

p_{ai} ：i層の壁面に作用する主働土圧（kN/m^2）
c_i ：i層の粘着力（kN/m^2）
ϕ_i ：i層の内部摩擦角（°）
γ_i ：i層の単位体積重量（kN/m^3）
h_i ：i層の厚さ（m）
ψ ：壁面の角度（°）
β ：地表面が水平となす角度（°）
δ ：壁面摩擦角（°）
ζ_i ：i層の崩壊面が水平となす角度（°）
ω ：地表面単位面積当たりの載荷重（kN/m^2）
θ ：地震合成角（°）　$\theta=\tan^{-1}k$　または　$\theta=\tan^{-1}k'$
k ：震度
k' ：見かけの震度

(6) 滑動の検討

恒久グラウトによって改良された地盤は、周囲の無処理地盤よりも大きな剛性を持った剛体的な挙動を示すことも推定される。よって改良地盤を一つの構造物とみなし、滑動に対する安定性の検討を行うこととする。検討は地震時について行うこととし、地盤に作用する外力や抵抗力を図9.7.3に示す[237)]。

滑動に対する安全率は、式㉓を用い算定する。

$$F_s=\frac{R_1+R_2+P_{w1}+P_{w2}}{H_1+H_2+P_{h1}+P_{h2}} \quad \cdots\cdots ㉓$$

ここで、

$P_{w1}=\frac{1}{2}\cdot\gamma_w\cdot h_1{}^2$ ：構造物前面に作用する静水圧

$P_{w2}=\frac{7}{12}\cdot k\cdot\gamma_w\cdot h_1{}^2$ ：構造物前面に作用する静水圧

$P_{h1}=\frac{1}{2}\cdot\gamma\cdot h_2{}^2$ ：改良地盤に作用する未改良地盤の静的圧力

$P_{h2}=\frac{7}{12}\cdot k\cdot\gamma\cdot h_2{}^2$ ：改良地盤に作用する未改良地盤の静的圧力

$H_1=k\cdot W_1$ ：構造物に作用する慣性力

$H_2=k\cdot W_2$ ：改良地盤に作用する慣性力

$R_1=f_1\cdot W_1$ ：構造物底面に作用する摩擦抵抗力

$R_2=f_2\cdot W_2$ ：改良地盤底面に作用する摩擦抵抗力

F_s ：安全率（1.0以上）

r_w ：海水の単位体積重量

r ：未改良地盤の単位体積重量

k ：設計震度

h_1 ：水位

h_2 ：地下水水位

f_1 ：構造物底面の摩擦係数

f_2 ：改良地盤底面の摩擦係数

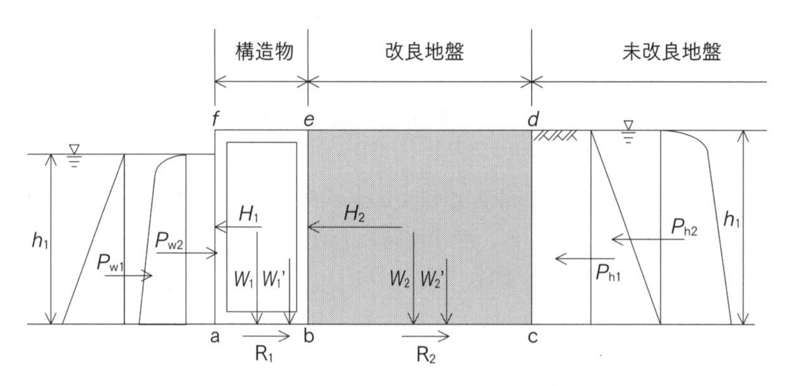

図9.7.3 改良地盤に作用する外力[237)]

9.7.2 タンク基礎を対象とした設計

ここではタンク基礎を対象とし、液状化対策として恒久グラウト注入工法を用いて地盤改良を行う場合の設計に適用するものとする。

(1) 対象構造物

主として、直接基礎で支持された直径30～40m程度の既設特定野外貯蔵タンク（昭和52（1977）年以前の技術基準の適用を受けて建設されたもの）を対象とする[240)]。

(2) 改良率の設定

既往の研究より、改良率が70％以上の場合、地震力に対し十分な液状化強度を有する結果が得られている。よって、図9.7.4に示すようにタンク直下部分については改良率を70％以上とし、外縁部については周辺の未改良地盤が液状化した場合に、泥水による損傷を考慮して改良率を高めることとして90％以上とする。

(3) 改良深度の設定

対象とする地盤の土質調査に基づき、液状化の影響がタンク基礎地盤に及ぼさないように決定することとする。改良深度に関する基本的な考え方は以下の通りである。

①表面近くで液状化が生じた場合にタンクの受ける被害が大きいことから、上層から重点的に改良すること。

②施工性や有効性を踏まえ、細粒分含有率F_cが35％以下の砂質層を中心に行うこと。

③タンク底版から深さ20mまでの改良後のP_L値が5以下になること。なお、P_L値は式㉔より求められ、液状化時における流動化の影響を非液状化層、液状化層のF_Lより算出する。

$$P_L=\int_0^{20}(1-F_L)(10-0.5x)\,dx \quad \cdots\cdots ㉔$$

F_Lが1以上のときは$F_L=1$とする。

(4) 改良幅の設定

円弧すべり解析に基づく安定検討を行い、必要な改良幅を決定する。なお、タンク側板部は荷重が集中するため、図9.7.4に示すように側板から最低3mを改良範囲に取り組むこととする。

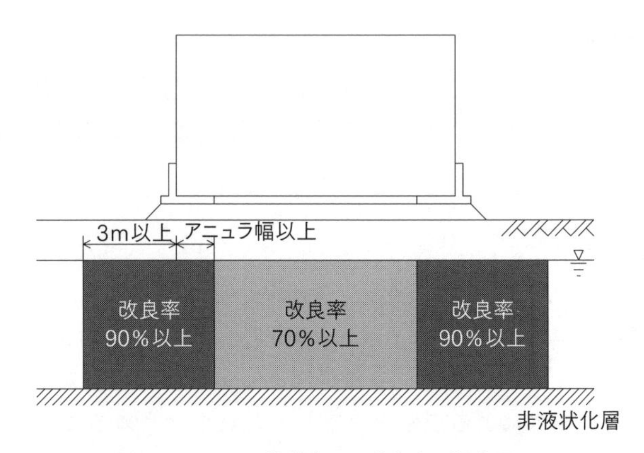

図9.7.4　タンク基礎直下の改良率の概念図

(5) 改良体の安定検討方法

1）検討方法

タンク基礎地盤の安定検討は、円弧すべり解析に基づいて行うこととする。解析によって求められる安全率は、式㉕により算定する[240]。

$$F_s = \frac{\Sigma\,(1.3 \cdot c \cdot l + W \cdot \cos\theta \cdot \tan\phi\,)}{\Sigma\,W_0 \cdot \sin\theta} \cdots\cdots ㉕$$

なお、改良地盤以外で三軸試験が行われていない土質の強度定数は、表9.7.1の値を用いることができるものとする。

表9.7.1　基準強度

強度定数	砂質土	砕石
粘着力 c（kN/m^2）	5	20
内部摩擦角 ϕ（°）	35	45

2）検討モデル

円弧すべりの検討は、改良土の下端を通る「全体すべり検討」とタンク基礎端部における局所的な破壊を想定した「局所すべり検討」の2つの検討を実施する。図9.7.5にこれらの検討方法のモデルを示す。

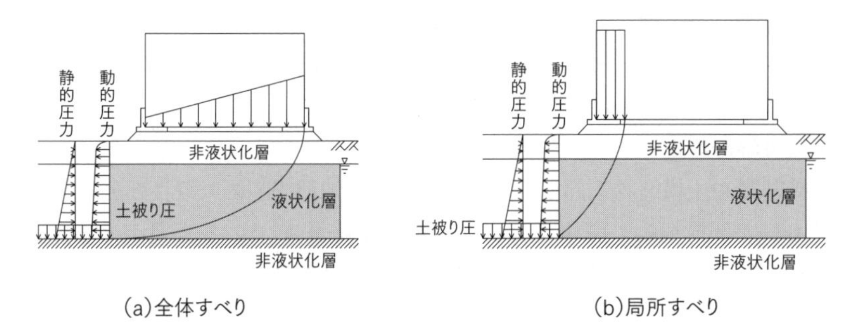

図9.7.5　円弧すべり検討モデル

3）安全率

円弧すべり解析による検討において必要な安全率は表9.7.2のとおりとする。

表9.7.2　安全率

すべり形状	安全率
全体すべり	1.0以上
円弧すべり	1.1以上

9.7.3 直接基礎・土構造物を対象とした設計

ここでは直接基礎や土構造物を対象とし、液状化対策として恒久グラウト注入工法を用いて地盤改良を行う場合の設計に適用するものとする。

(1) 対象構造物

先に述べた港湾構造物およびタンク基礎にて扱った構造物を除く直接基礎や土構造物を対象とし、直接基礎形式の橋脚や擁壁[241)]、ならびに河川堤防など[242) 243) 244)]に用いられる盛土構造物などに適用するものとする。

(2) 改良率の設定

改良率は100％を標準とする。ただし、改良率を下げても地盤全体として液状化に対する十分な抵抗力があると判断される場合には、改良率を下げることができるものとする。

(3) 改良深度の決定

改良深度は、地下水位面から液状化層の最深部までとすることを原則とする。

(4) 改良幅の設定

直接基礎や土構造物下部の改良地盤は、改良地盤周辺の未改良部分が液状化しても、上部構造物の基礎としての安全性を確保している必要がある。したがって、改良地盤が上部構造物からの荷重を安全に支持するために必要な改良幅は、対象物ごとに定められる基準に従って地震時の安定性の検討を行い、適切な範囲を設定することとする。図9.7.6に改良範囲の一例を示す。

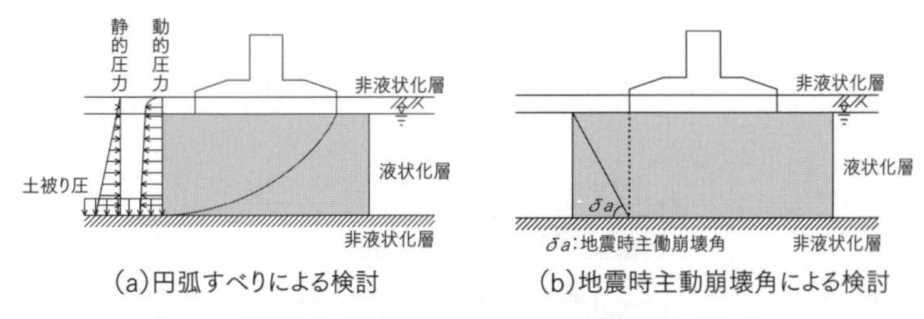

図9.7.6 直接基礎構造物の改良範囲の一例

9.7.4 杭基礎を対象とした設計

ここでは杭基礎を対象とし、液状化対策として恒久グラウト注入工法を用いて地盤改良を行う場合の設計に適用するものとする。

(1) 対象構造物

鋼管杭、PHC杭、RC杭などの上部構造物の荷重を支持地盤に伝播する杭形式の構造物を対象とする。

(2) 改良率の設定

改良率は100%を標準とする。ただし、改良率を下げても地盤全体として液状化に対する十分な抵抗力があると判断される場合には、改良率を下げることができるものとする。

(3) 改良深度の決定

改良深度は、地下水位面から液状化層の最深部までを原則とする。ただし、液状化の判定により土質定数（地盤反力係数、周面摩擦力）を低減して耐震設計を行い、構造物の安全性が十分に確保できる場合には、適切な改良深度を設定しても良いものとする。

(4) 改良幅の決定

改良幅は地震によって液状化した地盤が杭基礎に影響を及ぼさないように適切に設定する必要がある。杭基礎の設計においては、①杭横方向の抵抗力の確保、②鉛直支持力の確保の2点について検討することが求められる。ここで、①に着目した場合、改良範囲は図9.7.7に示すように、杭頭から杭の仮想固定点（$1/\beta$）まで下がった位置から地震時受動崩壊線を立ち上げ、地下水面（あるいは地表面）と交わる範囲までとする考え方がある。また、②の場合、図9.7.8に示すように構造物の底面より分散角θを考慮して、所定の改良範囲を設定する考え方がある。

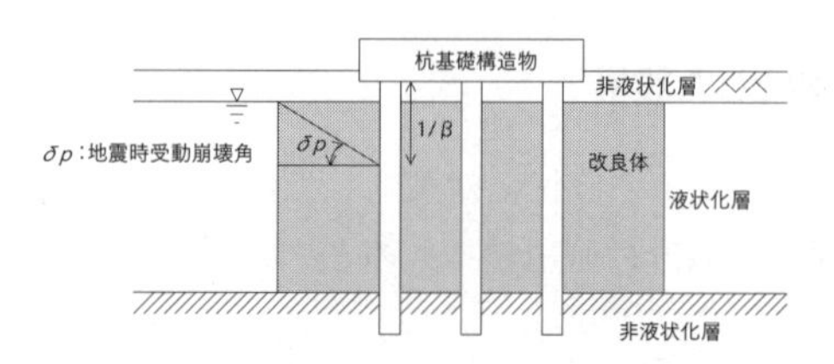

図9.7.7　杭基礎構造物の改良範囲の一例（横方向抵抗力の確保）

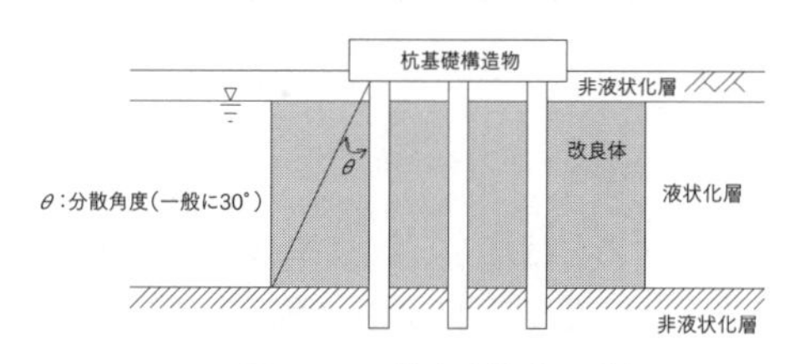

図9.7.8　鉛直支持力の確保

9.8 改良効果の調査と品質管理

恒久グラウト注入工法で薬液改良した地盤が所定の地盤強度（液状化強度）を有しているかを確認するために、事後調査を実施する。養生期間（28日）後に改良地盤の試料採取を行い、各深度毎所定の数量の供試体に成形し、一軸圧縮試験を実施することを基本とする。

なお、砂礫地盤や玉石混じり地盤、貝殻混じり土などで試料の採取や成型が困難であり、一軸圧縮強さによる改良効果の判定ができない場合は、三軸試験を併用したり、シリカ含有量試験やその他の原位置サウンディングによって改良効果を評価することもできる。

9.8.1 サンプリング試料による品質確認

(1) 試料の採取本数

ボーリングの本数は施工規模や施工条件によって異なるが、過去の施工実績から、改良土量5,000m³未満では3箇所程度、5,000m³以上では2,500m³増える毎に1箇所追加実施することを目安とする。

一軸圧縮試験は、改良厚さ6m以上の場合で、ボーリング孔1本当たり、上、中、下それぞれ3供試体、計9供試体を目安として実施する。

(2) 試料の採取位置

目標強度の管理が平均値であることから、ボーリングを実施する箇所は、改良地盤全体の平均位置を算出できる平面位置とすることが望ましい。具体的には、図9.8.1に示すように1注入ノズルから浸透する改良範囲の半径の1/2の位置とする。

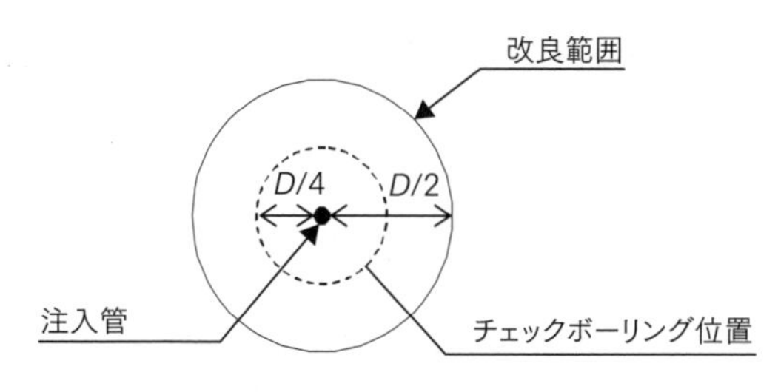

図9.8.1　ボーリング調査位置

(3) サンプリングと試料の養生

採取された試料の一軸圧縮強さは、サンプリングの良否に影響を受けやすい。サンプラーはロータリー式トリプルチューブサンプラー等を使用して乱れの少ない試料を採取し、サンプリング中はできるだけ試料に振動や衝撃を加えないように配慮する必要がある。なお、礫混じりの地盤では乱れの少ない試料の採取が一般的に困難とされる。事前調査段階でこのようなことが想定された場合は、礫地盤に対応したサンプリング手法についても検討し、発注機関と協議の上で実施することが望ましい。

サンプラーの直径は、一軸圧縮試験での成形を考慮して、ϕ66～116mmのものを選定することが望ましい。採取試料は直ちに試験室へ搬送し、試験を行う。試料を搬送する際も、衝撃が加わらないように発泡ウレタン製の容器に入れて養生する必要がある。また、試料は乾燥しないように十分注意する。

(4) 一軸圧縮試験

改良体の品質確認は、乱れのない試料が採取できた場合に限り、一軸圧縮強さで評価することを基本とする。

1) 規格値

一軸圧縮強さの平均値$\overline{q_{uF}}$と設計時に決定した設計基準強度q_{uD}を比較することにより行う。

$$\overline{q_{uF}} \geqq q_{uD} \quad \cdots\cdots ㉖$$

2) 試験方法

①一軸圧縮試験は、JIS規格（JIS A 1216）に準じて実施するものとする。
②一本のサンプリングチューブから、1断面1供試体で3供試体以上の試験を行うことを原則とする。
③供試体寸法は、直径35mmまたは50mmとし、高さは直径の1.8～2.5倍とする。サンプリングチューブから抜き出した試料は、乱れがないようにトリミングする。また、礫や貝殻が点在する場合は、これらを取り除くと同時に、試料の観察情報を記録し、試験結果の評価を行うものとする。
④供試体の成形が困難な場合は、サンプリングチューブから取り出した状態で試験を行っても良いが、周面に近い部分はサンプリング時の乱れの影響を受けているので、注意を要する。また、端面は平坦に仕上げ、必要に応じてキャッピング処理を行う。
⑤試料の湿潤密度は、トリミング後、速やかに測定するものとする。
⑥せん断時の載荷速度は1% /minとする。
⑦一軸圧縮試験結果より変形係数E_{50}を求める。

(5) 三軸試験

供試体の成形が困難な場合には、土の繰返し非排水三軸試験（液状化試験）を実施し、目標とする液状化強度比を満足しているかどうかによって、改良効果の評価を行うこともできる。また、改良地盤のせん断強度を確認する必要がある場合は、必要に応じて各種三軸圧縮試験（CD試験、$\overline{\mathrm{CU}}$試験）を実施して、必要とされるせん断強度を上回ることを確認する。

(6) シリカ含有量による改良効果の判定

一軸圧縮試験や三軸試験が困難な場合、サンプリングチューブより採取した試料のシリカ含有量から一軸圧縮強さを推定する方法があり、これまでの施工実績も多い。

1) 測定方法

①試料の前処理

サンプル試料を105℃にて2時間乾燥させ、乳鉢を使い1mmのふるいを通過させ、かき混ぜたものを測定試料とする.

②SiO_2溶出量の測定方法

①試料5gを採取し、10% NaOH 20mLと純水50mLを加え、1時間攪拌する。
②ろ紙（5B）でろ過を行い、ろ過しながら沈殿した砂を水で数回洗う。
③得られたろ液に純水を加え、250mLの供試液とする。
④供試液は、ICP-AES（ICP発光分光分析）にて測定する。

2) 測定結果例

薬液シリカ濃度SiO_{2g}とシリカ溶出量増加分SiO_{2s}の関係を図9.8.2に示す。シリカ濃度が高くなるに伴いシリカ溶出量増加分は増加する傾向を示す。また、シリカ溶出量増加分SiO_{2s}と一軸圧縮強さq_uの関係を図9.8.3に示す。薬液シリカ濃度が高くなるに従いシリカ溶出量が増加するため、シリカ溶出量が多いものほど一軸圧縮強度は高くなる。ただし、貝殻などが含まれる地盤では注入材の酸と炭酸カルシウムが反応し炭酸ガスが発生するため、これと異なる傾向を示す場合がある。

3) 評価事例

事後調査において乱れの少ない試料の採取が難しく、一軸圧縮強さによる強度確認が履行できない場合を想定して、事前調査の室内配合試験においてシリカ含有量試験を実施することを標準とし（表9.5.1参照）、一軸圧縮強さと注入材シリカ濃度および改良体のシリカ含有量の関係をあらかじめ求めておく。

事後調査においては、攪乱試料のシリカ含有量を測定し、室内配合試験で求めておいた注入材シリカ濃度とシリカ含有量の関係およびシリカ濃度と一軸圧

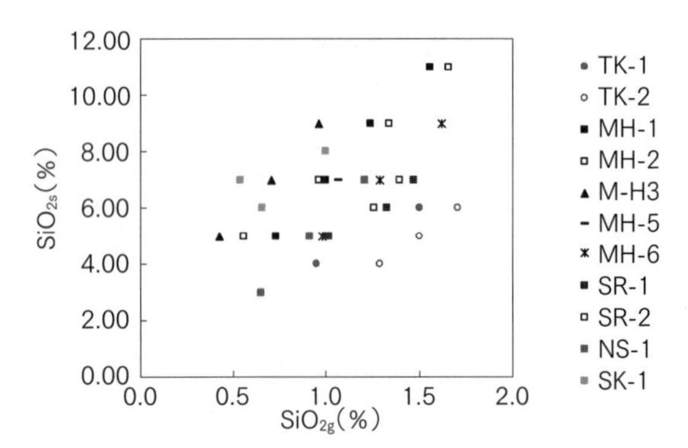

図9.8.2　シリカ濃度とシリカ溶出量増加分の関係

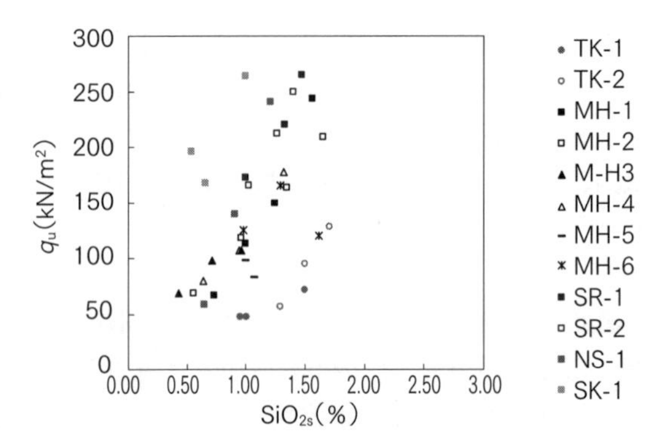

図9.8.3　シリカ溶出量と一軸圧縮強さの関係

縮強さの関係を用いて、改良体の一軸圧縮強さを推定し、設計基準強度が満足されているか確認する。図9.8.4に評価事例を示す。

9.8.2 原位置調査による品質確認

固化改良体の品質を確認するその他の調査方法として、表9.8.1に示すような原位置における各種サウンディング調査があり、改良目的や施工条件を考慮して適切な方法を選定する必要がある。また、いずれもの方法も改良地盤の強度（一軸圧縮強さなど）を正確に求めるには至っていないため、調査結果の解釈（一軸圧縮強さとの相関など）には注意を要する。

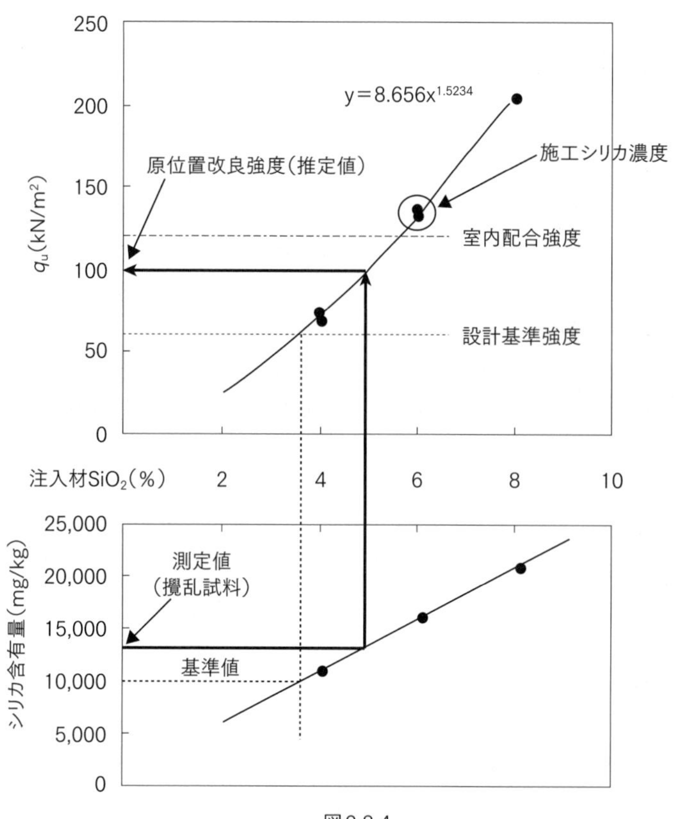

図9.8.4
シリカ含有量による一軸圧縮強さの評価事例

表9.8.1　原位置調査の例

試　験　名	測　定　値	備　　考
標準貫入試験	N値	改良前後で比較
孔内水平載荷試験	降伏圧、変形係数	改良前後で比較
電気式静的コーン貫入試験	先端抵抗値 q_t、間隙水圧 u、周面摩擦 f_s	改良前後で比較
現場透水試験	透水係数 k	改良前後で比較
比抵抗探査	比抵抗値	改良前後で比較

9.9 一般施工管理

(1) 動態観測

超多点注入工法は低吐出量・低圧力で注入を行うため、通常の薬液注入工法と比べ周辺構造物への影響はほとんどないと考えられる。しかし、本工法が適用される場所は重要構造物直下や近傍である場合が多く、現場条件によってはこれら構造物への影響について、動態観測計器により監視する必要がある。

主な監視項目としては、構造物の鉛直変位および水平変位があり、構造物の種類や重要度に応じて、適切な頻度および基準値を設定する必要がある。

(2) 水質管理

薬液注入工事に関する暫定指針に基づき、現場周辺の水質監視を目的として水質監視孔を設置し、地下水の水素イオン濃度（pH）を観測する。また、現場が海域に面している場合には、周辺海域水についてもpHを観測する。

(3) 排水管理

削孔や設備洗浄で発生する排水は、現場内やプラント内からポンプにてノッチタンクに集水し、沈砂後の水をpH処理した上で排水する。また、ゲル化物やスライムなどの汚泥は、産業廃棄物として適正に処分するものとする。

(4) 材料の貯蔵管理

恒久グラウト注入工法に用いる各種材料は、適切な保管場所において貯蔵管理する。

①薬液主材、反応剤

薬液材料はタンクローリー車で搬入し、専用のタンクを使用して保管する。

②使用水

シールグラウト工、注入工に使用する混練水は、上水と同程度以上の品質の水を使用する。水タンクへの貯蔵を基本とするが、ゴミ等が混入しないように養生をする必要がある。また、使用水の温度が混練後の薬液のゲルタイムに影響を及ぼすことから、水温についても適宜把握する。

③シールグラウト材（ジオパックグラウト）

吸湿性がある材料のため、完走した場所に保管する。

第10章

東日本大震災における活性複合シリカコロイドを用いた急速浸透注入工法施工地盤の追跡調査報告[186) 256)]

平成23（2011）年3月11日、我が国は震災史上稀に見る大地震「東北地方太平洋沖地震」に見舞われた。さらにはこの大地震により強大な津波が発生し、東北地方の地震および津波による被害は計り知れないものとなった。報道等では大津波による被害が大きく取り上げられたが、地震による被害、特に液状化被害も甚大であったことがその後の調査で明らかとなっている。東北地方のみならず、震源地から300km以上離れた関東地区でも液状化被害が報告された。特に東京湾沿岸の千葉県浦安地区では、液状化現象による住宅の沈下被害や噴砂現象による地盤沈下等が確認された。また千葉県市原市では石油タンクから出火するなど、地震による被害の大きさを物語っている。

そのような中、地震による液状化が懸念されていた箇所について、事前に対策工を実施していた箇所の地震後の調査結果について恒久グラウト・本設注入協会資料[256)]より以下に紹介する。

対象となった地区および箇所は、事前の検討により液状化が懸念されていた箇所や地区であり、恒久グラウト（パーマロック・ASF-Ⅱ、パーマロック・ASF-Ⅱα）を用いた薬液注入（急速浸透注入工法）による液状化対策工が実施されていた。薬液注入による液状化対策工として採用されたのは以下の技術である。

- 薬液注入工法（恒久グラウト・本設注入工法）
  - 超多点注入工法

- エキスパッカ工法
- 使用注入材
  - 恒久グラウト「パーマロック・ASF-Ⅱ」
  - 恒久グラウト「パーマロック・ASF-Ⅱα」
- 事前対策が実施された地区および箇所
  - 宮城県仙台塩釜港
  - 千葉県千葉港
  - 千葉県千葉市
  - 某水門
  - 某運河
  - 茨城県那珂群東海村

以下に地震後の現地状況等を報告する。

(1) 宮城県仙台塩釜港：液状化対策工事

仙台塩釜港では、液状化現象が懸念された軟弱な砂質土層を、恒久グラウトを用いた薬液注入工法により全面改良を行った。その結果、周辺の未対策地区が地盤沈下・陥没や噴砂現象等が確認されたのに対し、全く被害を受けなかったことが確認された。

- 薬液注入工法：急速浸透注入工法「超多点注入工法」
- 使用注入材　：恒久グラウト「パーマロック・ASF-Ⅱ」
- 施工時期　　：平成19（2007）年

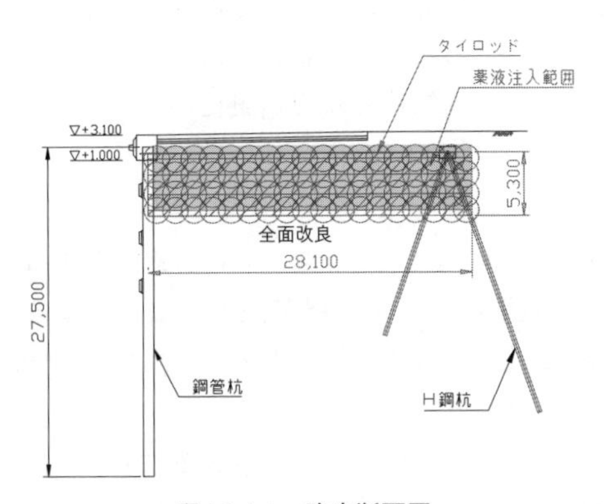

図10.1.1　改良断面図

写真10.1.1（口絵27(a)）
地盤改良実施部分
液状化対策としての前面改良がなされており、
変状はほとんどない（2011年4月27日撮影）。

写真10.1.2（口絵27(b)）
地盤改良未実施部分
地盤改良が未実施であり、陥没が確認された
（2011年4月27日撮影）。

(2) 千葉県千葉港：液状化対策工事

千葉港では岸壁の改修工事に併せて、液状化が懸念される地層に対し恒久グラウトを用いた薬液注入による対策が実施された。追跡調査の結果、地震による影響は全くなく、薬液注入による液状化対策が有効であったことが確認された。

- 薬液注入工法：急速浸透注入工法「超多点注入工法」
- 使用注入材　：恒久グラウト「パーマロック・ASF-Ⅱ」
- 施工時期　　：平成16（2004）～平成17（2005）年

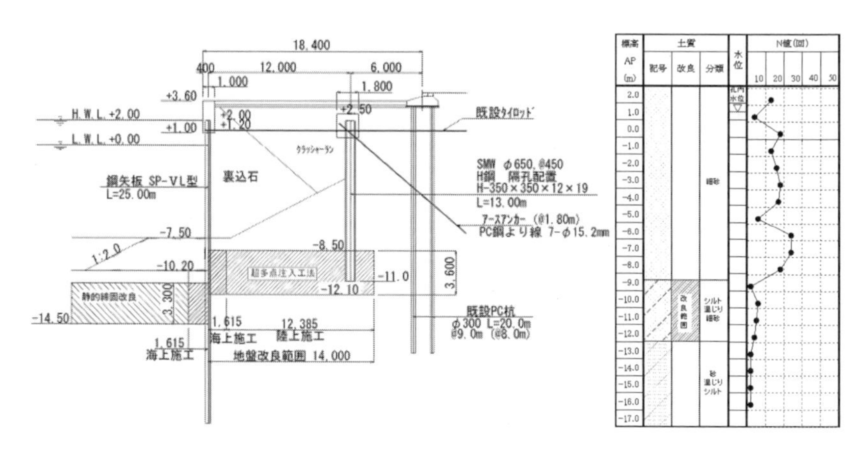

図10.1.2　対象地盤設計断面図

写真10.1.3
施工状況

写真10.1.4（口絵28）
改良地盤地震後（2011年4月22日撮影）

(3) 千葉県千葉市：液状化対策工事

千葉市では、河川改修のためボックスカルバート敷設工事が実施され、底盤部の液状化対策と掘削底盤のボイリング防止を兼ねた対策が実施された。当該地区は完了後主要道路として供用されているが、地震による影響は全くなかった。

- 薬液注入工法：急速浸透注入工法「エキスパッカ工法」
- 使用注入材　：恒久グラウト「パーマロック・ASF-Ⅱ」
- 施工時期　　：平成16（2004）～平成17（2005）年

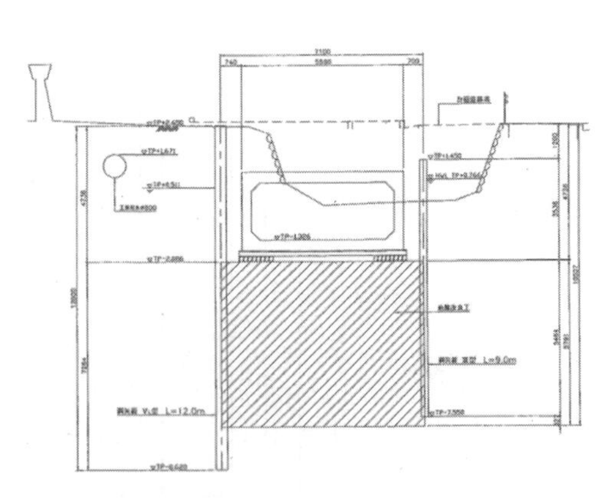

図10.1.3　施工断面図

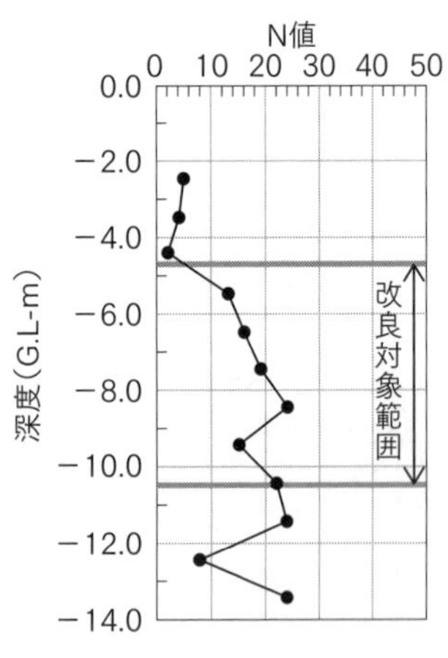

図10.1.4　地盤特性

写真10.1.5　施工状況

写真10.1.6（口絵29）
改良地盤地震後（2011年4月22日撮影）

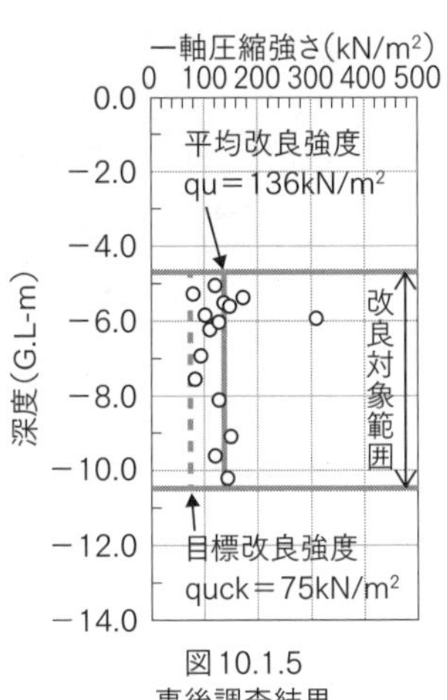

図10.1.5
事後調査結果

(4) 某水門：耐震補強工事

既設水門の基礎補強および液状化対策を目的に、恒久グラウトを用いた薬液注入による地盤改良が実施された。地震発生時は施工後およそ1年を経過していたが、調査の結果、地震による被害はなく、改良効果が確認された。

- 薬液注入工法：急速浸透注入工法「超多点注入工法」
- 使用注入材　：恒久グラウト「パーマロック・ASF-Ⅱα」
- 施工時期　　：平成22（2010）年

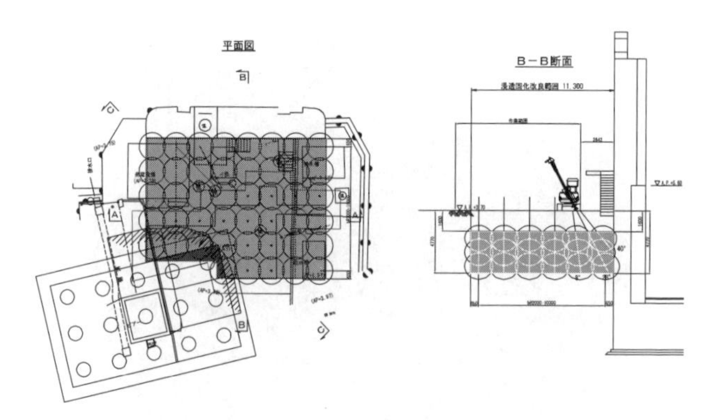

図10.1.6　施工図

写真10.1.7　施工状況

写真10.1.8（口絵30）改良地盤地震後（2011年4月22日撮影）

(5) 某運河：耐震補強工事

当工事では運河の改修工事にあわせて、液状化現象が懸念される地盤に対して、恒久グラウトを用いた薬液注入による対策が計画実施された。薬液注入による対策後およそ7年後に大地震が発生したが、地震による影響は全く受けなかったことが確認された。

- 薬液注入工法：急速浸透注入工法「超多点注入工法」
- 使用注入材　：恒久グラウト「パーマロック・ASF-Ⅱα」
- 施工時期　　：平成16（2004）年

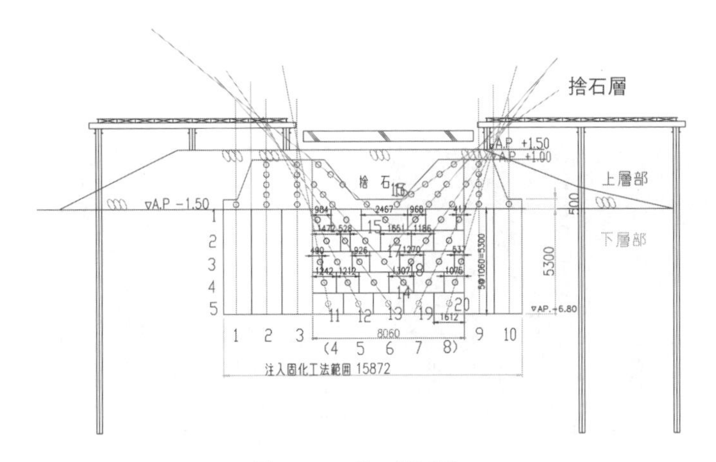

図10.1.7　施工断面図

写真10.1.9
施工状況

写真10.1.10
改良地盤地震後（2011年4月22日撮影）

(6) 茨城県東海村：既設施設下部地盤の液状化対策工

茨城県那珂郡東海村の国立研究開発法人日本原子力研究開発機構敷地内にある既設施設において、原子力施設の信頼性、健全性の向上の観点から、機構により液状化対策工事が計画実施された。既設施設直下地盤の改良であったため、占有作業面積の少ない作業用立抗からの水平・斜め施工が採用された。今回の地震で敷地内の一部でも液状化による地盤沈下等が発生したが、液状化対策工が実施されたため地震の影響を受けることなく施設の機能が損なわれることはなかった。

- 薬液注入工法：急速浸透注入工法「エキスパッカ工法」
- 使用注入材　：恒久グラウト「パーマロック・ASF-Ⅱα」
- 施工時期　　：平成21（2009）年

写真10.1.11　施工状況

写真10.1.12（口絵31）液状化対策を施工した施設周辺は被害なし

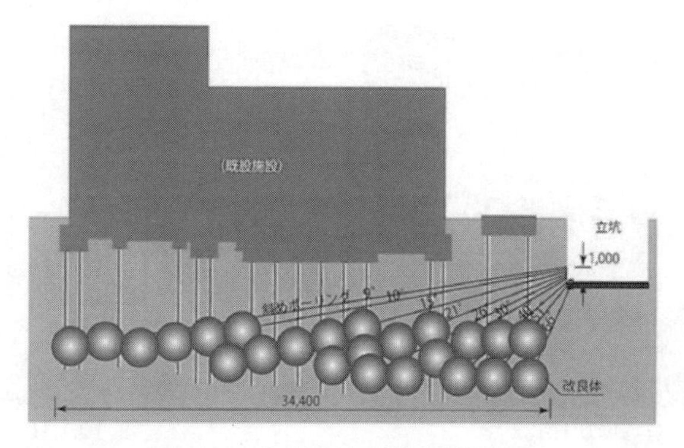

図10.1.8（口絵31）液状化対策概要

第11章
恒久グラウト施工事例

最近の施工例を見ると、既設構造物基礎や護岸の高強度補強には懸濁型の超微粒子複合シリカ（ハイブリッドシリカ）、液状化対策には溶液型の活性シリカコロイド系（パーマロック）の実績が増えている。恒久グラウトの施工実績は1,200件以上、注入量では6億L以上（2016年現在）に達している。

11.1 恒久グラウトを用いた液状化対策施工例

11.1.1 恒久グラウト（パーマロック）の施工事例の分類

パーマロックの施工例を改良目的別に分類すると表11.1.1のようになる。

表11.1.1 パーマロックの用途別施工事例の分類

目的	適用例
構造物基礎の恒久補強と液状化対策	• 建築基礎の補強および液状化防止 • タンク基礎液状化防止 • 埋設管路液状化防止 等
地盤の安定と恒久止水	• トンネル工事の恒久補強と恒久止水 • 橋脚防護 • 変状防止 等
護岸・水路の補強、 液状化対策と吸出し防止	• 護岸液状化防止と吸出し防止 • 漁港整備工事 • 廃棄物処理場と産業廃棄物の封じ込め • 恒久止水 等

11.1.2 施工事例

溶液型恒久グラウト（活性シリカコロイド：パーマロック）を用いた施工例について恒久グラウト・本設注入協会の施工例[250) 251)]から紹介する。

(1) 既設構造物直下の液状化対策工

〈施工例 1-1〉

改良目的	既設構造物基礎直下の液状化対策			
設計仕様	注入材料	パーマロック・ASF-II	注入工法	超多点注入工法
対象地盤	$F_C = 2.6 \sim 4.4\%$　$D_{50} = 0.3$mm　$U_C = 1.8 \sim 2.0$ 未改良地盤　$Rl_{20} = 0.25$			
改良効果	シリカ濃度6%　一軸圧縮強度　平均92kPa 改良目標液状化強度比　$Rl_{20} = 0.5$を満たした　最大変位1mm			
 施工状況				

〈施工例 1-2〉

改良目的	既設港湾施設の液状化対策・既設陸閘の補強工事			
土質	細砂〜中砂			
設計仕様	注入材料	パーマロック・ASF-II	注入工法	エキスパッカ-N工法
	注入率	36.6 〜 40.5%	注入速度	12L/min
改良効果	対象地盤には礫質土が含まれており、不攪乱試料の採取は困難であった。 よって、事前配合試験時のシリカ含有量における一軸圧縮強度のグラフを参考に、事後調査時に採取した試料のシリカ含有量から強度を推定し判定を行った。 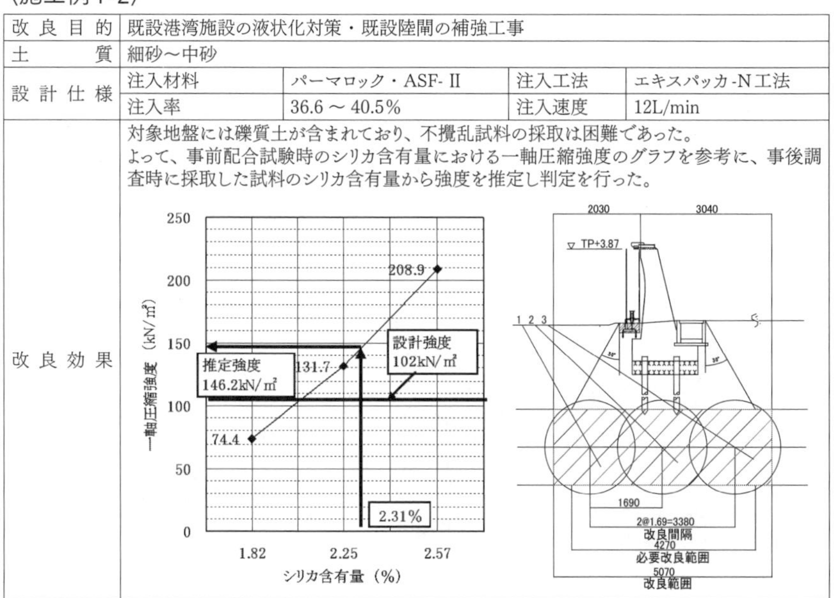			

〈施工例1-3〉

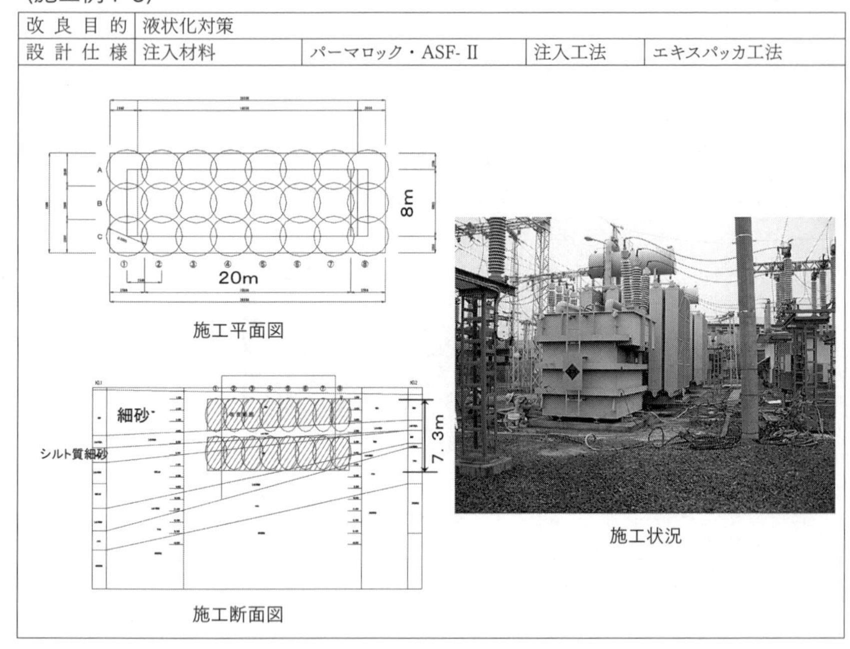

改良目的	液状化対策			
設計仕様	注入材料	パーマロック・ASF- II	注入工法	エキスパッカ工法

施工平面図

施工断面図

施工状況

(2) 護岸背面吸出し防止対策例

〈施工例2-1〉

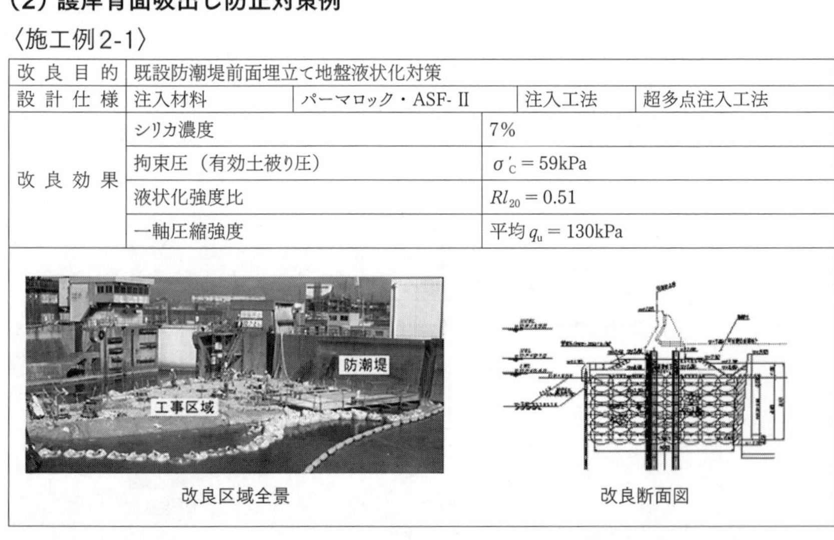

改良目的	既設防潮堤前面埋立て地盤液状化対策			
設計仕様	注入材料	パーマロック・ASF- II	注入工法	超多点注入工法
改良効果	シリカ濃度	7%		
	拘束圧（有効土被り圧）	$\sigma'_C = 59$kPa		
	液状化強度比	$Rl_{20} = 0.51$		
	一軸圧縮強度	平均 $q_u = 130$kPa		

改良区域全景

改良断面図

〈施工例2-2〉

改良目的	護岸の吸出し防止と液状化対策工施工			
設計仕様	注入材料	パーマロック・ASF-Ⅱα	注入工法	超多点注入工法
	注入率	40.5%	注入速度	3L/min
土質	細粒分質砂			

断面図

改良効果

一軸圧縮強さ (kN/m²)

45kN/m²

55.9kN/m²

改良範囲

深度 (m)

設計基準強度

現場平均強度

〈施工例2-3〉

改良目的	エキスパッカ工法による岸壁改良工事			
設計仕様	注入材料	パーマロック・ASF-Ⅱ	注入工法	エキスパッカ工法

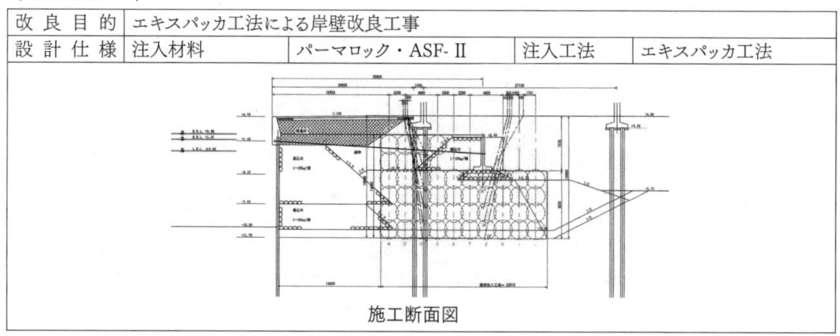

施工断面図

〈施工例2-4〉

改良目的	港湾岸壁の吸出防止対策			
設計仕様	注入材料	パーマロック・ASF-Ⅱ	注入工法	超多点注入工法

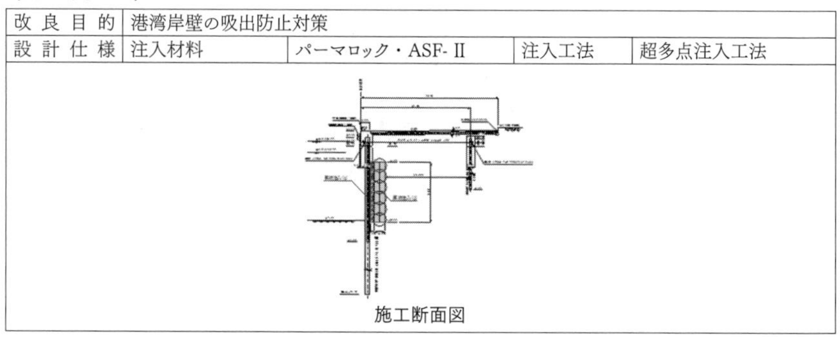

施工断面図

〈施工例2-5〉

改良目的	火力発電所地盤強化			
設計仕様	注入材料	パーマロック・ASF-Ⅱ α	注入工法	超多点注入工法
	注入率	40.5%	注入速度	4.5L/min
土質	礫質砂			

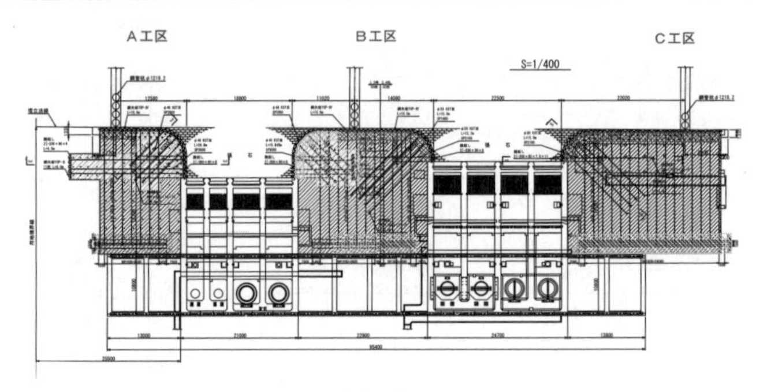

改良詳細図

削孔建込状況

注入状況

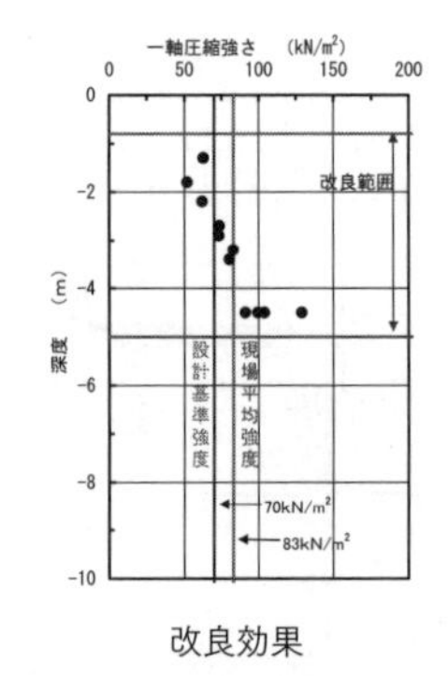

改良効果

〈施工例2-6〉

改良目的	大阪港北港南地区岸壁耐震改良			
設計仕様	注入材料	パーマロック・ASF-Ⅱ α	注入工法	超多点注入工法
	注入率	33.03％	注入速度	6L/min
土質	玉石混じり礫質土			
備考	改良土量：127,100m³			

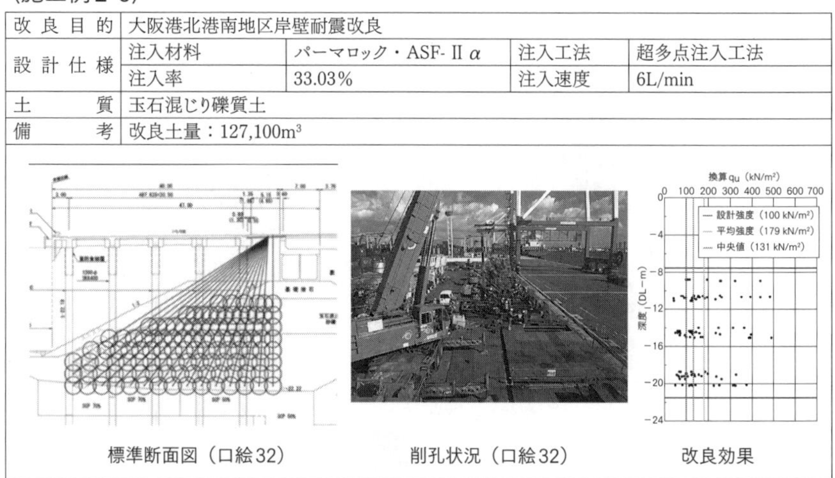

標準断面図（口絵32）　削孔状況（口絵32）　改良効果

(3) タンク基礎液状化防止

〈施工例3-1〉

改良目的	旧法タンク基礎の液状化対策			
設計仕様	注入材料	パーマロック・ASF-Ⅱ α	注入工法	超多点注入工法
	注入率	28.35％・36.45％	注入速度	2L/min
土質	細粒分質砂			
備考	Q＝266、254L			

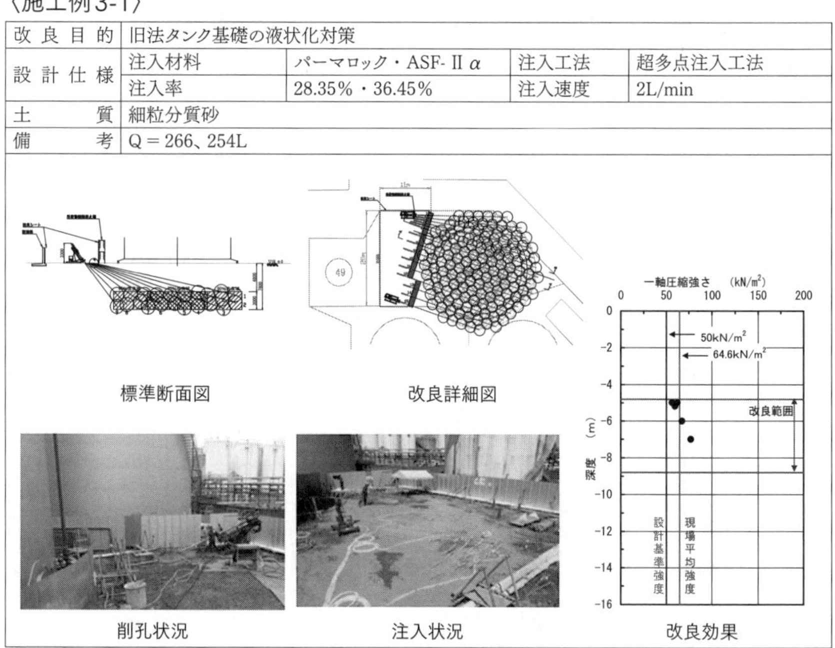

標準断面図　改良詳細図

削孔状況　注入状況　改良効果

〈施工例3-2〉

改良目的	特定屋外タンク貯蔵所の液状化対策			
設計仕様	注入材料	パーマロック・ASF-Ⅱ	注入工法	エキスパッカ工法

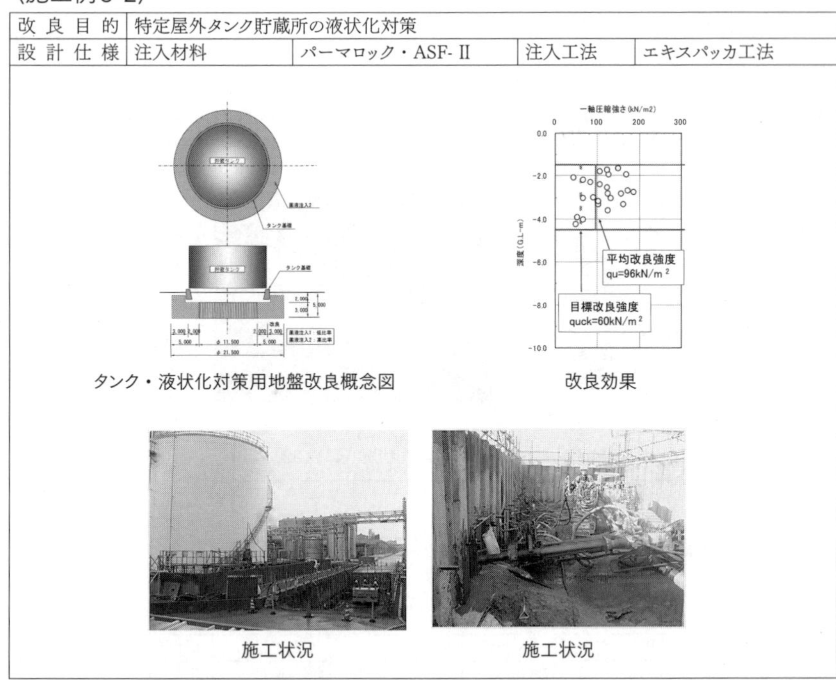

タンク・液状化対策用地盤改良概念図

改良効果

施工状況

施工状況

(4) 地中埋設管の液状化防止

〈施工例〉

改良目的	取放水管の液状化対策工事			
設計仕様	注入材料	パーマロック・ASF-Ⅱ α	注入工法	DCI多点注入工法
	注入率	砂36%、礫38%	注入速度	3 ～ 5L/min
土質	砂質土～砂礫土			

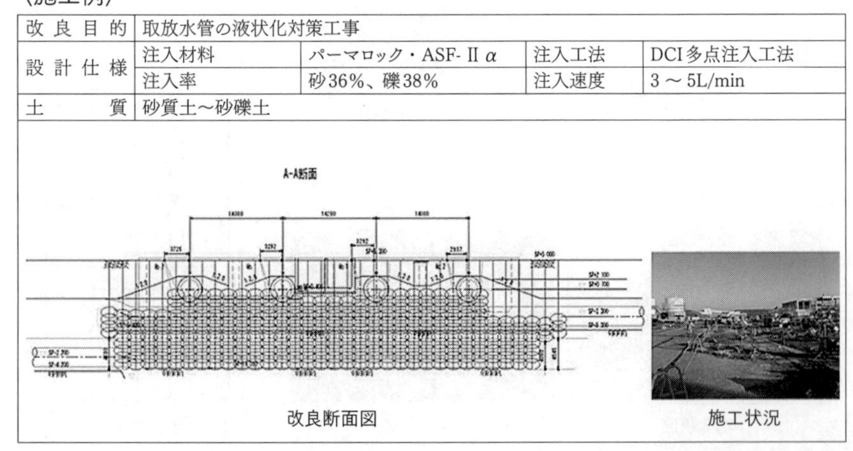

改良断面図

施工状況

(5) シールド掘削に伴うゆるみ防止注入

〈施工例〉

改良目的	テールボイド沈下防止のための地盤強化			
工事概要	シールドによる地下鉄布設工事			
設計仕様	注入材料	瞬結：パーマロック・ASF-S 緩結：パーマロック・ASF-ⅡA	注入工法	二重管ストレーナ（複相式）注入工法
	注入率	40%	注入速度	12L/min
	注入量	瞬結：88,563L 緩結：708,501L	注入管理	定量注入方式

先行注入部

標準断面図

全体平面図

西行線

東行線

電気ビル

二次注入部

Bor.No. 7C－2

(6) トンネル覆工の止水注入

〈施工例〉

改良目的	トンネル覆工の止水注入			
工事概要	山岳トンネルによる下水道の布設工事			
設計仕様	注入材料	パーマロック・AT-1号	注入工法	二重管ストレーナ（単相式）注入工法
	注入率	10%	注入速度	16L/min
	注入量	25,000L		
土質	土丹層			
その他	湧水が確実に止水されたことを目視した。			

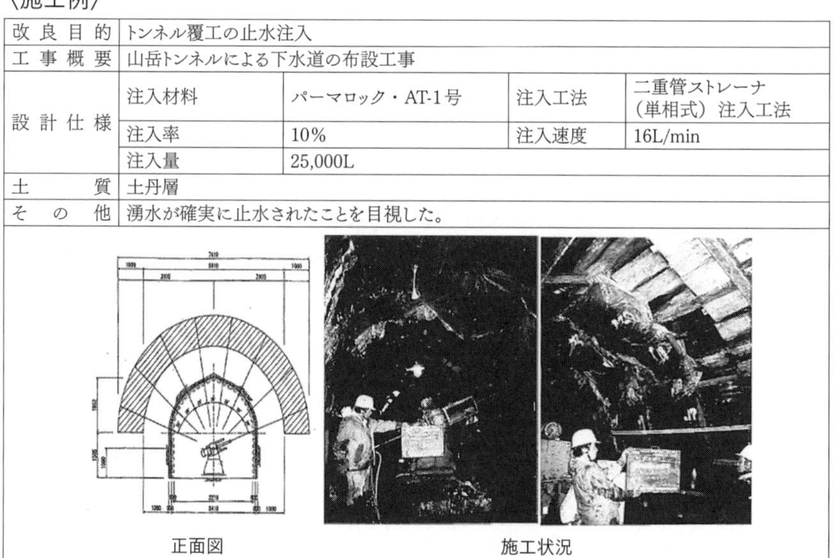

正面図　　施工状況

(7) 産業廃棄物の封じ込め

〈施工例〉

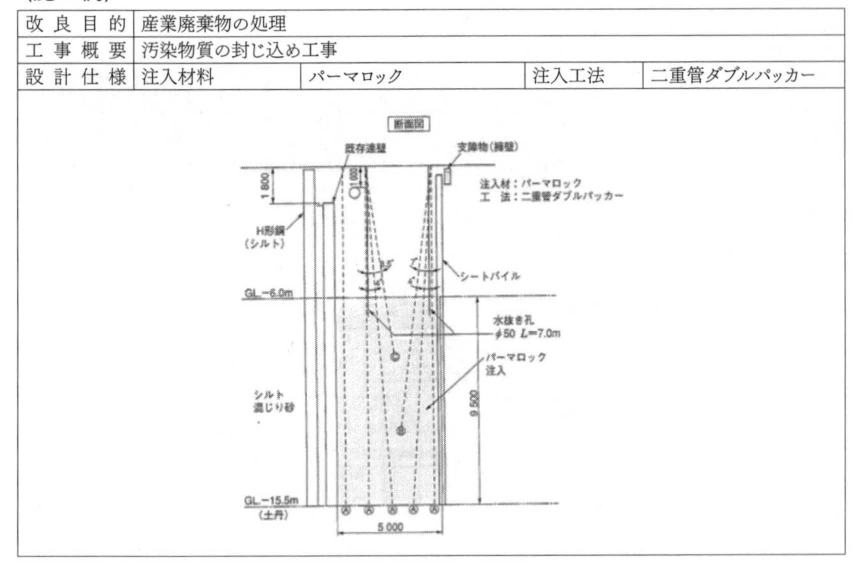

改良目的	産業廃棄物の処理			
工事概要	汚染物質の封じ込め工事			
設計仕様	注入材料	パーマロック	注入工法	二重管ダブルパッカー

(8) マスキングセパレート法を用いた液状化対策工

〈施工例8-1〉

改良目的	タンク基礎地盤の液状化対策工事			
工事概要	大地震の際のタンク基礎地盤の液状化防止を目的とする地盤改良			
設計仕様	注入材料	パーマロック・ASF-Ⅱα パーマロック・ASF-Ⅱδ	注入工法	超多点注入工法
土質	N=10前後の細砂が主体で液状化が懸念される地盤			
注入材の選定	当該タンクは防液堤内のコンクリート床版上に設置されている。当工区で採用した薬液(パーマロックASF-Ⅱシリーズ)は長時間のゲルタイムを確保するため、薬液自体はpHを2.0～3.5に設定している。このため酸によるコンクリートへの影響を考慮することが肝要となる。当工区では酸によるコンクリートへの影響を防止するため、コンクリート保護機能を持つパーマロックASF-Ⅱαおよび保護機能を有しないパーマロックASF-Ⅱδを併用することで、効果的・経済的な施工を行うこととした(マスキングセパレート工法)。			
施工方法	床板コンクリートを保護するため、コンクリート保護機能を持つパーマロック・ASF-Ⅱαの施工を先行し、床板コンクリートを防護したのち、パーマロック・ASF-Ⅱδによる基礎地盤の液状化対策工を実施した。			
注入効果の確認	施工後1か月経過後、不撹乱資料を採取し強度試験を実施した結果、所定の一軸圧縮強度が得られていることを確認した。			

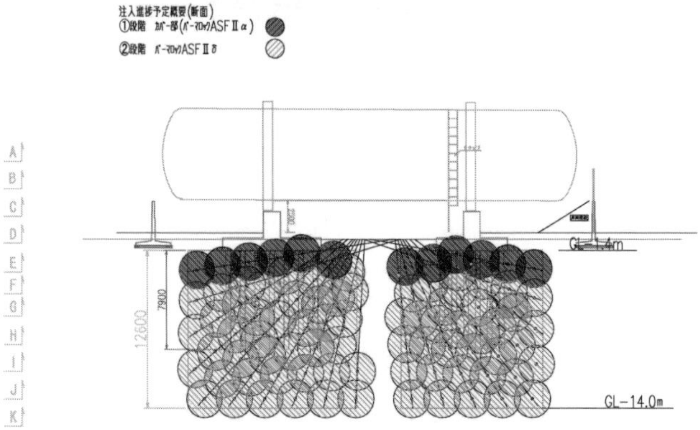

〈施工例8-2〉

改良目的	曲線ボーリングを用いた既設の大型構造物直下の耐震補強			
設計仕様	注入材料	パーマロックASF-Ⅱα（上層） パーマロックASF-Ⅱδ（下層）	注入工法	ダブルパッカ注入工法
	注入率	40%	注入速度	10～14L/min
	注入量	上層：1,650,000L 下層：3,300,000L	注入管理	定量注入方式
土質概要	対象地盤は、N値10以下のゆるい砂層である。			
注入材の選定	薬液注入材のタンク基礎（コンクリート）への影響を考慮して、タンク基礎に接する上層部にパーマロック・ASF-Ⅱα、下層部にパーマロック・ASF-Ⅱδを用いるマスキングセパレート工法が採用された。			
施工方法	既設の大型タンク直下の地盤を改良するために、自在ボーリング技術を用いたグランドフレックスモール工法により注入管の建込みを行った。建込み完了後、基礎コンクリート直下にパーマロック・ASF-Ⅱαを注入し、酸によるコンクリート基礎への影響を防止した。その後、下部はパーマロック・ASF-Ⅱδで改良するマスキングセパレート工法による液状化対策を行った。			
注入効果の確認	施工後のサンプリング、一軸圧縮試験および非排水三軸圧縮試験により改良強度が管理値以上であることを確認した。			

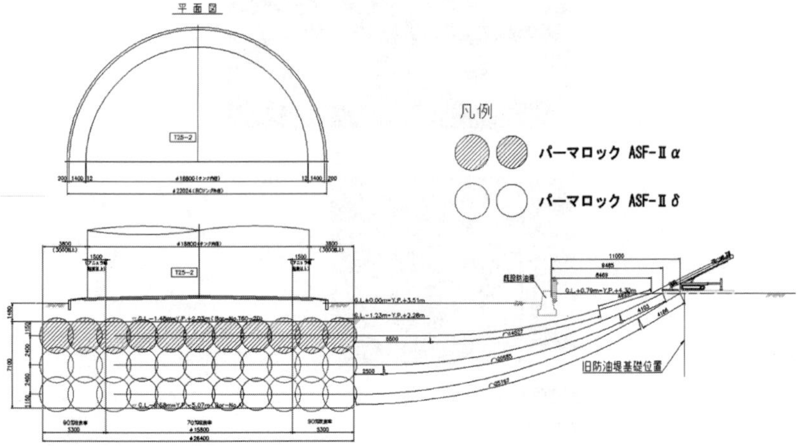

平面図

凡例

パーマロック ASF-Ⅱα

パーマロック ASF-Ⅱδ

旧防油堤基礎位置

施工断面図

11.2 恒久グラウトを用いた高強度恒久地盤改良

11.2.1 恒久グラウト（ハイブリッドシリカ）の施工事例の分類

詳細は恒久グラウト・本設注入協会資料「超微粒子複合シリカグラウト『ハイブリッドシリカ』技術資料」[258] 参照されたい。

表11.2.1 ハイブリッドシリカの用途別施工事例の分類

超微粒子複合シリカ（ハイブリッドシリカ）の施工例	1.基礎の高強度恒久補強と液状化防止 ①橋梁基礎 ②建築基礎 ③軌道路盤補強 ④盛土・道路路盤補強 ⑤沈下防止・ジャッキアップ
	2.掘削地盤の高強度補強と恒久止水 ①シールド到達、発進立坑 ②シールド反力部 ③トンネル掘削地盤の強化と恒久補強、沈下防止 ④開削地盤強化（底盤注入・掘削背面・隣接基礎や周辺部の補強） ⑤埋設物防護 ⑥土留め欠損部補強 ⑦土留め受動土圧の増加
	3.遮水壁の造成・漏水防止・護岸の補強

表11.2.2 ハイブリッドシリカの施工実績

No.	具体例
1	橋梁基礎、建造物、擁壁基礎の補強／災害復旧と補修／杭基礎の補強／液状化防止／変状防止／地すべり防止／擁壁、石垣補強、石油タンク基礎、空洞充填、沈下修正、基礎地盤充填／新幹線振動防止／鉄道、地下道路、停車場補強／電力管路周辺補強、新設管路の布設／変電所の基礎、変電所の基礎の補強
2	トンネル地盤改良、沈下防止／下水幹線補強、改修工事／汚水管敷設、水路管防護／下水たて坑、シールド補強、曲線部反力／共同溝強化変状防止／ドック底盤、立坑掘削底盤、開削底盤／踏み切り下の横断／鉄道河川横断、アンダーパス／地下建造物設置工事
3	貯水池、導水路、調整池、漏水対策と止水／池改修工事／遮水壁、ダム止水壁、水門止水、矢板欠損部止水壁／ゴミ処理、廃棄物処理場、矢板欠損部

11.2.2 施工事例

(1) 橋脚基礎の補強例

〈施工例 1-1〉

改良目的	橋脚基礎の補強		
工事概要	ハイブリッドシリカによる地震で被災した構造物基礎の高強度恒久補強例		
設計仕様	注入材料	ハイブリッドシリカ	注入工法	二重管ダブルパッカ工法
土　　質	埋土（シルト、粘土混合砂、まさ土と巨大礫、捨石からなる）		

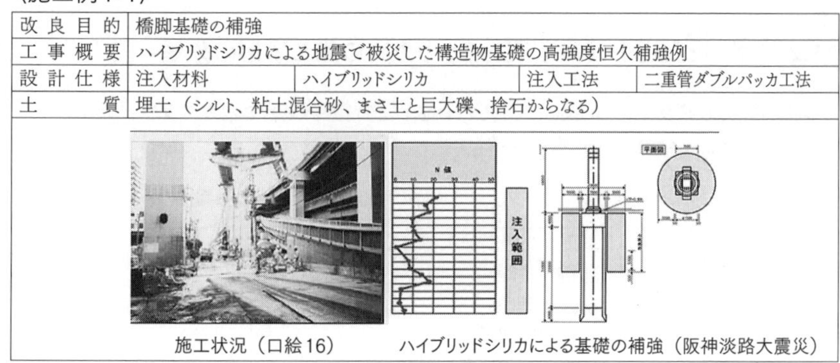

施工状況（口絵16）　　ハイブリッドシリカによる基礎の補強（阪神淡路大震災）

(2) 杭支持層の液状化防止と支持力補強

〈施工例 2-1〉

改良目的	杭支持層の液状化防止			
工事概要	鉄道路線季節高架橋の支持杭周囲の地盤改良であり、粘性土においては水平支持力の増加を、砂質土においては液状化防止を目的に施工を行った。			
設計仕様	注入材料	ハイブリッドシリカ L-2	注入工法	二重管ダブルパッカ工法
	注入率	粘土層：15% 砂層：25%	注入速度	粘土層：12L/min 砂層：8 ～ 10L/min
	注入量	1,570kL		
改良効果		事前	事後	
	N 値	1 ～ 20	11 ～ 60	
	変形係数	-	事前の 2.1 ～ 1.9 倍	

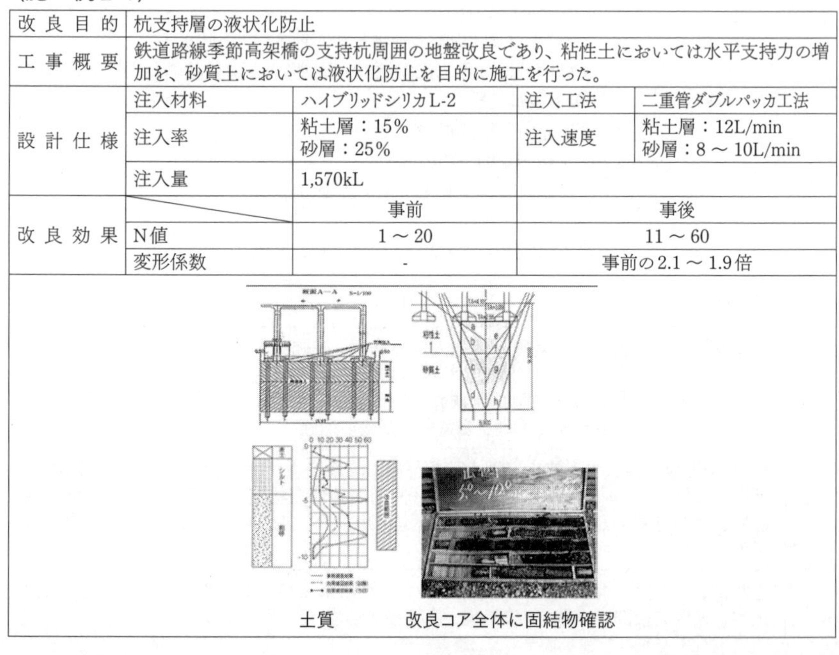

土質　　改良コア全体に固結物確認

(3) 基礎の支持力補強

〈施工例3-1〉

改良目的	建造物の基礎支持力補強			
工事概要	粘土層の圧密沈下発生のため基礎深部の粘土混じり礫層の支持力の補強			
設計仕様	注入材料	ハイブリッドシリカS-4,M-1	注入工法	二重管ストレーナー工法(複相式)
	注入率	瞬結：18% 緩結：18%	注入速度	16L/min
	注入量	20,160L		
土質	粘土混じり礫層			

平面図　　断面図

(4) 護岸の高強度補強，吸出し防止，耐震補強

〈施工例4-1〉

改良目的	桟橋後背地の地盤改良			
工事概要	ハイブリッドシリカによる護岸，河川堤防補強			
設計仕様	注入材料	ハイブリッドシリカ	注入工法	二重管ダブルパッカ工法
	注入率	30～40%		
土質	埋立土砂、砕石、砂			

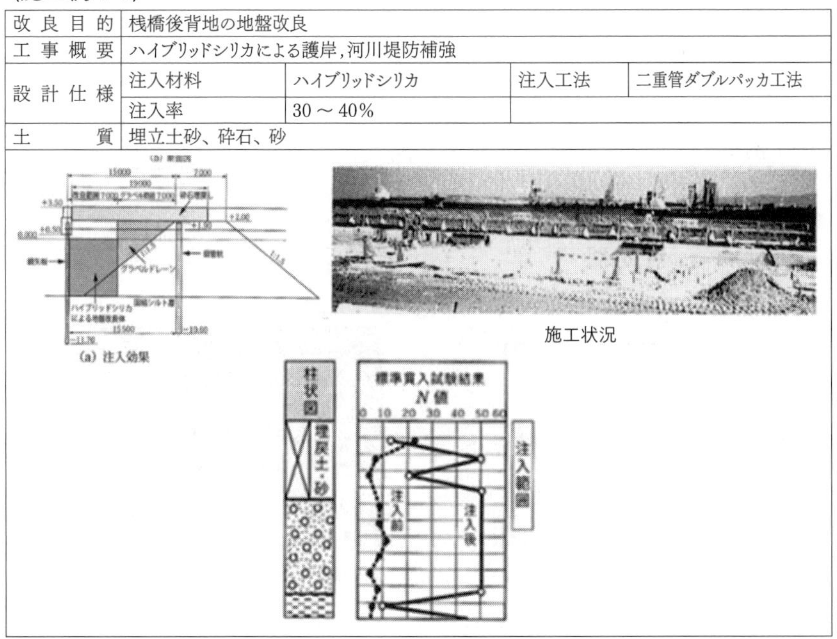

(a) 注入効果

施工状況

〈施工例4-2〉

改良目的	護岸、堤防の補強			
工事概要	ハイブリッドシリカによる護岸、河川堤防補強			
設計仕様	注入材料	ハイブリッドシリカ	注入工法	二重管ダブルパッカ工法
	注入率	30～40%		
土質	ルーズな砂、一部粘性土			
備考	平成6（1994）年12月施工（平成7（1995）年1月17日兵庫県南部地震での損傷は受けなかった。）			

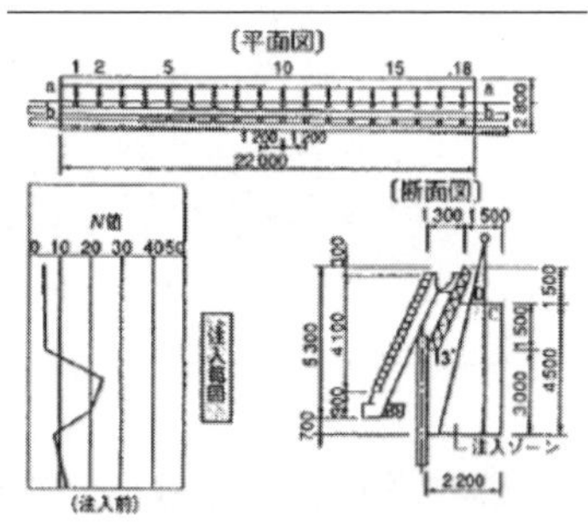

（口絵17）

〈施工例4-3〉

改良目的	置換層の液状化対策			
設計仕様	注入材料	ハイブリッドシリカL-2	注入工法	エキスパッカ工法
	注入率	47%	注入速度	8L/min
土質	礫質砂、砂質礫			

2.85m
3.79m
薬液注入工(1) L=14.30m

標準断面図

←刃先
No.1
No.2
No.3
No.4

チェックボーリング（8G）・サンプリング試料

改良効果

(5) 掘削地盤の底盤注入

〈施工例5-1〉

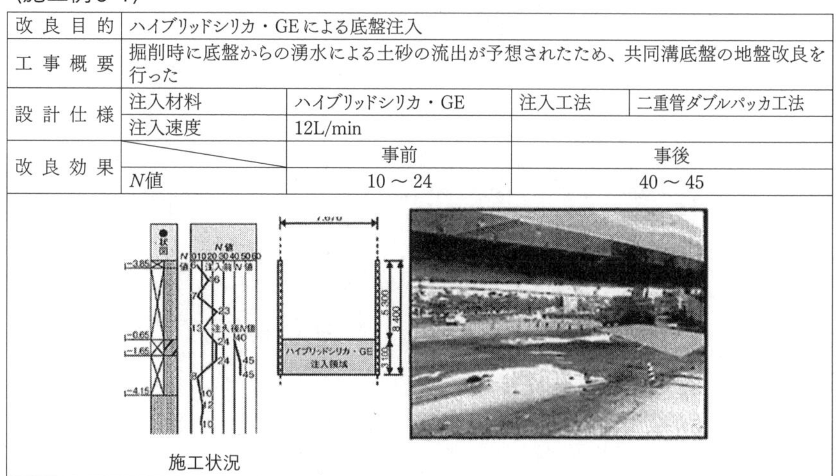

改良目的	ハイブリッドシリカ・GEによる底盤注入			
工事概要	掘削時に底盤からの湧水による土砂の流出が予想されたため、共同溝底盤の地盤改良を行った			
設計仕様	注入材料	ハイブリッドシリカ・GE	注入工法	二重管ダブルパッカ工法
	注入速度	12L/min		
改良効果		事前	事後	
	*N*値	10 ～ 24	40 ～ 45	

施工状況

(6) 地盤反力の強化

〈施工例6-1〉

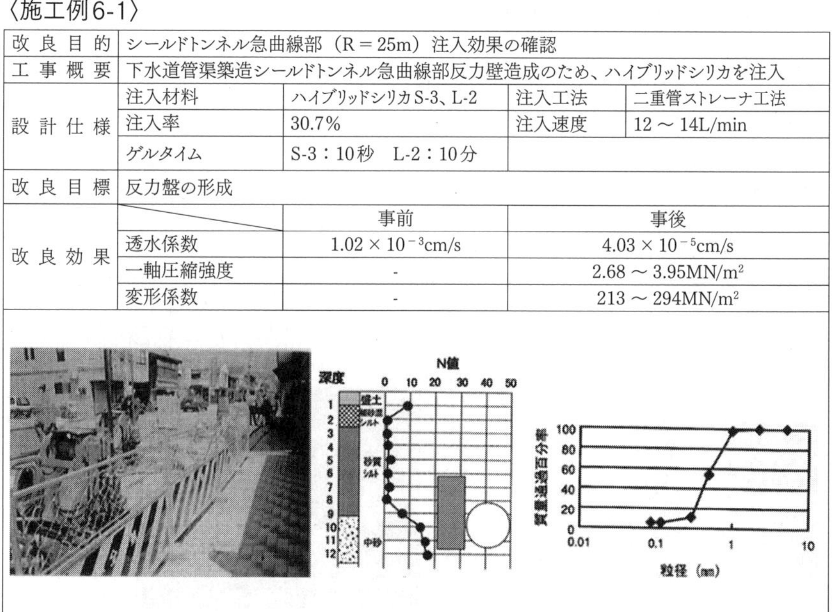

改良目的	シールドトンネル急曲線部（R＝25m）注入効果の確認			
工事概要	下水道管渠築造シールドトンネル急曲線部反力壁造成のため、ハイブリッドシリカを注入			
設計仕様	注入材料	ハイブリッドシリカS-3、L-2	注入工法	二重管ストレーナ工法
	注入率	30.7%	注入速度	12 ～ 14L/min
	ゲルタイム	S-3：10秒　L-2：10分		
改良目標	反力盤の形成			
改良効果		事前	事後	
	透水係数	1.02×10^{-3}cm/s	4.03×10^{-5}cm/s	
	一軸圧縮強度	-	2.68 ～ 3.95MN/m^2	
	変形係数	-	213 ～ 294MN/m^2	

(7) 高強度止水壁

〈施工例7-1〉

改良目的	関西国際空港建設工事の国際貨物地区等止水壁工事に伴う恒久止水工事			
工事概要	ハイブリッドシリカ・GEによる止水壁の構築			
設計仕様	注入材料	ハイブリッドシリカ・GE	注入工法	二重管ダブルパッカ工法
	注入率	45%	注入速度	8L/min
土質	玉石混じり砂礫層			
改良効果		事前	事後	
	透水係数	10^{+1} ～ 10^{-2}cm/sec	10^{-5}cm/sec	

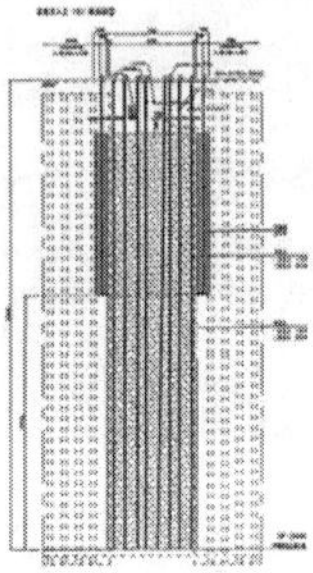

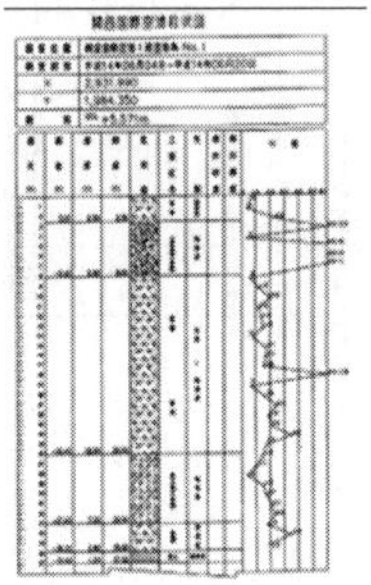

(8) トンネルの掘削に伴う地盤強化

〈施工例8-1〉

改良目的	山岳トンネル工事に伴う恒久地盤強化			
工事概要	山岳トンネル直下の緩い砂質地盤が、トンネルの自重により沈下する恐れがあるため、地盤強化方法としてハイブリッドシリカが採用された			
設計仕様	注入材料	ハイブリッドシリカS1	注入工法	二重管ストレーナ工法
	注入率	35%	注入速度	18L/min
	注入量	613,042L		
土質	*N*値0～10　砂質土			
改良目標	変形係数（平板載荷試験）30～150MN/m^2　一軸圧縮強度0.5～1.5MN/m^2			
改良効果		事前	事後	
	変形係数	-	41.5～42.7MN/m^2	
	一軸圧縮強度	-	0.56～0.57MN/m^2	

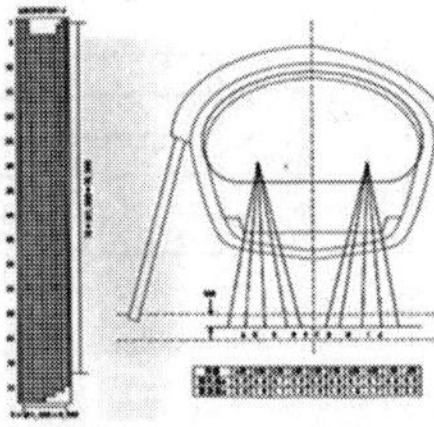

第12章 新規技術への応用

12.1 活性シリカコロイドによる微小間隙止水への利用[162) 177)]

活性シリカコロイドによる固結砂は、高水圧下において長期にわたる止水機能と強度特性を持つ。これらの特性に着目して岩盤注入、あるいはコンクリート亀裂への止水注入への適用が検討されている。従来、岩盤注入やコンクリート亀裂注入等の止水工事には超微粒子セメントが使用されているが、必ずしもその止水性は十分ではない。それに対して活性シリカコロイドは超微粒子セメントより浸透性が優れていること、またシリカの溶脱が極めて少なく無収縮性であること、高水圧に対する抵抗性があること、超微粒子セメントとの併用が可能であるという特徴を有する。そこで、岩盤への亀裂注入やコンクリート亀裂の補修注入への適用を想定して、活性シリカコロイドの微細な間隙への浸透性、長期の体積変化試験、超微粒子セメント系注入材と併用した場合の長期相性試験を行った。また、微小間隙試験装置による注入可能限界試験を行い、超微粒子セメント系注入材と活性シリカコロイド浸透性の比較を行い、それぞれの注入可能限界より止水工事における適用、ならびに超微粒子セメントとの併用性を検討した。

岩盤注入やコンクリートの亀裂は大きなものと微細なものがあることから、

長期の止水効果を得るには、超微粒子セメント注入材と活性シリカコロイド（パーマロック・Hi）を併用して、超微粒子セメント系注入材と活性シリカコロイドの相互への影響を確認する必要がある。そこで、超微粒子セメント系注入材を200mL入れて硬化させ1週間養生した後に、活性シリカコロイドを上部に200mL注ぎ硬化させ、相互影響を確認した。また、比較として、従来使用されている無機系溶液型シリカ注入材も同条件で作成し、観察を行った。室温養生にて約7年半養生後の様子を写真12.1.1に示す。

活性シリカコロイドは7年半後においても溶解せずホモゲルを維持したのに対し、比較のために行った他の無機系溶液型シリカ注入材は1週間〜半年内に溶解した。これより、超微粒子セメントと活性シリカコロイドを併用しても相互に悪影響を生じないことがわかった。

相性試験の結果から超微粒子セメント系注入材と活性シリカコロイドの併用を想定し、それぞれの注入可能限界を図12.1.1に示す微小間隙試験装置により測定した。試験方法は装置の溝にスペーサーを設置し、装置の溝の厚さを調整して注入材を注入孔から注入し、通水を確認した。試験の様子を写真12.1.2に示す。超微粒子セメント注入材では0.22mm以上の間隙で通過し、活性シリカコロイドは間隙幅0.05mmを通過した。

岩盤の亀裂注入やコンクリート亀裂の止水補修注入を対象とした本実験により、以下の知見が得られた。

- 活性シリカコロイドは、シリカの溶脱が極めて少ないのみならず、20年養生したホモゲルにほとんど収縮は見られなかった。
- 活性シリカコロイドは、従来使用されている超微粒子セメント系止水材と接触して7年半後でも溶解がみられず、ゲルを保持した（写真12.1.1）。
- 微小間隙試験装置による試験で、超微粒子セメント注入材は0.22mm以上の間隙を通過し、活性シリカコロイドは間隙幅0.05mmを通過した。これより、微粒子セメント系注入材では0.22mm以上の亀裂を止水し、超微粒子セメント系注入材の浸透しない0.22mm以下の亀裂には活性シリカコロイドを使用、またはこれらを併用することで、相互に悪影響を与えず微細な間隙への止水が可能になることが考えられる。このため岩盤の止水注入やコンクリート構造物の補修工事への今後の適用性が予想される。

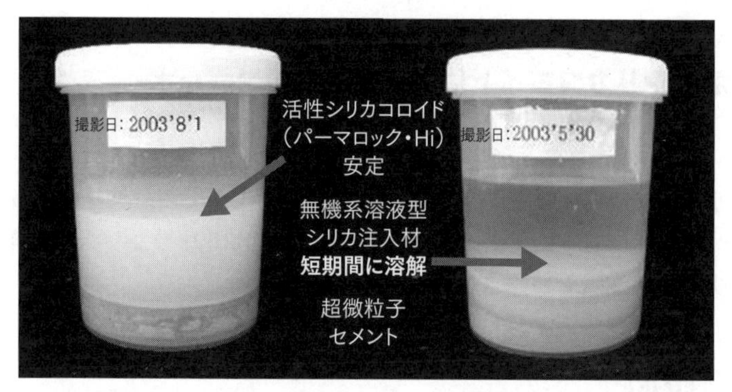

(a)活性シリカコロイド　(b)無機系溶液型シリカ注入材

写真12.1.1　超微粒子セメントとの相性試験

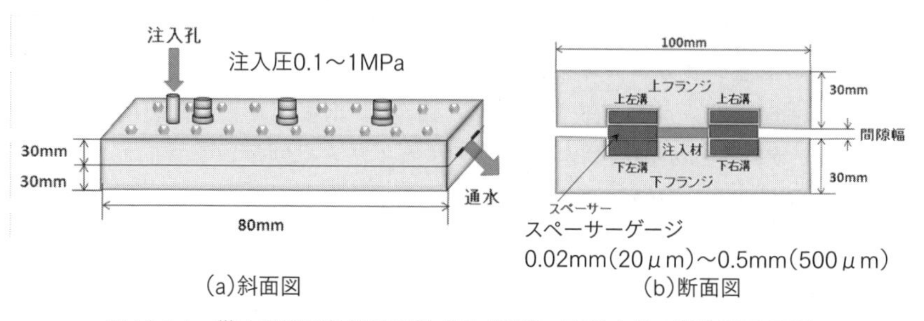

(a)斜面図　(b)断面図

図12.1.1　微小間隙試験装置の模式図（提供：東洋大学工業技術研究所）

写真12.1.2　試験の実施状況（右上）活性シリカコロイド（パーマロック・Hi）の通過の状況
（提供：東洋大学工業技術研究所）

12.2 活性シリカコロイドによる大深度の岩盤止水[12-1)～12-7)]

辻正邦、小林伸司、延藤遵、杉山博一：報文「大深度の岩盤止水を目的とした活性シリカコロイドの適用」、『基礎工』2015年10月号より抜粋。詳細は同報文並びに参考文献を参照されたい。

12.2.1 はじめに

我が国で恒久グラウト注入技術が確立された頃、北欧では高品質かつ恒久的な岩盤グラウチング技術の研究開発が行われていた。岩盤グラウチングでは通例セメント系材料を注入するが、後述する地層処分の非常に高い止水のニーズから日本の活性シリカコロイドが着目され、その注入技術が確立された。亀裂性岩盤に活性シリカコロイドを注入した場合、「ホモゲル」が亀裂内に構築されるため、サンドゲルが構築される薬液注入工法とは別コンセプトである。近年、同技術を日本に逆輸入する形で、大深度の日本の岩盤グラウチングに活性シリカコロイドが適用され始めた。

（中略）岩盤工学の分野では、本グラウトは「耐久性に優れる溶液型グラウト材料」または省略して「溶液型グラウト」などと報告されてきた。（中略）溶液型グラウトの名称は、スウェーデンでは「Silica sol」、フィンランドでは「Colloidal silica grout（CSG）」である。（中略）

12.2.2 日本における溶液型グラウトの開発と適用

(1) 溶液型グラウトの基礎試験や物性の把握

スウェーデンにおいて溶液型グラウトの岩盤注入技術が開発された頃、2007年より日本原子力開発機構（JAEA）によりグラウト技術の高度化に関する研究が開始された。その中で、JAEAおよび筆者らは、北欧のグラウト技術に着目しつつ溶液型グラウトの技術開発を実施した（図12.2.1）。すなわち、我が国における溶液型グラウトの岩盤注入技術は、北欧から逆輸入した日本の技術といえる。

杉山らは、ホモゲルによる寸法安定性試験、耐久性試験、抵抗性試験などを実施し、溶液型グラウトがセメントに比べ強度や寸法安定性に劣るものの、適切な溶液型グラウトの種類や配合を選定すれば、これらの特性が改善されることを把握した[12-1]。また、地層処分の分野で適用が期待される低アルカリ性セメント、超微粒子球状シリカと含めて平行平板を用いた浸透試験を実施し、各材料の浸透可能な開口幅を取得把握した。その結果、溶液型グラウトの微細亀裂に対する高い浸透性（33μm以上の亀裂に浸透可能）が示された（表12.2.1）。

図12.2.1　活性シリカコロイドの研究開発と適用のまとめ

表12.2.1　各種グラウトの代表配合で浸透可能な亀裂開口幅

材　料	配合(W/B)	開口幅(μm) 50　100　150　200　250　300　350		
低アルカリ性セメント	125%	184～244μm	244μm以上	
超微粒子球状シリカ	200%	70～95μm	95～244μm	244μm以上
溶液型(ゲルタイム120分)		33～44μm	44～95μm	95μm以上

※ ■ 範囲：圧力・流量とも安定した浸透が可能な開口幅
　 ■ (左側)範囲：不安定な状態ではあるものの浸透が確認された開口

(2) 倉敷LPG貯槽建設工事における適用

倉敷LPG貯槽建設工事においては、水封式岩盤貯槽空洞（深度160～184m）の掘削に際して、安定した地下水圧の確保と湧水抑制のために全域にプレグラウチングと、必要に応じてポストグラウチングが実施された（図12.2.2）。グラウト注入材料は超微粒子セメントが基本であったが、セメントでは改良効率が極めて低いマイクロフラクチャ発達部に対し、既往の知見をもとに小林らにより溶液型グラウト（ゲルタイム120分）が補助的に採用され、改良目標0.25～0.65Lu（1Lu≒1×10^{-7}m/sec）が達成された。

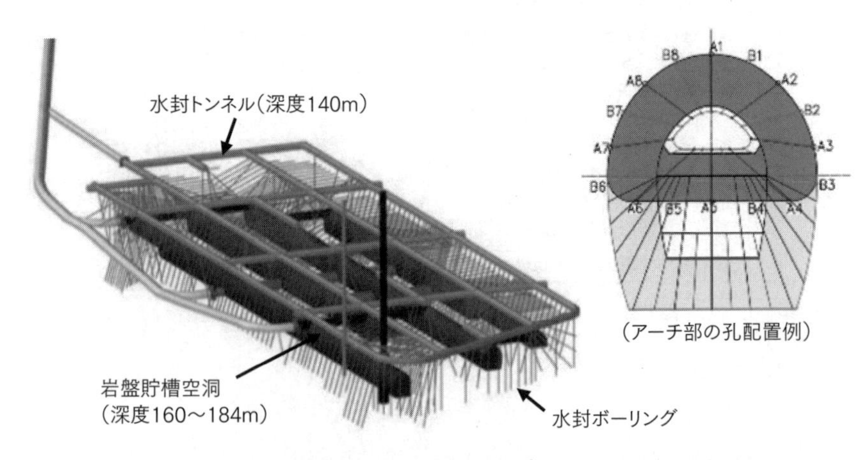

図12.2.2　貯槽空洞・トンネル鳥瞰図とプレグラウト孔配置の例

溶液型グラウトの採用に先立ち、長期止水材料としての適用性が施工試験で確認され、延藤らは現場条件を反映した性能確認試験を実施した。その結果、現地湧水を用いた促進養生試験に基づけば、50年の長期にわたりホモゲル強度が増進する［長期力学的安定性］、現地湧水のもとでシリカの溶脱が促進しない［長期化学的安定性］を確認した[12-4]。さらに、中谷らは原位置で溶液型グラウトにより改良された岩石ブロック（10^{-8}m/sオーダー）を用いて長期止水効果の確認試験を実施し、1,400日にわたり透水性が有意に増大しないことを確認した。

(3) 瑞浪超深地層研究所の大深度における適用

JAEAでは、我が国における地層処分研究開発の基盤となる深地層の科学的研究を進めるために、岐阜県瑞浪市において瑞浪超深地層研究所（以下、「瑞浪」と統一して呼ぶ）が建設され、2本の立坑と深度500mステージの掘削が完了されている。坑道掘削工事に当たり、既往実績の少ない大深度であること、湧出する地下水とその排水処理費の低減および安全な施工の観点から、グラウチングの開発と適用が適宜行われてきた（図12.2.3）。

2010年、瑞浪の深度300mの水平坑道において、延藤らは大深度における改良効果を確認するために溶液型グラウトの施工試験を実施した。ゲルタイム120分と180分の配合を湧水圧+1MPaで注入した結果、1Luを下回る透水場においても十分な湧水抑制効果を達成できることを確認した。さらに、溶液型グラウトの高水圧に対する水圧抵抗性を確認するために、岩盤に9MPa強の高水圧で注水し、有意な透水性の増加が見られなかったことから、溶液型グラウトの高水圧に対する抵抗性とさらなる大深度への適用性を実証した。

JAEA、Funehagと辻・小林は、深度300mにおける瑞浪の施工試験と前述したスウェーデンの地下研究所のTASSトンネルについて溶液型グラウトの注入実績に関する比較研究を実施した[12-3]。瑞浪の実績を北欧のグラウト浸透理論により事後評価した結果では、瑞浪の施工試験のグラウト浸透挙動が、北欧の理論で説明可能であることを示した。すなわち、亀裂の多い日本の岩盤においても北欧の理論に基づく設計施工手法の適用性があると結論付けた。さらに、当該試験の観測孔の湧水量が3年経過しでも減少傾向にあるため、我が国の溶液型グラウトのわが国の岩盤における耐久性を示すことができた。

2014年、JAEAおよび辻・小林等は、大深度における一層の湧水抑制技術の実証を目的とし、深度500mのプレグラウチングを実施済みの坑道のうち比較的湧水の多い約16m区間を対象に、ポストグラウチングの設計施工を実施した(図12.2.3)。その際、グラウト注入材料には主として溶液型グラウトを選定した。

（中略）瑞浪に適用してきた材料の改良実績（性能）に基づくと、区間湧水量が初期値の35L/minより14L/min減少（約4割減）すると予測した。

施工後は、同区間で湧水量が24L/min減少（約7割減）し、予測を上回る止水効果を挙げることができた[12-5)]。さらに、幅広い透水性の注入孔(0.2 ～ 3.0Lu程度）において、溶液型グラウトの適用性が確認できた[12-6)]。

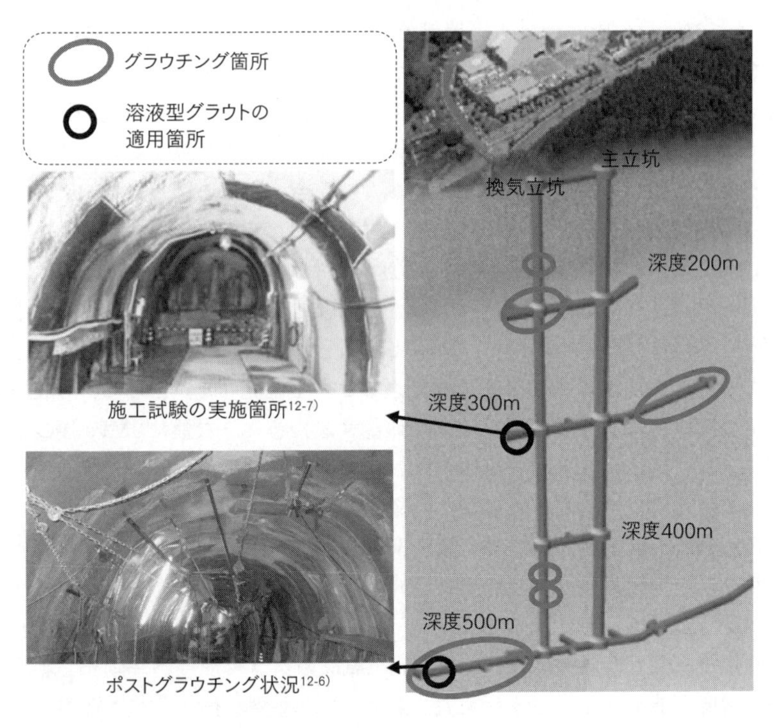

図12.2.3　瑞浪超深地層研究所におけるグラウチング実施箇所

〈12.2 参考文献〉
12-1) 杉山博一、延藤 遵、福岡奈緒美、新貝文昭、島田俊介、小山忠雄、木嶋正、寺島麗：地層処分におけるグラウト技術の高度化開発（その3）—溶液型グラウト材料の長期耐久性試験—、土木学会年次学術講演会講演概要集65th、2010.9
12-2) S. Kobayashi、M. Soya、N. Takeuchi、J. Nobuto、A. Nakaya、T. Okuno、S. Shimada、T. Kaneto、T. Maejima：Rock grouting and durability experiments of colloidal silica at Kurashiki underground LPG storage base、ヨーロッパ岩盤工学シンポジウム、2014.5
12-3) M. Tsuji、J. Funehag、S. Kobayashi、T. Sato、S. Mikake：Comparison of grouting with silica sol in the Äspö Hard Rock Laboratory in Sweden and Mizunami Underground Research Laboratory in Japan、8th Asian Rock Mechanics Symposium、2014.10
12-4) 延藤遵、小林伸司、征矢雅宏、島田俊介、小山忠雄、角田百合花、前島俊雄：倉敷LPG岩盤貯槽建設工事における溶液型グラウトによる止水対策（その2）-現場条件を考慮した溶液型グラウトの長期安定性確認試験-土木学会年次学術講演会講演概要集68th、2013.9
12-5) 辻正邦、小林伸司、見掛信一郎、佐藤稔紀、江口慶多、栗田和昭：瑞浪超深地層研究所深度500mにおけるポストグラウチング技術（その4）— 新しい技術の有効性評価 —、土木学会年次学術講演会講演概要集70th、2015.9
12-6) 栗田和昭、草野隆司、辻正邦、小林伸司、見掛信一郎、佐藤稔紀：瑞浪超深地層研究所深度500mにおけるポストグラウチング技術（その3）—ポストグラウチング仕様、注入実績概要、新しい技術の施工性—、土木学会年次学術講演集70th、2015.9
12-7) 延藤遵、辻正邦、草野隆司、見掛信一郎、神谷晃、石井洋司：瑞浪超深地層研究所深度300mにおける耐久性に優れた溶液型グラウトの試験施工、第40回岩盤力学に関するシンポジウム講演論文集、2011.

12.3 マイクロバブルによる不飽和化工法[187)]

地盤の不飽和化による液状化防止効果の研究は数多くなされ、その効果が明らかにされてきており、その実用化が望まれている。ただし、地下水の流れによる飽和度の回復や、密度が低すぎる場合、地震動によって即時沈下を生じる等の懸念があった。

そこで、東京都市大学と強化土エンジニヤリング（株）と佐藤工業（株）の共同研究により、不飽和化による液状化対策としての長所と恒久グラウト注入工法の長所を組み合わせた、低コスト液状化対策工法「シリカバブル（SB）注入工法」が開発された。

SB注入工法は、低濃度シリカ注入材に10～100μmの気泡を混入（SB）し、地盤内に浸透注入を行う。注入されたSBは土粒子間で気泡を包含した状態で固結し、その結果、以下の改良効果を得ることができる。

- 不飽和化による過剰間隙水圧上昇の抑制
- シリカ溶液によるせん断変形の抑制（即時沈下防止）
- シリカ濃度を低く設定することによるコストダウン
- 不飽和地盤の耐久性の向上（シリカ溶液のゲル化に伴う透水係数の低下）

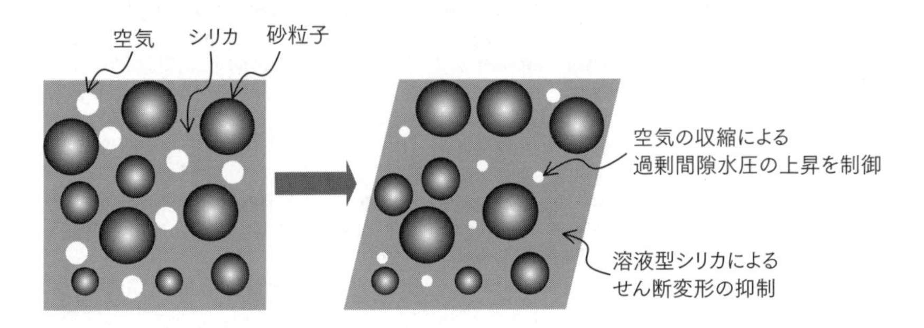

図 12.3.1　改良メカニズム

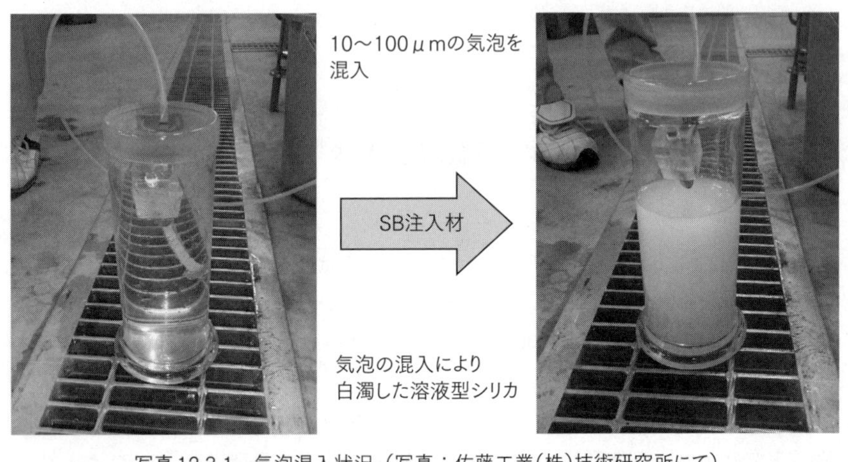

写真 12.3.1　気泡混入状況（写真：佐藤工業(株)技術研究所にて）

12.4 曲りボーリングによる既設構造物の液状化防止工法 [115) 116) 128) 139) 144)]

誘導式自在ボーリングを用いた地盤注入技術（グランドフレックスモール工法）は、大成建設（株）、（株）キャプティ、三信建設工業（株）、成和リニューアルワークス（株）、強化土エンジニヤリング（株）によって開発された。

グランドフレックスモール工法（図12.4.1）は、斜め、曲線、および直線削孔が可能な誘導式水平ボーリング技術を利用し、既存施設周辺、直下の液状化対策、耐震補強といった地盤改良、土壌浄化、ひいては空洞充填を可能とする技術であって、以下の特徴をもつ。

- 施設の外周からの施工が可能であるため、施設自体の利用を妨げない（図12.4.2)。
- 専用ボーリング機で敷設された削孔管に、様々な形態の改良・浄化・充填設備を適用でき、汎用性、拡張性に優れている。
- 急速注入システムの採用で、液状化対策を目的とする浸透注入改良では、注入時間を大幅に削減し、かつ大きな固結体を形成することができる。
- 削孔管先端に装備したロケーター、あるいは作業の合間に削孔管内に挿入するジャイロを用いた位置計測システムにより、削孔ラインを把握し、計画線に対して±30cm程度の精度を確保することができる。
- 立坑が不要であるため工期、工費を縮減できる。
- 狭隘な場所での施工が可能である。

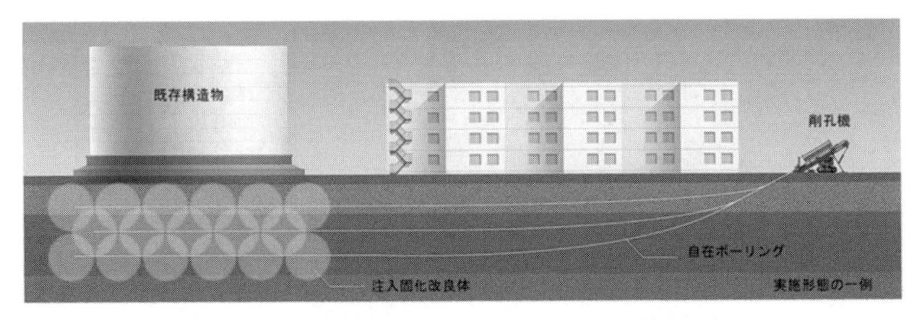

図12.4.1　実施形態の一例（提供：大成建設（株））

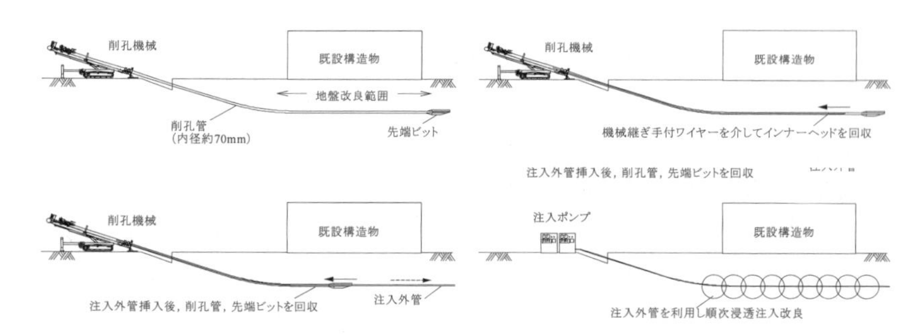

図12.4.2 自在ボーリングの標準的削孔（提供：大成建設（株））

12.5 埋設管の液状化防止工法[197）207)]

パイプライン急速浸透注入工法とは東京大学と強化土エンジニヤリング（株）の協同研究により開発した、土中埋設管等のパイプラインの周囲に間隔をあけて固結体を形成する事により、経済的に急速に液状化対策工を行う工法である。特徴は以下のとおりである。

- パイプラインの周囲を、間隔をあけて塊状固結体で一体化する事により、液状化時の埋設管の変位を防止する効果を振動台試験で実証。
- 埋設管と一体化した多数の固結体を、パイプラインの周囲に間隔をあけて急速に形成する急速浸透注入システムの適用。

写真12.5.1
塊状固結体と一体化した土中埋設管の振動台試験
（提供：東京大学 土質地盤研究室）

写真12.5.2
車上搭載型全自動シリカグラウト製造装置
（FASS）

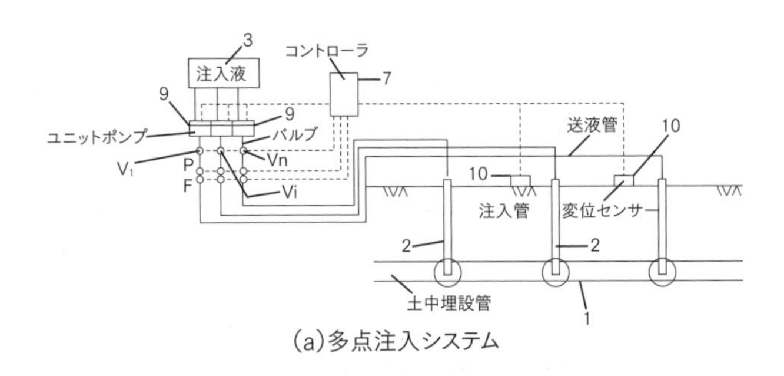

(a)多点注入システム

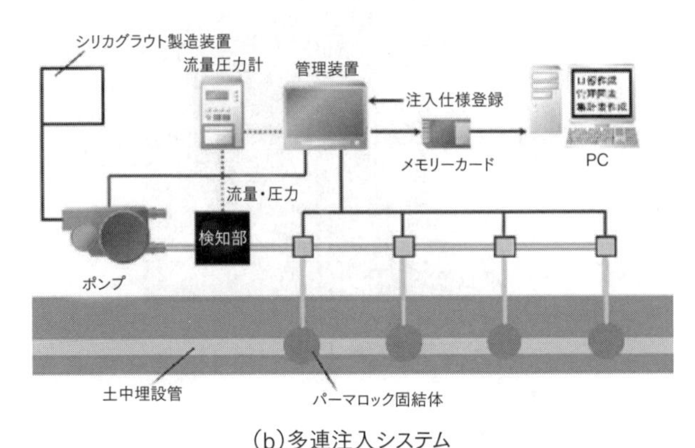

(b)多連注入システム

図12.5.1　埋設管急速浸透注入システム

- 安全性にすぐれた注入材として恒久グラウト「パーマロック」を適用。
- 機動性のある車上搭載型全自動シリカグラウト製造装置を適用。

12.6　バイオ技術への適用 ―生分解性土中埋設管バイオパイプ―[109)110)124)160)167)]

バイオパイプは素材に脂肪族ポリエステル、あるいはトウモロコシ等植物由来プラスチックを用いる土中埋設管である（写真12.6.1）。自然界に存在する微生物が埋設管を二酸化炭素と水に分解するため（図12.6.1）、注入管などに用いた後の回収作業の必要がない（図12.6.2（a）（b））。このバイオパイプは分解の実証研究等、北海道大学と共同研究を行い（写真12.6.2、図12.6.1）、実用化した（写真12.6.3)。恒久グラウトとバイオパイプを用いて注入して恒久地盤を形成した後、掘削して土中埋設管を設置したり構造物を構築したりする場合、またはトンネル掘削に先立って恒久グラウトを注入してトンネル構築後の漏水による維持費の低減をはかる場合、バイオパイプを用いて注入すればトンネル掘削が容易になる（図12.6.2 (b))。今後、土壌浄化工法や観測井戸や圧密地盤改良工法の排水管等にもその適用が進むものと思われる。

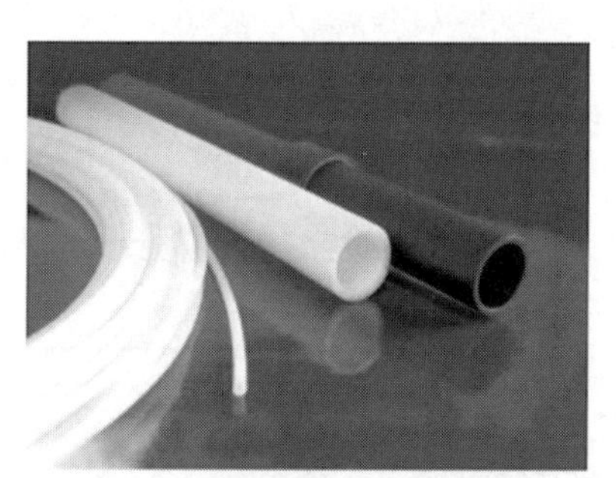

写真12.6.1
生分解性埋設管「バイオパイプ」

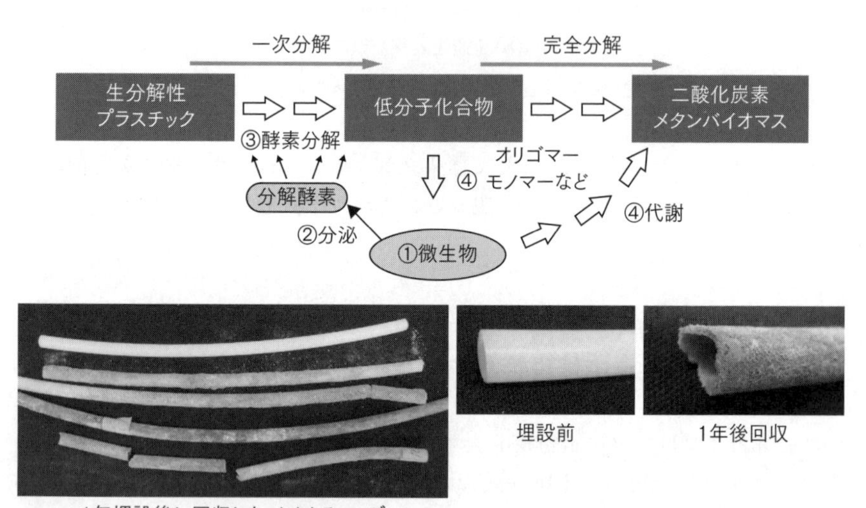

微生物により最終的には水と二酸化炭素に分解される。

図12.6.1
生分解性樹脂の分解メカニズム

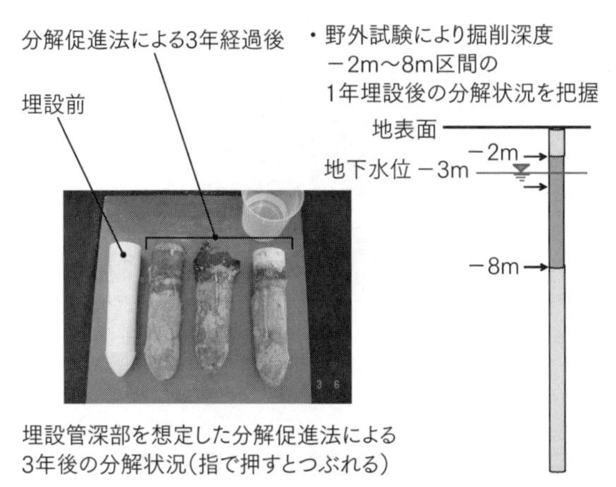

簡単に割れる

－2m付近の生分解性埋設管

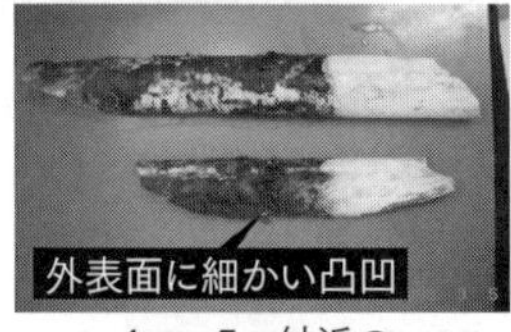

－4m～5m付近の
生分解性埋設管

写真12.6.2　分解実証試験

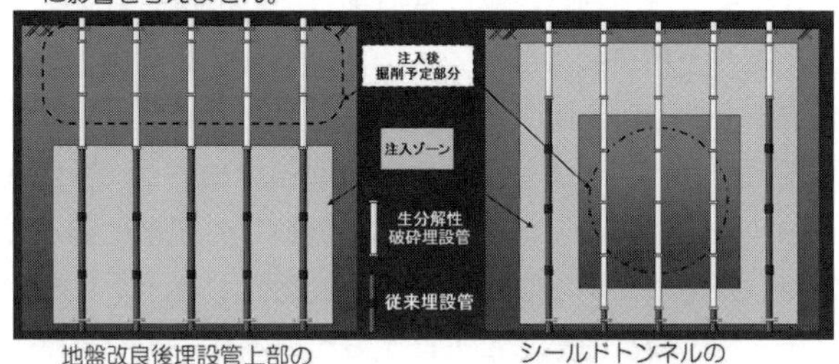

(a)先受け工法:トンネル補強のための注入に掘削部分に生分解性埋設管を使用することにより
掘削が容易で焼却しても有害物質を生じない。

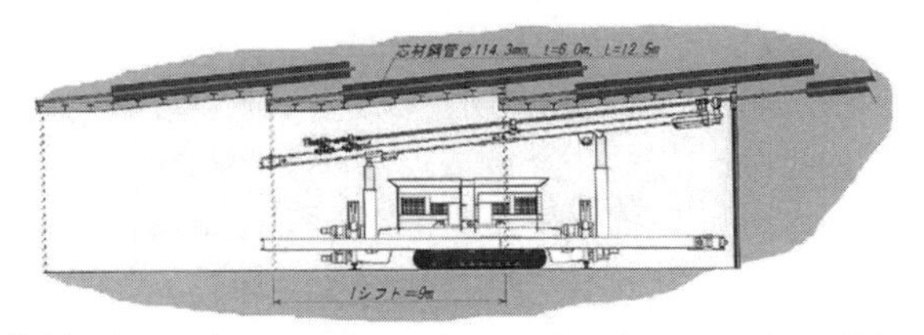

(b)トンネル掘削工事への適用:回収する必要がなく,埋め殺しにしたまま原状復元が可能。

図12.6.2　バイオパイプの適用分野

写真12.6.3 バイオパイプ（バイオチューブ）を用いた超多点注入工法の施工例

12.7 高密度化注入工法―可塑状ゲル圧入工法（TGC工法 THIXO GEL COMPACTION METHOD）―[110) 111) 122) 131) 133) 145) 150) 154) 205) 214)]

(1) 概要

可塑状ゲル圧入工法の開発は強化土エンジニヤリング（株）と大阪大学との共同研究により行われた。その地盤改良原理は、可塑状態のゲルを軟弱地盤に圧入することにより土粒子間の間隙をより密にして、間隙比の減少を図ることにある（図12.7.1 (a) (b) (c)）。

可塑状ゲル圧入工法は、液体と固結体の中間領域にあり、静止時には変形することはないが、加圧することにより容易に流動して脱水によって固化するという特性を応用したものである。このような流動性を有する可塑状ゲルを軟弱地盤に静的に圧入し、締め固めることによって、脈状注入や土粒子間浸透することなく、注入管まわりの所定の位置に大きな塊状ゲルの固結体を形成し、かつ、周辺地盤を圧縮し、高密度化する工法である。また、塊状ゲル化物は注入終了後、急速に強度が増加し（図12.7.4）固化物は収縮することはない。このため改良地盤の強度は、塊状固結体自体の強度とその周辺の高密度化した地盤の複合強度となる。図12.7.2に可塑状ゲルの圧入に伴う地盤改良の基本的原理を示す。原地盤の間隙比をe_0としたとき、$(1+e_0)$の体積の地盤に$\varDelta e$に相当する可塑状ゲルが圧入され、間隙比が減少する。圧入前のN値と間隙比をN_0、e_0とし、圧入後をN_1、e_1とすると、ある有効上載圧下において図12.7.3に示すように、可塑状ゲルの圧入により間隙が減少し、相対密度D_r、およびN値が上昇する改良効果が期待される。

本工法の実用化に当たっては、大阪大学との共同研究により、大型土槽実験による固結体造成と締固め効果の実証研究を行い（写真12.7.1)、野外試験により施工後、地盤を掘削し直径30～50cmの固結体を確認している（写真12.7.2)。また、可塑状ゲルについては電源開発（株）との共同研究により可塑状FMグラウトを開発している。本工法は、注入技術を基本にしているため、コンパクトな装置を用いて垂直、水平、湾曲注入等、静的に圧入ができ、作業性に優れている特徴があり、今後、液状化対策工のみならずアンカー効果も利用した斜面の補強、基礎の補強、軟弱地盤の補強、建造物の耐震補強等、注入技術が適用できる広範囲な分野が拓けるものと思われる（図12.7.5)。

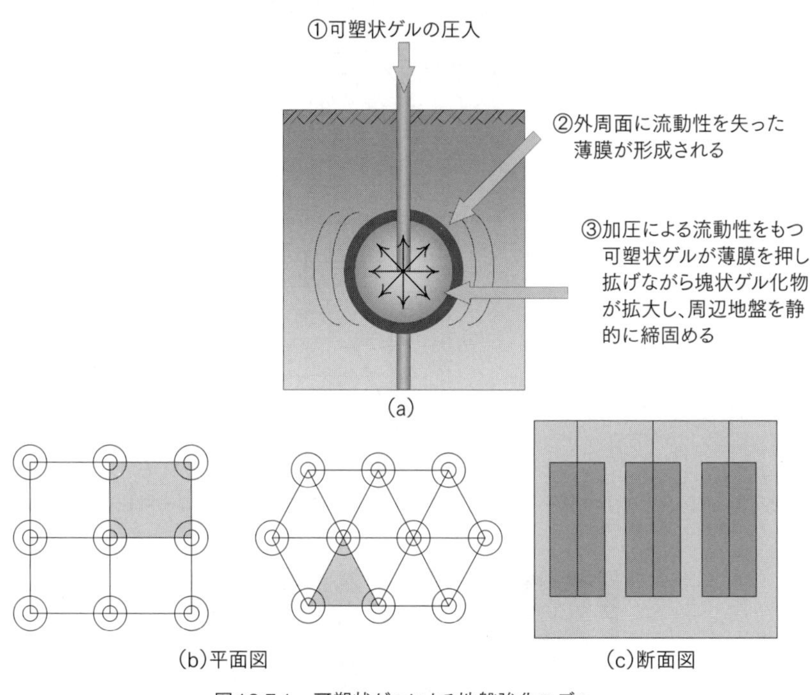

図12.7.1　可塑状ゲルによる地盤強化モデル

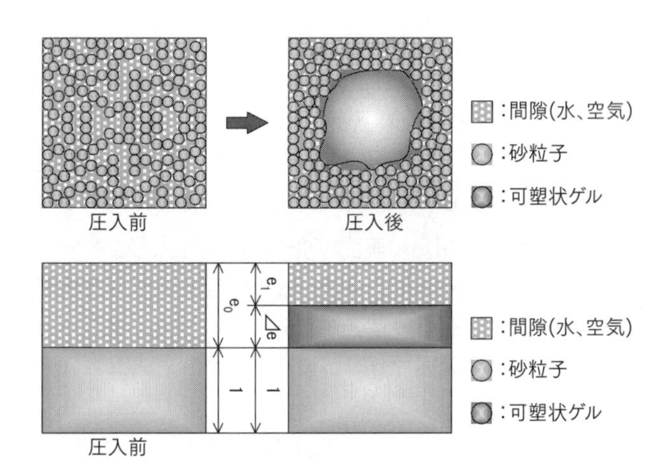

図 12.7.2　可塑状ゲル圧入工法の地盤改良原理

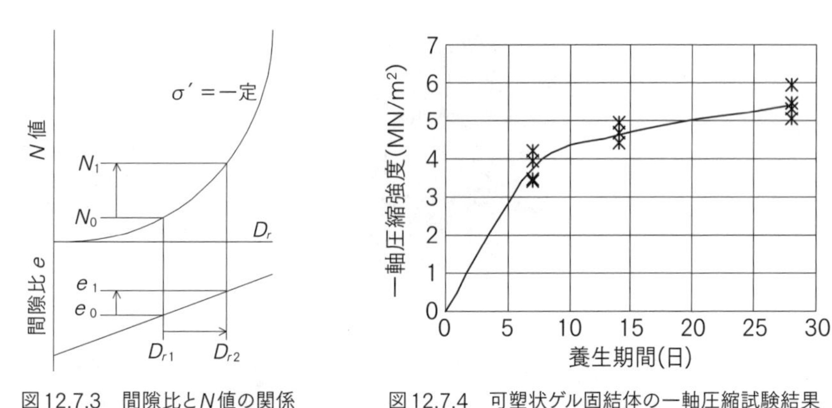

図 12.7.3　間隙比と N 値の関係

図 12.7.4　可塑状ゲル固結体の一軸圧縮試験結果

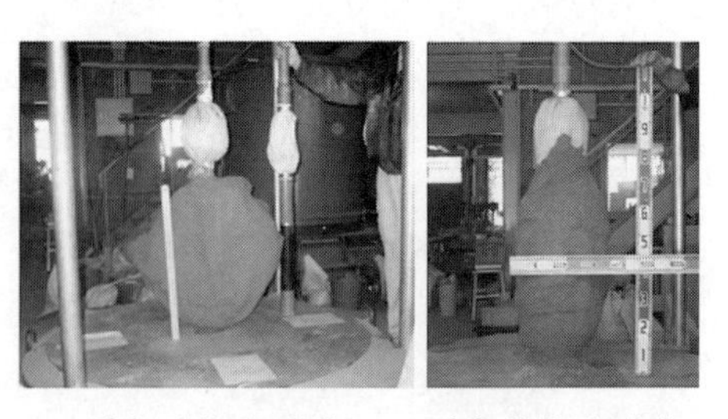

（a）球状ゲル化物　　（b）柱状ゲル化物

写真 12.7.1 可塑状ゲルによる塊状ゲル化物の形成（提供：大阪大学）

写真12.7.2　野外注入実験による塊状ゲル化物、柱状ゲル化物の形成の実証

(2) 適用分野

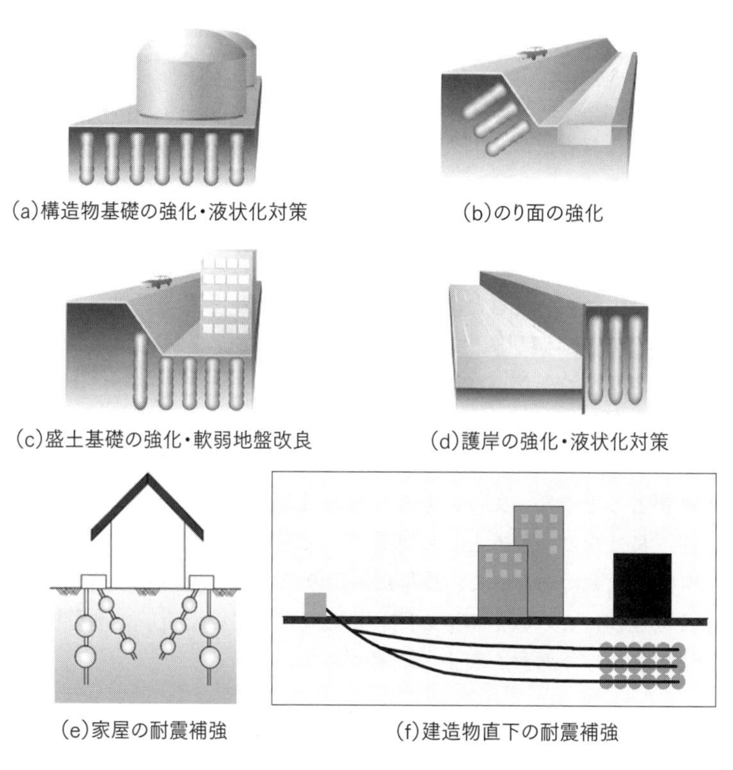

図12.7.5　可塑状ゲル圧入工法の適用分野

おわりに

「地盤注入の課題は細かい土だけでなく粗い土の両端にあるんですよ」

当時大学を出て、米倉先生に新しい分野だと教えられて化学的土質安定工法を何人かの先人の方々に教えを乞うて歩きまわっていた日々、シリカの化学による地盤改良をライフワークとしてターゲットに決めた頃のこと。ダム現場を案内してもらった途中で、今は亡き注入会社の某支店長の言葉が忘れられず、その後50年以上現在に到るまで、その言葉は薬液注入の技術開発の原点となった。

その後、東洋大学米倉教授の指導もとで、薬液注入の長期耐久性の研究がスタートし、業界のメーカー、施工会社からなる研究開発協力会社に、今は亡きトップの方々の強力なバックアップのもとに参加していただき、研究開発が進められ、その成果が大規模野外試験による実証研究に到った当時の、熱気ある雰囲気は今も忘れられない。耐久性と一口にいっても、対象となる長年月と地震等の自然災害を考えれば人智を超えた自然の摂理にかかわるテーマである。米倉先生による耐久性の試験方法に基づいて、本設注入のコンセプトと要素技術の確立を目指して、研究グループと共に可能な年月をかけて実証とデータを積み重ねて体系化に努めてきた。今日に到るまで営々と協同研究が継続してきたのであるが、テーマが耐久性であるからとはいえ、このように半世紀にも亘って研究が持続してきた事は米倉先生のリーダーシップと情熱によるものと頭が下がる思いであった。

今日、ようやく軌道に乗りつつある本設注入であるが、安易な施工に陥って仮設注入に戻ることのないよう、今後とも地道な研究開発が続けられて信頼性のある地盤改良技術の一分野として定着するように切に念願するものである。

なお、本書の執筆にあたって、長年にわたり多大なご理解とご指導をいただいた関係各位並びにこの数十年もの間、共に協力していただいた地盤注入開発機構の各位に心からの謝意を表する次第である。

島田　俊介

参考文献

1) 島田俊介：水ガラス－ジアルデヒド化合物－酸系による地盤ケイ化法の研究，『土と基礎』，第18巻5号（147），土質工学会，1970.5

2) 島田俊介，兼松 陽：現場技術者のための薬液注入工法（1）～（27）連載講座（1972.1～1974.7），『コンストラクション』，重化学工業通信社，1972.1

3) 島田俊介，栢原健二：懸濁・溶液複合型シリカゾル系グラウトのpHの挙動，土質工学会 第15回土質工学研究発表会，1980.6

4) 笹尾 禎，須賀 武，土谷 覚，島田俊介：上越新幹線中山トンネル高山工区における地盤注入工法の開発と適用，『土木学会誌』，第65巻，1980.9

5) 島田俊介，栢原健二：二重管ロッド瞬結パッカーシステムに依る複合注入工法の技術体系，土木学会第35回学術講演会，1980.9

6) 島田俊介，栢原健二：二重管ロッド複合注入工法に適した注入材の研究（その1），土木学会第36回学術講演会，1981.10

7) 星谷 勝，島田俊介，兼松 陽，栢原健二：A new grouting material of non-alkaline silica sol, American Society of Civil Engineers, *Grouting in geotechnical engineering* volume2, 1982.2

8) 島田俊介，栢原健二：中性シリカゾルを用いたグラウトとその施工効果について，『材料』土質安定材料特集」，vol.31, No.341，日本材料学会，1982.2

9) 島田俊介：非アルカリ性シリカゾルグラウトを用いた地盤注入工法と施工例（その1）～（その5），（最終回），『土木施工』第24巻2号～6号，1983.2～6連載，山海堂，1983.2

10) 島田俊介，栢原健二：シリカゾル系複合グラウトの研究，土木学会第38回学術講演会，1983.9

11) 米倉亮三，加賀宗彦：サンドゲルの耐久性，土木学会第38回学術講演会，1983.9

12) 島田俊介，栢原健二，森井謙介：シリカゾル系複合グラウトのPHの挙動，地盤工学会第19回土質工学研究発表会，1984.6

13) 米倉亮三，加賀宗彦：サンドゲルの耐久性（その2），地盤工学会第19回土質工学研究発表会，1984.6

14) 島田俊介，栢原健二：浸透型シリカゾルグラウトのPHの挙動，土木学会第40回学術講演会，1985.9

15) 島田俊介：地盤改良1，『土と基礎』，地盤工学会，1986.10

16) 多田修一，米倉亮三，加賀宗彦，島田俊介：超微粒子シリカを用いた耐久性グラウト材の開発，地盤工学会第22回土質工学研究発表会，1987.6

17) 加賀宗彦，米倉亮三：遅延ペクトルによるホモゲル特性，地盤工学会第22回土質工学研究発表会，1987.6

18) 島田俊介，米倉亮三，加賀宗彦，多田修一：超微粒子シリカを用いた耐久性グラウト材の研究，土木学会，1987.8
19) 加賀宗彦，米倉亮三，樋口清治，川瀬 裕：注入固結砂の強度の耐久性，土木学会第42回学術講演会，1987.9
20) 島田俊介：注入管ロッドを用いた懸濁－溶液複合グラウトの開発，土木学会第42回学術講演会，1987.9
21) 加賀宗彦，米倉亮三，佐藤 弘，東雲好和：ホモゲルの応力緩和特性，土木学会関東支部第15回技術研究発表会，1988.3
22) 加賀宗彦，米倉亮三，佐藤 弘，東雲好和：注入材と固結砂強度，土木学会関東支部第15回技術研究発表会，1988.3
23) 加賀宗彦，米倉亮三，池田 剛，神田量三：注入固結砂の強度の耐久性，土木学会関東支部第15回技術研究発表会，1988.3
24) 飯田実人，米倉亮三，加賀宗彦，中台正樹，仁田護輝，豊田道也：注入固結砂のクリープ特性，土木学会関東支部第15回技術研究発表会，1988.3
25) 島田俊介，佐藤 武，多久 実：『最先端技術の薬液注入工法』，理工図書，1989.6
26) 江藤政継，島田俊介，奥田庚二：二重管ロッド懸濁液・溶液複合注入による下水道深礎立杭薬液注入工法，土木学会第44回年次学術講演会，1989.10
27) 島田俊介，米倉亮三，奥田庚二：微粒子型恒久グラウト材の開発，土木学会第44回年次学術講演会，1989.10
28) 米倉亮三，加賀宗彦，中村好弘，只野忠一：注入固結砂の強度および止水の耐久性，土木学会第44回年次学術講演会，1989.10
29) 加賀宗彦，米倉亮三，吉中保，中西清人：水ガラス薬液による固結砂強度の推定（その1），土木学会第44回年次学術講演会，1989.10
30) 米倉亮三，加賀宗彦，島田俊介：薬液注入における長期耐久性の研究，『土木施工』32巻2号，山海堂，1991.2
31) 加賀宗彦，米倉亮三：レオロジーモデルから推定したゲルの構造，土木学会第46回年次学術講演会，1991.9
32) 島田俊介，栢原健二：新しい二重管複合注入工法の開発，土質工学会第27回土質工学研究発表会，1992.6
33) 島田俊介，米倉亮三：新しい二重管複合注入工法の開発（その2），土木学会第47回年次学術講演会，1992.9
34) 加賀宗彦，米倉亮三，栗葉幸雄，郡司正哉：注入量確認のための簡易測定法，土木学会第47回年次学術講演会，1992.9
35) 加賀宗彦，米倉亮三，鈴木直希：高温高水圧による注入固結砂の止水の耐久性，土木学会第47回年次学術講演会，1992.9
36) 江藤政継，西寿三男，江本雅裕，島田俊介：緩結性シリカゾル系グラウトのゲルタイムについて，土木学会第47回年次学術講演会，1992.9

37) 米倉亮三，島田俊介：薬液注入における長期耐久性の研究，『土と基礎』，土質工学会，第40巻12号（419），1992.12
38) 米倉亮三，三輪 求：Fundamental Properties of Sodium Silicate Based Grout, Eleventh Southeast Asian Geotechnical Conference, 1993.5
39) 加賀宗彦：注入固結砂強度特性などに関連する水ガラス系注入材のゲル構造，『土木学会論文集』，土木学会，1993.2
40) 三輪 求，米倉亮三：水ガラス系グラウト材の基本的性質について，『土質工学論文報告集』，Vol.34, No.3，土質工学会，1994.9
41) 和田況巳，三輪 求，米倉亮三：高強度水ガラスグラウトの開発，土木学会第49回年次学術講演会，1994.9
42) 桜井 真，米倉亮三，三輪 求：懸濁型グラウト材のゲルタイム判定法，土質工学会第30回土質工学研究発表会，1995.7
43) 山岸清隆，米倉亮三，三輪 求：懸濁型グラウトの耐薬品性，土質工学会第30回土質工学研究発表会，1995.7
44) 加賀宗彦，大坪紘一，米倉亮三：水ガラス系注入材のゲル構造と固結砂強度および凍結融解強度特性との関連性，土木学会第50回年次学術講演会，1995.9
45) 桜井 真，米倉亮三，加賀宗彦，清水昌之：注入固結砂の止水の耐久性，土木学会第50回年次学術講演会，1995.9
46) 島田俊介，有馬重治：傾斜した建造物の復元注入工法―阪神大震災における復旧工事例―，『土木技術』，50巻11号，理工図書，1995.11
47) 高原由紀子，草刈太一，池田謙太郎，三輪 求，名越 崇：細砂層への超微粒子懸濁型薬液注入材の適用室内試験について，土木学会関東支部第23回関東支部技術研究発表会，1996.3
48) 米倉亮三，島田俊介，多田修一，林敬次郎：Deep open cut base improvement injection influenced by artesian water, IS-Tokyo1996.5, Grouting and Deep Mixing, Vol. 1, 1996.5
49) 米倉亮三：The developing process and the new concepts of chemical grout in Japan, IS-Tokyo1996.5, Grouting and Deep Mixing, Vol. 1, 1996.5
50) 島田俊介：被圧水下における大規模，大深度底盤注入，日本学術会議第2回地盤改良国際会議IS-TOKYO'96講演論文，日本学術会議，1996.5
51) 木嶋 正，島田俊介：無機系溶液型アルミノシリカゾルグラウトの開発，地盤工学会第31回地盤工学研究発表会，1996.7
52) 三輪 求，島田俊介，米倉亮三：高強度超微粒子シリカグラウトの開発，地盤工学会第32回地盤工学研究発表会，1997.7
53) 善 功企，山崎浩之，林健太郎，吉川立一，藤澤伸行，名越崇：薬液注入による液状化防止工法―新潟実証実験報告―，地盤工学会第32回地盤工学研究発表会，1997.7

54) 米倉亮三，島田俊介：恒久グラウトの新しい展望，『土木施工』，第38巻8号，山海堂，1997.8
55) 三輪 求，島田俊介，米倉亮三：高強度超微粒子シリカグラウトの浸透固結特性について，土木学会第52回年次学術講演会，1997.9
56) 林健太郎，吉川立一，島田俊介，藤澤伸行，飯尾正俊：非アルカリシリカによる改良地盤の耐久性に関する現地調査，土木学会第53回年次学術講演会，1998.1
57) 加賀宗彦，米倉亮三，RudolfALLMANN：水ガラス系注入材のゲルの状態と注入固結砂の凍結特性，『土木学会論文集』，No.585，V-38，土木学会，1998.2
58) 米倉亮三，三輪 求，森田 博，島田俊介：イオン交換法による活性シリカグラウトの特性，地盤工学会第33回地盤工学研究発表会，1998.7
59) 倉貫公保，大沢一実，島田俊介，横山眞一郎：瞬結・緩結同時注入工法の開発，地盤工学会第33回地盤工学研究発表会，1998.7
60) 米倉亮三：シリカゾルグラウトの恒久性原理とその実例，山海堂「土木施工」39巻9号，1998.9
61) 米倉亮三，名越 崇，島田俊介：超微粒子懸濁型注入材の現場実証試験報告，土木学会第53回年次学術講演会，1998.10
62) 米倉亮三，島田俊介：恒久グラウトの恒久性のメカニズム，『土木施工』，連載恒久グラウト第1回，第40巻7号，山海堂，1999.7
63) 米倉亮三，島田俊介：恒久グラウトの特性，『土木施工』，連載恒久グラウト第2回，第40巻8号，山海堂，1999.8
64) 三輪 求，重松 裕，高木賢治，玉木仁志，名越 崇：複合超微粒子シリカ注入材の現場注入報告，土木学会第59回年次学術講演会，1999.9
65) 米倉亮三，島田俊介，盛 政晴：最新の恒久グラウト工法，『土木施工』，41巻3号，山海堂，2000.2
66) 加賀宗彦：水ガラス系注入材の安定性と注入固結砂の長期強度の予測，『土木学会論文集』，No.652，III-51，pp.195-205，土木学会，2000.6
67) 米倉亮三，名越 崇，島田俊介，盛 政晴：超微粒子複合シリカを用いた二重管複合注入工法の野外注入試験，地盤工学会第35回地盤工学研究発表会，2000.6
68) 米倉亮三，盛 政晴，高橋真木雄：活性シリカを用いた柱状浸透積層工法の野外注入試験（その1），地盤工学会第35回地盤工学研究発表会，2000.6
69) 米倉亮三，島田俊介，木下吉友：『恒久グラウト注入工法—理想的な地盤構造体の構築—』，山海堂，2000.8
70) 米倉亮三，三輪 求，島田俊介，盛政晴：活性シリカグラウトの野外注入試験，土木学会第55回年次学術講演会，2000.9
71) 米倉亮三，盛 政晴，島田俊介，名越 崇：超微粒子複合シリカを用いた柱状浸透積層工法の野外注入試験（その2），土木学会第55回年次学術講演会，2000.9

72) 柳沼喜之，加賀宗彦，山嵜 大，水村陽輔，八田 学，吹井知成：同形アレニュウス法による注入固結砂の長期強度の予測，土木学会第55回年次学術講演会，2000.9
73) 米倉亮三，盛 政晴，名越 崇，島田俊介：柱状浸透積層注入工法による超微粒子複合シリカと活性シリカの経年サンプリング試料の強度特性（その3），地盤工学会第36回地盤工学研究発表会，2001.6
74) 米倉亮三，三浦 仁，小山忠雄，関口宏ニ，盛 政晴，島田俊介：活性シリカを用いた超多点注入工法の液状化防止野外試験，地盤工学会第36回地盤工学研究発表会，2001.6
75) 米倉亮三，名越 崇，島田俊介，盛政晴：超微粒子複合シリカグラウトの耐久性実証試験報告，地盤工学会第36回地盤工学研究発表会，2001.6
76) 三輪 求，米倉亮三，名越 崇，島田俊介：イオン交換法による活性シリカグラウトの特性（2），地盤工学会第36回地盤工学研究発表会，2001.6
77) 沢村正彦，蜂谷 健，市川 弘，林由喜夫，塚本信夫：ハイブリッドシリカを用いた現場施工例，地盤工学会第36回地盤工学研究発表会，2001.6
78) 米倉亮三，島田俊介，盛 政晴，矢口完洋：三次元同時注入システムと柱状浸透同時積層工法の開発，土木学会第56回年次学術講演会，2001.10
79) 小山忠雄，盛 政晴，島田俊介：シリカゾルグラウトによる超多点注入工法の施工，土木学会第56回年次学術講演会，2001.10
80) 菊池康裕，加賀宗彦，井上勝好，小林正男，浦和延幸，根岸真純，大竹真吾：RI法による注入効果の確認の基礎実験，土木学会第56回年次学術講演会，2001.10
81) 島田俊介，米倉亮三，和田貴子，陣内直樹：活性複合シリカグラウトの開発，地盤工学会第37回地盤工学研究発表会，2002.7
82) 和田貴子，島田俊介，米倉亮三，陣内直樹：活性複合シリカグラウトの浸透固結特性について，土木学会第57回年次学術講演会，2002.9
83) 菊池康裕，加賀宗彦，手塚知博，作田洋祐，神田 晃：注入固結砂の透水養生における強度変化，土木学会第57回年次学術講演会，2002.9
84) 加賀宗彦，菊池康裕，大坪紘一：浸透水圧が作用する水ガラス系薬液注入固結砂の強度の耐久性，日本材料学会第5回地盤改良シンポジウム，2002.11
85) 菊池康裕，加賀宗彦，井上勝好：RI法による注入効果の確認，日本材料学会第5回地盤改良シンポジウム，2002.11
86) 後藤博子，島田俊介，米倉亮三，木嶋正：高強度超微粒子複合シリカグラウトの浸透固結特性について，地盤工学会第38回地盤工学研究発表会，2003.7
87) 和田貴子，島田俊介，米倉亮三，木嶋 正：活性シリカグラウトによる経年固結土の強度特性，地盤工学会第38回地盤工学研究発表会，2003.7
88) 高木知英，末政直晃，島田俊介，後藤博子：地盤注入時の薬液の浸透状況と固結体の形状に関する研究，地盤工学会第38回地盤工学研究発表会，2003.7

89) 島田俊介，陳内直樹，和田貴子，後藤博子，米倉亮三，木嶋 正：活性シリカコロイドを用いた環境保全型シリカグラウトの開発とその浸透固結性，土木学会第58回年次学術講演会，2003.9
90) 和田貴子，島田俊介，米倉亮三，名越 崇，木嶋 正：超微粒子複合シリカによる経年固結土の強度特性，土木学会第58回年次学術講演会，2003.9
91) 陣内直樹，和田貴子，島田俊介，米倉亮三，木嶋正：超微粒子複合シリカによる高強度地盤改良補強工法の開発，土木学会第58回年次学術講演会，2003.9
92) 高木知英，木滑隆介，末政直晃，島田俊介，後藤博子：薬液改良された地盤の力学特性に関する研究，土木学会第58回年次学術講演会，2003.9
93) 菊池康裕，加賀宗彦，相田健吾，長内 大，立江晃治：浸透水圧が作用した注入固結砂の長期強度の予測，土木学会第58回年次学術講演会，2003.9
94) 大場美紀，後藤博子，島田俊介，木嶋 正，米倉亮三：複合注入工法における懸濁，溶液グラウトの相性の研究－地盤改良目的に対応した適用法の開発－，地盤工学会第39回地盤工学研究発表会，2004.7
95) 後藤博子，島田俊介，小山忠雄，米倉亮三：柱状浸透注入工法におけるソイルパッカの研究，地盤工学会第39回地盤工学研究発表会，2004.7
96) 小山忠雄，島田俊介，木嶋 正：マルチパッカ注入工法を用いたトンネル先受け工法の開発，地盤工学会第39回地盤工学研究発表会，2004.7
97) 後藤博子，大場美紀，島田俊介，小山忠雄，木嶋正，竹越重治，米倉亮三：環境保全型シリカグラウトの研究―シリカコロイドの成長と粒径分布―，土木学会第59回年次学術講演会，2004.9
98) 加賀宗彦，大坪紘一，島田俊介，小山忠雄，木嶋 正：高浸透水圧が作用する活性シリカコロイド系薬液注入固結砂の強度の耐久性，土木学会第59回年次学術講演会，2004.9
99) 塚本信夫，米倉亮三，島田俊介，小山忠雄：ソイルパッカを用いた柱状浸透注入工法による野外実験，土木学会第59回年次学術講演会，2004.9
100) 山岸清隆，稲川浩一，大矢 勉，島田俊介，末政直晃：活性シリカを用いた急速施工注入工法の野外注入実験（その1），土木学会第59回年次学術講演会，2004.9
101) 小山忠雄，島田俊介，後藤博子，米倉亮三：超微粒子複合シリカの強度発現の挙動，土木学会第59回年次学術講演会，2004.9
102) 佐々木隆光，末政直晃，島田俊介，後藤博子，大場美紀，小山忠雄，木嶋 正：溶液型特殊シリカで固結した土の液状化強度特性，土木学会第59回年次学術講演会，2004.9
103) 風間広志，社本康広，大西朝晴，稲川浩一，山岸清隆：特殊シリカ系薬液注入供試体の強度変形特性―その1 静的強度・変形特性―，土木学会第59回年次学術講演会，2004.9
104) 風間広志，社本康広：特殊シリカ系薬液注入改良土の強度特性―その2液状化強度特性―，土木学会第59回年次学術講演会，2004.9

105) 風間広志，社本康広，天利 実，桂 豊：特殊シリカ系薬液注入改良土の液状化強度特性，地盤工学会第40回地盤工学研究発表会，2005.7
106) 社本康広，天利 実，風間広志，桂 豊：特殊シリカ系薬液注入改良土の相対密度と一軸圧縮強度の関係，地盤工学会第40回地盤工学研究発表会，2005.7
107) 久保井公彦，末政直晃，田中 剛，佐々木隆光，島田俊介：薬液注入工法により改良した矢板式岸壁の地震時安定性，地盤工学会第40回地盤工学研究発表会，2005.7
108) 末政直晃，島田俊介：薬液注入を施した地盤の強度発現に関する研究，地盤工学会第40回地盤工学研究発表会，2005.7
109) 小山忠雄，島田俊介，寺島 麗，後藤博子，木村正夫，長崎 治，杉山真人，米倉亮三：生分解性樹脂を用いた破砕注入管の開発，地盤工学会第40回地盤工学研究発表会，2005.7
110) 寺島 麗，島田俊介，後藤博子，小山忠雄，塩見敬治，谷内飛龍舞，樫村郁雄，米倉亮三：生分解性樹脂を用いた注入管の開発，地盤工学会第40回地盤工学研究発表会，2005.7
111) 大場美紀，小山忠雄，佐々木隆光，島田俊介，井筒庸雄，栗崎夏代子，米倉亮三，木嶋 正：可塑状FMグラウトの開発，土木学会第60回年次学術講演会，2005.9
112) 島田俊介，井筒庸雄，栗崎夏代子，常田賢一，木嶋 正：可塑状ゲル圧入工法の開発～塊状固結体の形成とその要因～，土木学会第60回年次学術講演会，2005.9
113) 社本康広，風間広志，桂 豊：特殊シリカ系薬液注入による改良地盤の液状化強度の評価法—（その1）薬液注入された原位置地盤のシリカ濃度—，土木学会第60回年次学術講演会，2005.9
114) 風間広志，社本康広：特殊シリカ系薬液注入による改良地盤の液状化強度の評価法—（その2）液状化強度の算定法と検証—，土木学会第60回年次学術講演会，2005.9
115) 島田俊介，川井俊介，鈴木毅彦，小泉亮之祐：既設構造物直下の薬液注入工法の開発（その1）セルフパッカシステムの開発，土木学会第60回年次学術講演会，2005.9
116) 川井俊介，鈴木毅彦，小泉亮之祐，島田俊介：既設構造物直下の薬液注入工法の開発（その2）誘導式水平ボーリングを用いた注入システムの開発，土木学会第60回年次学術講演会，2005.9
117) 島田俊介，米倉亮三：薬液注入の耐久性と恒久グラウティング～本設地盤改良工法への質的転換～，『土木施工』，2005年1月号～2006年9月号連載，山海堂，2005.1～2006.9
118) 天利 実，社本康広，風間広志：特殊シリカ系薬液注入改良土の相対密度と一軸圧縮強度の関係に粒径が及ぼす影響，地盤工学会第41回地盤工学研究発表会，2006.7
119) 塚本信夫，米倉亮三，島田俊介，小山忠雄：ソイルパッカを用いた柱状浸透注入工法による施工例，地盤工学会第41回地盤工学研究発表会，2006.7
120) 加賀宗彦，島田俊介，小山忠雄，木嶋 正，吉田直人，上羽康友：薬液注入固結砂の一軸圧縮強度とヤング率，地盤工学会第41回地盤工学研究発表会，2006.7

121）諏訪裕哉，末政直晃，島田俊介，佐々木隆光：薬液改良体の強度予測に影響する改良体構成要素の諸特性，地盤工学会第41回地盤工学研究発表会，2006.7

122）小山忠雄，佐々木隆光，島田俊介，大場美紀，井筒庸雄，栗崎夏代子，末政直晃，木嶋 正：可塑状ゲル圧入工法の研究開発～大型モールド実験による塊状固結体形成～，地盤工学会第41回地盤工学研究発表会，2006.7

123）小山忠雄，A.M.El-Kelesh，常田賢一，島田俊介：Investigation into thyrotrophic gel compaction method，*Proc.of 5th Japan&Korea Joint Seminar on Geotechnical Engineering*，2006.9

124）寺島 麗，島田俊介，小山忠雄，木嶋 正，玉城 浦，三木真湖，米倉亮三：生分解性破砕埋設管の開発，土木学会第61回年次学術講演会，2006.9

125）佐々木隆光，島田俊介，小山忠雄，米倉亮三：活性シリカと超微粒子複合シリカによる固結地盤の経年固結性の現場実証試験，土木学会第61回年次学術講演会，2006.9

126）風間広志，社本康広，桂 豊，天利実：特殊シリカ系薬液注入による改良地盤の液状化強度の評価法―（その3）礫混じり砂の液状化強度特性―，土木学会第61回年次学術講演会，2006.9

127）桂 豊，天利実，社本康広，風間広志：特殊シリカ系薬液注入による改良地盤の液状化強度の評価法―（その4）液状化強度に与える粒径の及ぼす影響―，土木学会第61回年次学術講演会，2006.9

128）小泉亮之祐，石井裕泰，三和信二，小山忠雄：誘導式自在ボーリングを併用した急速浸透注入による大型改良体施工の実証実験，土木学会第61回年次学術講演会，2006.9

129）新坂孝志，原田良信，島田俊介，小山忠雄，米倉亮三：三次元急速浸透注入工法の開発―特殊スリーブ管と三次元注入管理システムの開発―，土木学会第61回年次学術講演会，2006.9

130）諏訪裕哉，末政直晃，島田俊介，佐々木隆光：低シリカ濃度の薬液を用いた改良体の強度増加メカニズム，土木学会第61回年次学術講演会，2006.9

131）河村洋治，吉光康夫，尾畑 洋，中川浩二：脆弱化地盤の地下水を制して変電所直下を突破―広島高速1号線（安芸府中道路）福木トンネル―，『トンネルと地下』，土木工学社，2006.9

132）A.M.El-Kelesh，常田賢一，小山忠雄，島田俊介：Physical Modeling of FM Grounting，『第12回日本地震工学シンポジウム論文集』，No.105，日本地震工学会，2006.11

133）土屋政人，末政直晃，島田俊介，小山忠雄：静的締固め工法におけるゲルの圧入状況に関する模型実験，土木学会関東支部第35回関東支部技術研究発表会，2007.3

134）小山忠雄，島田俊介，佐々木隆光，常田賢一，AdelM.EL-Kelesh：可塑状ゲル圧入工法における圧入方式の違いが及ぼす影響，地盤工学会第42回地盤工学研究発表会，2007.7

135) 佐々木隆光，島田俊介，小山忠雄，末政直晃：活性シリカグラウトに関する一考察～地盤特性がゲルタイム・改良強度に及ぼす要因～，地盤工学会第42回地盤工学研究発表会，2007.7
136) 米倉亮三，島田俊介，大野康年：『恒久グラウト・本設注入工法―薬液注入の耐久性と耐震補強の設計施工―』，山海堂，2007.8
137) 栗原聡，末政直晃，島田俊介，佐々木隆光：薬液注入地盤の強度特性に関する研究，土木学会第62回年次学術講演会，2007.9
138) 加賀宗彦，島田俊介，小山忠雄，木嶋正：段階定荷重載荷法による水ガラス系注入材クリープ特性，土木学会第62回年次学術講演会，2007.9
139) 石井裕泰，小泉亮之祐，三和信二，小山忠雄：誘導式自在ボーリングを併用した急速浸透注入工法と地盤改良効果，『材料』，第57巻第1号，日本材料学会，2008.1
140) 島田俊介：地盤注入工法の本設利用に関する研究動向とその適用―環境保全注入技術へ進化―，『基礎工』，2008年5月号，総合土木研究所，2008.5
141) 小山忠雄：薬液注入による既設構造物基礎補強例，『基礎工』，2008年5月号，総合土木研究所，2008.5
142) 社本康広：注入工法による液状化対策の効果についての研究，『基礎工』，2008年5月号，総合土木研究所，2008.5
143) 米倉亮三，島田俊介，大野康年：『恒久グラウト・本設注入工法―薬液注入の耐久性と耐震補強の設計施工―』，理工図書，2008.6
144) 石井裕泰，檜垣貫司，川井俊介、三和信二，小泉亮之祐，小山忠雄：自在ボーリングによる地盤改良に適した浸透注入方式の開発と実証試験，『土木学会論文集F』，Vol.64，No.3，土木学会，2008.7
145) 伊藤誠恭，加賀宗彦，島田俊介，小山忠雄，木嶋 正：段階定荷重載荷試験法による水ガラス系注入材のクリープ破壊強度の簡易測定法，地盤工学会第43回地盤工学研究発表会，2008.7
146) 小山忠雄，島田俊介，佐々木隆光，常田賢一，AdelM.EL-KELESH：可塑状ゲル圧入工法における圧入方法と地盤挙動，地盤工学会第43回地盤工学研究発表会，2008.7
147) 土屋政人，末政直晃，荒井郁岳，島田俊介，小山忠雄，佐々木隆光：静的締固め工法におけるゲルの締固め効果に関する模型実験，地盤工学会第43回地盤工学研究発表会，2008.7
148) 市川智史，小山忠雄，島田俊介，寺島 麗，佐々木隆光，加賀宗彦：岩盤注入を対象とした活性シリカコロイドに関する基礎的実験，土木学会第63回年次学術講演会，2008.9
149) 佐々木隆光，島田俊介，小山忠雄，市川智史，寺島麗，末政直晃：マスキングシリカによるコンクリート保護効果の16年間実証研究―液状化対策工と近接施工への適用―，土木学会第63回年次学術講演会，2008.9

150) 伊藤誠恭，加賀宗彦，島田俊介，小山忠雄，佐々木隆光，木嶋 正：段階定荷重載荷試験法による水ガラス系注入材のクリープ破壊強度の簡易測定法（その2），土木学会第63回年次学術講演会，2008.9
151) AdelM.EL-KELESH，常田賢一，小山忠雄，島田俊介，佐々木隆光：Calibration chamber investigation into performance of TGC grouting, IS-Tokyo, Tsukuba International Congress Center, 2009.6
152) 加賀宗彦，米倉亮三，島田俊介：水ガラス系溶液型注入材のクリープ特性と上限降伏値の簡易測定法，『土木学会論文集C』，Vol.65，No.3，土木学会，2009.7
153) 佐々木隆光，小山忠雄，島田俊介，末政直晃：土の有機物が懸濁型注入材の固結性に及ぼす影響，地盤工学会第44回地盤工学研究発表会，2009.8
154) 安部利亮，末政直晃，片田敏行，島田俊介，小山忠雄，佐々木隆光：供試体の作成方法が薬液改良体の強度に与える影響，地盤工学会第44回地盤工学研究発表会，2009.8
155) 小山忠雄，佐々木隆光，島田俊介，常田賢一，AdelM.EL-KELESH：可塑状ゲル圧入工法：野外実験結果，地盤工学会第44回地盤工学研究発表会，2009.8
156) 土屋政人，末政直晃，島田俊介，小山忠雄，佐々木隆光：静的締固め工法の改良効果に関する模型実験，地盤工学会第44回地盤工学研究発表会，2009.8
157) 土屋政人，末政直晃，島田俊介，小山忠雄，佐々木隆光：静的締固め工法におけるゲルの改良効果に関する模型実験～相対密度が及ぼす影響～，土木学会第64回年次学術講演会，2009.9
158) 安部利亮，末政直晃，島田俊介，小山忠雄，佐々木隆光：特殊シリカ液が砂の初期せん断弾性係数に及ぼす影響，土木学会第64回年次学術講演会，2009.9
159) 北川修三：『上越新幹線物語1979—中山トンネルスピードダウンの謎』，交通新聞社，2010.6
160) 寺島 麗，島田俊介，小山忠雄，川﨑了：地盤注入工法分野での生分解性プラスチックを用いた注入管の適用性検討，『地盤工学ジャーナル』，vol.5，No.3，pp.425-435，地盤工学会，2010.7
161) 土屋政人，末政直晃，島田俊介，小山忠雄，佐々木隆光：静的締固め工法における締固め効果に関する研究，地盤工学会第45回地盤工学研究発表会，2010.8
162) 加賀宗彦，島田俊介，小山忠雄，寺島 麗，木嶋 正：水ガラス系注入材の微小間隙限界止水圧の特性調査，地盤工学会第45回地盤工学研究発表会，2010.8
163) 小山忠雄，島田俊介，佐々木隆光，市川智史，末政直晃：環境保全型注入材の研究—液状化対策工と近接施工への適用—，地盤工学会第45回地盤工学研究発表会，2010.8
164) 佐々木隆光，水野健太，岡田和成，末政直晃：超微粒子複合シリカグラウトによる緩い砂礫地盤の液状化対策（その1:室内試験），地盤工学会第45回地盤工学研究発表会，2010.8

165) 岡田和成，水野健太，佐々木隆光，末政直晃：超微粒子複合シリカグラウトによる緩い砂礫地盤の液状化対策（その2：大型土槽実験），地盤工学会第45回地盤工学研究発表会，2010.8
166) 安部利亮，末政直晃，片田敏行，島田俊介，小山忠雄，佐々木隆光：初期せん断弾性係数を用いた薬液固化過程に関する検討，地盤工学会第45回地盤工学研究発表会，2010.8
167) 寺島 麗，島田俊介，小山忠雄，川﨑 了，広吉直樹：生分解性注入管の超多点注入工法への適用性検討，土木学会第65回年次学術講演会，2010.9
168) 佐々木隆光，島田俊介，小山忠雄，土屋政人，末政直晃：静的締固め工法の締固め効果に関する模型実験，土木学会第65回年次学術講演会，2010.9
169) 角田百合花，島田俊介，小山忠雄，名越 崇，米倉亮三：「活性シリカコロイド」の環境保全性—海産生物への安全性—，土木学会第65回年次学術講演会，2010.9
170) 小山忠雄，島田俊介，佐々木隆光，米倉亮三：3薬液注入の恒久性に関する野外実験結果，土木学会第65回年次学術講演会，2010.9
171) 杉山博一，延藤 遵，福岡奈緒美，新貝文昭，島田俊介，小山忠雄，木嶋 正，寺島 麗：地層処分におけるグラウト技術の高度化開発（その3）—溶液型グラウト材料の長期耐久性試験—，土木学会第65回年次学術講演会，2010.9
172) 安部利亮，末政直晃，島田俊介，小山忠雄，佐々木隆光：平面土槽を用いた薬液改良体の注入形状の把握，土木学会第65回年次学術講演会，2010.9
173) 東畑郁生，米倉亮三，島田俊介，社本康広：『地震と地盤の液状化—恒久，本設注入によるその対策—』，インデックス出版，2010.10
174) 佐々木隆光，島田俊介，小山忠雄，末政直晃：Influence of Soil Characteristics on Gel Time and Unconfined Compression Stength of Ground Improved by Chemical Grouting Method, ISOPE-2011, TheTwenty-first(2011) International Offshore and Polar Engineering Conference, 2011.6
175) 角田百合花，島田俊介，小山忠雄，木嶋 正，米倉亮三：「シリカゾルグラウト」の環境保全性—生物への安全性—，地盤工学会第46回地盤工学研究発表会，2011.7
176) 安部利亮，末政直晃，中川健太郎，島田俊介，小山忠雄，佐々木隆光：平面土槽を用いた薬液の注入形状の把握，地盤工学会第46回地盤工学研究発表会，2011.7
177) 寺島 麗，市川智史，小山忠雄，島田俊介，木嶋 正，加賀宗彦：活性シリカコロイドによる微小間隙止水への利用の検討，土木学会第66回年次学術講演会，2011.9
178) 角田百合花，島田俊介，小山忠雄，佐々木隆光，米倉亮三：超微粒子複合シリカの恒久性と浸透固結性の実証研究，土木学会第66回年次学術講演会，2011.9
179) 小山忠雄，島田俊介，佐々木隆光，市川智史，寺島麗，角田百合花，米倉亮三：マスキングシリカによるコンクリート保護効果の研究，土木学会第66回年次学術講演会，2011.9

180）中川健太郎，末政直晃，片田敏行，山下直人，佐々木隆光：初期せん断弾性係数による薬液の固化過程の評価，土木学会第66回年次学術講演会，2011.9
181）善田好信，上月健司，栗原保弘，岡田和成，坂 克人：供用中岸壁の大規模地盤改良工事について（その1 設計・施工管理），土木学会第66回年次学術講演会，2011.9
182）山本慎一郎，辻中孝信，野島昌男，岡田和成，大西正夫：供用中岸壁の大規模地盤改良工事について（その2 品質管理），土木学会第66回年次学術講演会，2011.9
183）佐々木隆光，末政直晃，島田俊介，小山忠雄：Influence of Gelling Time on Permeability and Strength of Ground Improved by Chemical Grouting Method ISOPE-2012 TheTwenty-second（2012）International Off shore and Polar Engineering Conference, 2012.6
184）佐々木隆光，小山忠雄，島田俊介，末政直晃：溶液型薬液注入材のゲルタイムが浸透性と改良強度に及ぼす影響，地盤工学会第47回地盤工学研究発表会，2012.7
185）中川健太郎，末政直晃，佐々木隆光，小山忠雄，島田俊介：繰返し三軸圧縮試験による薬液改良体の液状化強度特性の把握，地盤工学会第47回地盤工学研究発表会，2012.7
186）小山忠雄，島田俊介，佐々木隆光，米倉亮三：薬液注入による液状化対策例，地盤工学会第47回地盤工学研究発表会，2012.7
187）鈴木健太，末政直晃，永尾浩一，佐々木隆光：繰り返し三軸圧縮試験によるシリカバブル改良体の液状化強度特性，地盤工学会第47回地盤工学研究発表会，2012.7
188）角田百合花，小山忠雄，島田俊介，木嶋正：高濃度シリカゾルグラウトの開発，土木学会第67回年次学術講演会，2012.9
189）小山忠雄，島田俊介，佐々木隆光，米倉亮三：恒久グラウト野外試験における12年後液状化強度の確認，土木学会第67回年次学術講演会，2012.9
190）加賀宗彦，島田俊介，小山忠雄，市川智史，木嶋 正：シリカ系薬液注入材（恒久グラウト）による液状化側方流動防止工法の開発，土木学会第67回年次学術講演会，2012.9
191）中川健太郎，末政直晃，島田俊介，佐々木隆光，堀智仁：ベンダーエレメント試験による薬液改良体の一軸圧縮強度推定，土木学会第67回年次学術講演会，2012.9
192）水野健太，佐々木隆光：恒久グラウトにより改良した固結砂の力学特性および変形特性，土木学会第67回年次学術講演会，2012.9
193）小泉亮之祐，山﨑淳一：新型注入管の開発，地盤工学会関東支部第9回地盤工学会関東支部発表会，2012.10
194）三浦耕平，末政直晃，中川健太郎，佐々木隆光：薬液供試体に対するベンダーエレメント試験の適用性について，地盤工学会関東支部第9回地盤工学会関東支部発表会，2012.10

195） 岡田和成，上月健司，佐々木隆光，末政直晃：供用中岸壁の大規模地盤改良工事における各種原位置試験による注入固化地盤の評価例，日本材料学会第10回地盤改良シンポジウム，2012.10

196） 米倉亮三、小林精二（編著）：『事例に見る地盤の液状化対策—被害を防止・修復する工法—』，近代科学社，2013.3

197） 小山忠雄，島田俊介，佐々木隆光，米倉亮三：薬液注入の恒久性と耐久性，地盤工学会第48回地盤工学研究発表会，2013.7

198） 佐々木隆光，小山忠雄，島田俊介，末政直晃：薬液注入材に用いる酸性反応剤の種類がゲルタイムと改良効果に及ぼす影響，地盤工学会第48回地盤工学研究発表会，2013.7

199） 佐々木隆光，末政直晃，島田俊介，小山忠雄：A Fundamental Study on Cyclic Behaviors of Sand Improved by Chemical Grouting Method, ISOPE-2013 TheTwenty-third（2013）International Off shoreand Polar Engineering Conference, 2013.7

200） 志村雅仁，大坪正英，内村太郎，東畑郁生，後藤 茂：埋設管路の液状化被害軽減に関する実験—薬液注入工法の利用—，地盤工学会第48回地盤工学研究発表会，2013.7

201） 加賀宗彦，谷川真里，島田俊介，小山忠雄，佐々木隆光，木嶋 正，角田百合花，川嶋太郎，斉藤健太，中山裕樹，吉田 栞：シリカ系薬液注入材（恒久グラウト）の強度の耐久性と浸透水圧の影響，土木学会第68回年次学術講演会，2013.9

202） 加賀宗彦，谷川真里，島田俊介，小山忠雄，佐々木隆光，木嶋 正，川嶋太郎，斉藤健太，中山裕樹，吉田 栞：シリカ系薬液注入材（恒久グラウト）による液状化側方流動防止工法の開発（その2），土木学会第68回年次学術講演会，2013.9

203） 延藤 遵，小林伸司，征矢雅宏，島田俊介，小山忠雄，角田百合花，前島俊雄：倉敷LPG岩盤貯槽建設工事における溶液型グラウトによる止水対策（その2）—現場条件を考慮した溶液型グラウトの長期安定性確認試験—，土木学会第68回年次学術講演会，2013.9

204） 中谷篤史，奥野哲夫，小林伸司，征矢雅宏，前島俊雄：倉敷LPG岩盤貯槽建設工事における溶液型グラウトによる止水対策（その3）—溶液型グラウト改良体の長期止水効果確認試験—，土木学会第68回年次学術講演会，2013.9

205） 岡田和成，木下圭介，佐々木隆光，大木洋介：東日本大震災で被災した霞ヶ浦用水施設の効用回復工事について（その1），土木学会第68回年次学術講演会，2013.9

206） 佐々木隆光，岡田和成，木下圭介，熊川憲司：東日本大震災で被災した霞ヶ浦用水施設の効用回復工事について（その2），土木学会第68回年次学術講演会，2013.9

207） 吉野広汰，末政直晃，佐々木隆光：薬液改良体の薬液注入速度を変えた圧縮応力の評価，土木学会第68回年次学術講演会，2013.9

208） 加賀宗彦：水ガラス系薬液注入固結砂の強度の耐久性と浸透水圧の影響，『土木学会論文集C』，Vol.70, No.1，土木学会，2014.1

209） 佐々木隆光，末政直晃，常田賢一，島田俊介，小山忠雄：Influence of Vertical Pressure and Injection Type on Effects of Ground Improvement with ThixotropicGel Compaction Method, ISOPE, 2014.6
210） 内村太郎，東畑郁生，大坪正英，志村雅仁，青山翔吾，後藤 茂，ベルトラン・ショヴァン，ヘイドリアン・ラテ，島田俊介：薬液注入による既設埋設管の液状化時の浮上防止，『基礎工』，2014年7月号，総合土木研究所，2014.7
211） 佐々木隆光，末政直晃，米倉亮三，島田俊介：薬液注入材の体積変化の測定方法に関する基礎研究，地盤工学会第49回地盤工学研究発表会，2014.7
212） 滝浦駿介，末政直晃，佐々木隆光：加熱養生によるゲルの長期強度変化測定の検証，地盤工学会第49回地盤工学研究発表会，2014.7
213） 小林伸司，征矢雅宏，延藤 遵，中谷，奥野，島田俊介他：Rock grouting and durability experiments of colloidal silica at Kurashiki under ground LPG storagebase（倉敷LPG溶液型グラウト適用事例），ヨーロッパ岩盤工学シンポジウム，2014.9
214） 角田百合花，小山忠雄，佐々木隆光，島田俊介，木嶋正：高強度活性複合シリカグラウトの開発，土木学会第69回年次学術講演会，2014.9
215） 佐々木隆光，末政直晃，島田俊介：養生条件が薬液改良体の長期安定性に及ぼす影響，土木学会第69回年次学術講演会，2014.9
216） 吉野広汰，末政直晃，佐々木隆光：薬液改良体に注入速度と浸透距離が及ぼす影響の把握，土木学会第69回年次学術講演会，2014.9
217） 岡田和成，内田義博，佐々木隆光：溶液型恒久グラウトにより浸透固結された礫質砂の力学・変形特性，土木学会第69回年次学術講演会，2014.9
218） 赤木知之，佐々木隆光，小山忠雄，島田俊介，常田賢一：可塑状ゲル圧入工法における締固め効果の土圧係数K0による解析的評価，土木学会第69回年次学術講演会，2014.9
219） M.Tsuji, J.Funehag, S.Kobayashi, T.Sato, S.Mikake：Comparisonof grouting with silicasolin the Äspö Hard Rock Laboratory in Swedenand Mizunami Underground Research Laboratory in Japan 8th Asian Rock Mechanics Symposium, 2014.10
220） 山崎貴広，上村健太郎，末政直晃，佐々木隆光：薬液供試体における非破壊試験としてのベンダーエレメント試験の適用性について，地盤工学会関東支部GeoKanto2014，2014.10.3，2014.10
221） 岡田和成，内田義博，佐々木隆光，末政直晃：活性シリカコロイド系注入材により浸透固結された礫質砂の力学・変形特性日本材料学会第11回地盤改良シンポジウム2014.11.6-7，2014.11
222） 米倉亮三，島田俊介，加賀宗彦：各種薬液注入材の長期養生結果と浸透水圧を作用させた薬液改良固結砂の耐久性，『地盤工学会誌』，Vol.63，No.2，Ser.No.685，地盤工学会，2015.2

223) 佐々木隆光，小山忠雄，末政直晃，島田俊介：薬液注入材の体積変化に伴う拘束効果に関する検討，地盤工学会第50回地盤工学研究発表会，2015.9
224) 滝浦駿介，末政直晃，佐々木隆光：加熱養生によるゲルの長期強度変化測定の検証，地盤工学会第50回地盤工学研究発表会，2015.9
225) 角田百合花，島田俊介，木嶋正：柱状浸透注入の実験的研究，地盤工学会第50回地盤工学研究発表会，2015.9
226) 上村健太郎，末政直晃，佐々木隆光：薬液改良体のP波・S波速度の経時変化について，土木学会第70回年次学術講演会，2015.9
227) 滝浦駿介，末政直晃，吉野広汰，佐々木隆光：薬液改良体に注入速度と浸透距離が及ぼす影響の把握，土木学会第70回年次学術講演会，2015.9
228) 辻正邦，小林伸司，見掛信一郎，佐藤稔紀，江口慶多，栗田和昭：瑞浪超深地層研究所深度500mにおけるポストグラウチング技術（その4）—新しい技術の有効性評価—，土木学会第70回年次学術講演会，2015.9
229) 米倉亮三，島田俊介：長期耐久性地盤注入工法の最近の動向～薬液注入の長期耐久性の研究から恒久グラウト本設注入技術への進展～，『基礎工』，2015年10月号，総合土木研究所，2015.10
230) 米倉亮三，加賀宗彦，島田俊介：各種薬液注入材の長期養生結果と浸透水圧を作用させた薬液改良固結砂の耐久性，『基礎工』，2015年10月号，総合土木研究所，2015.10
231) 小山忠雄，佐々木隆光：特殊シリカグラウト（活性複合シリカコロイドと超微粒子複合シリカ）と環境保全性，『基礎工』，2015年10月号，総合土木研究所，2015.10
232) 本谷洋二：シールグラウト方式による急速浸透注入工法—マルチストレーナ工法—，『基礎工』，2015年10月号，総合土木研究所，2015.10
233) 岡田和成，木下圭介，藤井雄一：超多点注入工法（結束細管多点注入工法）—構造物近傍・直下の浸透注入工法による地盤改良，『基礎工』，2015年10月号，総合土木研究所，2015.10
234) 佐藤潤，横山俊介：河川護岸の耐震を目的とした薬液注入工法，『基礎工』，2015年10月号，総合土木研究所，2015.10
235) 辻正邦，小林伸司，延藤遵，杉山博一：大深度の岩盤止水を目的とした活性シリカコロイドの適用，『基礎工』，2015年10月号，総合土木研究所，2015.10
236) 佐々木隆光，島田俊介，小山忠雄，末政直晃：薬液改良土の強度特性に及ぼす要因，地盤工学会第51回地盤工学研究発表会，2016.9
237) 日本港湾協会：『港湾の施設の技術上の基準・同解説』，2007.7
238) 日本建築学会：建築基礎構造設計指針，2001.10.
239) 地盤工学会：『地盤工学・実務シリーズ27 薬液注入工法の理論・設計・施工』，2009.6.
240) 危険物保安技術協会：『旧法タンクの液状化対策工法に関する自主研究報告書（注入固化工法）』，2000.3

241) 日本道路協会:『道路橋示方書・同解説 V耐震設計編』, 2002
242) 建設省土木研究所:『河川堤防の液状化対策工設計施工マニュアル(案)』, 1997.10
243) 建設省土木研究所:『液状化対策工法設計・施工マニュアル(案)共同研究報告書』, 第186号, 1999
244) 国土交通省河川局治水課:『河川構造物の耐震性能照査指針(案)・同解説』, 2007.3
245) Iai, S., Matsunaga, Y., and Kameoka, T. : Strain space plasticity model for cyclic mobility, Soil and Foundations, *Japanese Society of Soil Mechanics and Foundation Engineering*, Vol.32, No.2, pp.1-15, 1992
246) 菅野高弘, 中澤博志:液状化対策に関する実物大の空港施設を用いた実験的研究,『港湾空港技術研究所資料』, No.1195, 2009.6
247) G. ALEXANDER(井上勝也 訳):『シリカと私』, 東京化学同人, 1971.6
248) 宮本武司:薬液の浸透に伴う注入圧力~注入時間関係について,『薬液注入工法における注入効果の予測確認手法に関するシンポジウム発表論文集』, 地盤工学会, 1993.3
249) 恒久グラウト注入工法技術マニュアル作成委員会:『恒久グラウト注入工法技術マニュアル』, 地盤注入開発機構恒久グラウト・本設注入協会, 2001.2
250) 超多点注入工法技術マニュアル作成委員会:『超多点注入工法技術マニュアル』, 地盤注入開発機構恒久グラウト・本設注入協会, 2012.2
251) エキスパッカ工法技術マニュアル作成委員会:『エキスパッカ工法技術マニュアル』, 地盤注入開発機構恒久グラウト・本設注入協会, 2016.8
252) シリカゾルグラウト会:金属イオン封鎖剤を含むシリカゾルグラウト, 地盤注入開発機構シリカゾルグラウト会, 2004.9
253) シリカゾルグラウト会:『シリカゾルグラウトの長期耐久性と安全性』, 地盤注入開発機構シリカゾルグラウト会, 2005.10
254) シリカゾルグラウト会:『シリカゾルグラウト注入工事における材料管理について』, 地盤注入開発機構シリカゾルグラウト会, 2007.10
255) 恒久グラウト・本設注入協会, シリカゾルグラウト会:『マスキングシリカによるコンクリート保護機能, マスキングシリカ技術資料』, 地盤注入開発機構, 2009.12
256) 恒久グラウト・本設注入協会, 液状化防止注入協会:『東北地方太平洋沖地震と恒久グラウト改良地盤』, 地盤注入開発機構, 2012.2
257) 恒久グラウト・本設注入協会:供用中岸壁の大規模液状化対策工事~夢州コンテナターミナルC-11, Project Report, vol.1, 地盤注入開発機構, 2012.6
258) 恒久グラウト・本設注入協会:超微粒子複合シリカグラウト「ハイブリッドシリカ」技術資料, 地盤注入開発機構, 2014.2

資料提供

本文中の以下の図・表・写真は、地盤注入開発機構内の協会・研究会等の提供によるものです。

第2章

図 2.3.1 ～ 2.3.3——— シリカゾルグラウト会
図 2.3.6 ————— シリカゾルグラウト会
図 2.3.7 ————— 急速浸透注入協会
写真 2.3.1 ～ 2.3.3—— シリカゾルグラウト会
写真 2.3.4 ———— 強化土グループ
写真 2.3.5 ———— シリカゾルグラウト会
写真 2.3.6 ———— シリカゾルグラウト会
写真 2.3.7 ———— 急速浸透注入協会
写真 2.3.8 ———— 急速浸透注入協会
写真 2.3.9 ———— シリカゾルグラウト会
写真 2.3.10———— シリカゾルグラウト会
表 2.3.1 ————— シリカゾルグラウト会

第3章

図 3.3.7 ————— 恒久グラウト・本設注入協会
図 3.4.1 ————— 恒久グラウト・本設注入協会
図 3.4.2 ————— 恒久グラウト・本設注入協会
図 3.4.4 ————— シリカゾルグラウト会、恒久グラウト・本設注入協会
図 3.6.2 ————— 恒久グラウト・本設注入協会
図 3.7.1 ～ 3.7.4——— 恒久グラウト・本設注入協会
写真 3.6.1 ～ 3.6.3—— 恒久グラウト・本設注入協会
写真 3.7.1 ～ 3.7.11 — 恒久グラウト・本設注入協会
表 3.7.1 ————— 恒久グラウト・本設注入協会
表 3.7.2 ————— 恒久グラウト・本設注入協会

第4章

図 4.2.2 ————— 強化土研究所、本設注入試験センター
図 4.2.3 ————— シリカゾルグラウト会、恒久グラウト・本設注入協会
図 4.2.4 ————— シリカゾルグラウト会、恒久グラウト・本設注入協会
図 4.2.5 ————— 恒久グラウト・本設注入協会

資料提供

図 4.2.6 ──────── 急速浸透注入協会
写真 4.2.1 ─────── 強化土研究所、本設注入試験センター
写真 4.2.2 ─────── シリカゾルグラウト会、恒久グラウト・本設注入協会
表 4.2.1 ──────── 恒久グラウト・本設注入協会

第 5 章

図 5.1.1 ──────── 恒久グラウト・本設注入協会
図 5.1.2 ──────── 恒久グラウト・本設注入協会
図 5.1.4 ～ 5.1.7─── 恒久グラウト・本設注入協会
図 5.2.1 ──────── 恒久グラウト・本設注入協会
図 5.2.3 ──────── 恒久グラウト・本設注入協会
図 5.2.4 ──────── 恒久グラウト・本設注入協会
図 5.2.9 ──────── 恒久グラウト・本設注入協会
写真 5.1.1 ─────── 恒久グラウト・本設注入協会
写真 5.1.2 ─────── 恒久グラウト・本設注入協会
写真 5.2.1 ─────── 強化土研究所
表 5.1.1 ～ 5.1.4─── 恒久グラウト・本設注入協会
表 5.2.1 ──────── 恒久グラウト・本設注入協会

第 6 章

図 6.1.1 ──────── シリカゾルグラウト会、恒久グラウト・本設注入協会
図 6.3.1 ～ 6.3.4─── シリカゾルグラウト会、恒久グラウト・本設注入協会
図 6.3.5 ──────── シリカゾルグラウト会
図 6.3.6 ──────── シリカゾルグラウト会
図 6.3.7 ──────── 恒久グラウト・本設注入協会
図 6.3.8 ──────── 恒久グラウト・本設注入協会
図 6.3.9 ──────── シリカゾルグラウト会、恒久グラウト・本設注入協会
図 6.3.12─────── シリカゾルグラウト会、恒久グラウト・本設注入協会
写真 6.1.2 ─────── 恒久グラウト・本設注入協会
写真 6.3.1 ─────── シリカゾルグラウト会、恒久グラウト・本設注入協会
写真 6.3.2 ─────── シリカゾルグラウト会
写真 6.3.4 ─────── シリカゾルグラウト会、恒久グラウト・本設注入協会
表 6.2.1 ──────── 恒久グラウト・本設注入協会
表 6.3.1 ──────── シリカゾルグラウト会、恒久グラウト・本設注入協会
表 6.3.2 ──────── シリカゾルグラウト会、恒久グラウト・本設注入協会

第 7 章
図 7.2.3 ――――― 恒久グラウト・本設注入協会
図 7.4.2 ――――― 恒久グラウト・本設注入協会
表 7.6.1 ――――― 急速浸透注入協会

第 8 章
図 8.3.1 ～ 8.3.3――― 恒久グラウト・本設注入協会
図 8.4.1 ――――― 恒久グラウト・本設注入協会
図 8.4.2 ――――― 恒久グラウト・本設注入協会

第 9 章
図 9.6.2 ――――― 恒久グラウト・本設注入協会
図 9.6.6 ～ 9.6.9――― 強化土研究所、恒久グラウト・本設注入協会
図 9.6.11――――― 恒久グラウト・本設注入協会
図 9.6.15――――― 強化土研究所、本設注入試験センター
図 9.6.16――――― 強化土研究所、本設注入試験センター
図 9.6.17――――― 強化土研究所
図 9.6.18 ～ 9.6.32―― 強化土研究所、恒久グラウト・本設注入協会
図 9.6.33――――― 強化土研究所、本設注入試験センター
図 9.8.4 ――――― 強化土研究所、本設注入試験センター
写真 9.6.1 ～ 9.6.3―― 強化土研究所、本設注入試験センター
写真 9.6.4 ―――― 強化土研究所
写真 9.6.5 ―――― 恒久グラウト・本設注入協会
表 9.6.1 ――――― 恒久グラウト・本設注入協会
表 9.6.3 ――――― 恒久グラウト・本設注入協会
表 9.6.4 ――――― 強化土研究所、恒久グラウト・本設注入協会

第 11 章
表 11.1.1――――― 恒久グラウト・本設注入協会
表 11.2.1――――― 恒久グラウト・本設注入協会

第 12 章
図 12.6.1――――― 強化土エンジニヤリング（株）、バイオパイプ研究会
写真 12.1.1―――― 強化土エンジニヤリング（株）
写真 12.5.2―――― 恒久グラウト・本設注入協会
写真 12.6.1―――― 強化土エンジニヤリング（株）、バイオパイプ研究会
写真 12.6.2―――― バイオパイプ研究会

索引

さ行

た行

な行

は行

ま行

や行

ら行

著者紹介

米倉 亮三（よねくら　りょうぞう）

1950年　東京大学第一工学部土木工学科卒業
2003年　地盤工学会技術開発賞受賞「恒久グラウトと注入技術」
現　在　東洋大学　名誉教授

主要著書
『土と岩の施工論』（共著）（理工図書、1981年）
『土木施工法』（コロナ社、1982年）
『補強土構造物の理論と実際』（共訳）（鹿島出版会、1986年）
『社会システム工学入門』（山海堂、1990年）
『先端・補強土工法』（共著）（山海堂、1998年）
『恒久グラウト注入工法』（共著）（山海堂、2000年）
『建設技術者と倫理』（山海堂、2005年）
『恒久グラウト・本設注入工法』（共著）（理工図書、2008年）
『日本の行方』（インデックス出版、2010年）
『地震と地盤の液状化』（共著）（インデックス出版、2010年）
『事例に見る 地盤の液状化対策』（編著）（近代科学社、2013年）

島田 俊介（しまだ　しゅんすけ）

1961年　東京大学農学部卒業
1970年　技術士（建設部門，土質及び基礎）
1971年　東京大学より“地盤珪化法の研究”に関して農学博士を授与される
1973年　強化土エンジニヤリング株式会社　設立
1994年　土木学会フェロー会員
2003年　平成14年度地盤工学会技術開発賞受賞「恒久グラウトと注入技術」
2008年　平成20年度日本技術士会会長表彰受賞
2011年　地盤工学会名誉会員
現　在　強化土株式会社　代表取締役社長

主要著書
連載講座「現場技術者のための薬液注入工法」
（『コンストラクション』第10巻1～27号，1972年1月～1974年7月）
連載「薬液注入の耐久性と恒久グラウティング」
（『土木施工』2005年11月号～2006年9月号）
『補強土構造物の理論と実際』（共訳）（鹿島出版会、1986年）
『最先端技術の薬液注入工法』（共著）（理工図書、1998年）
『先端・補強土工法』（共著）（山海堂、1998年）
『恒久グラウト注入工法』（共著）（山海堂、2000年）
『恒久グラウト・本設注入工法』（共著）（理工図書、2008年）
『地震と地盤の液状化』（共著）（インデックス出版、2010年）

薬液注入の長期耐久性と

恒久グラウト本設注入工法の設計施工

—環境保全型液状化対策工と品質管理—

2016年10月31日　初版第1刷発行

著　者　米倉亮三・島田俊介

発行者　小山　透

発行所　株式会社 近代科学社

〒162-0843 東京都新宿区市谷田町2-7-15
電話 03-3260-6161　振替　00160-5-7625
http://www.kindaikagaku.co.jp

藤原印刷　　ISBN978-4-7649-0521-4
定価はカバーに表示してあります。